DEUTSCHE DEMOKRATISCHE REPUBLIK
DEUTSCHE AKADEMIE DER LANDWIRTSCHAFTSWISSENSCHAFTEN ZU BERLIN
INSTITUT FÜR LANDWIRTSCHAFTLICHE INFORMATION UND DOKUMENTATION

Landwirtschaftliches Zentralblatt

ABTEILUNG I

LANDTECHNIK

9. JAHRGANG

1963

AKADEMIE-VERLAG · BERLIN

LZ. I. LANDTECHNIK · JG. 1963 · NR. 6 · SEITE 679—828 · BERLIN · JULI 1963

LANDWIRTSCHAFTLICHES ZENTRALBLATT

ABTEILUNG LANDTECHNIK

INHALTSVERZEICHNIS

LZ. I/6/63

NAMENVERZEICHNIS

Seitenzahl in [Klammer] bedeutet Bibliographie, mit Stern * bedeutet Buchbesprechung

LANDWIRTSCHAFTLICHES ZENTRALBLATT
ABTEILUNG LANDTECHNIK

1963 NR. 6 JULI

I. ALLGEMEINES

A. ALLGEMEINE FRAGEN DER LANDTECHNIK

N e u m a n n, Joachim. Aufgaben, Möglichkeiten und Grenzen der landtechnischen Marktforschung. - Landtechnik 17 (1962) Nr.21/22. S.740. 742-745. - 2 Abb. Aus: Dok.-Dienst ILT 1962 Nr.12.

Methode und Arbeitsweise: Der Marktforscher sammelt, fragt, kombiniert, mißt und deutet. Er versucht nach objektiven wiss. Methoden qualitative Tatsachen zu quantifizieren. Strukturelle Änderungen in der europäischen und ausländischen Landwirtschaft führen zu Konsequenzen in der Landtechnik. Aufgabe des Betriebes: Die sich abzeichnenden Tendenzen zu erkennen und erforderliche Schlußfolgerungen zu ziehen. 1005.

R o s e n k r a n z, O.; Böhlitz-Ehrenberg bei Leipzig, Inst. für Landwirtsch. Betriebs- und Arbeitsökon. Gundorf der Dtsch. Akad. der Landwirtsch.-Wiss. zu Berlin. Ökonomik - Technologie - Maschinensysteme. - S.-B. dtsch. Akad. Landwirtsch.-Wiss. Berlin 11 (1962) Nr.3. S.1-13. - Zus. in Russ., Engl. 1005.

F e d o r o v, V.A. (Fjodorow, W.A.); Moskau, Unions-Forsch.-Inst. für Landmaschinenbau. Avtomatizacija rabočnich processov traktornych agregatov. (Automatisierung der Arbeitsvorgänge von Traktoraggregaten und Landmaschinen.) - Traktory i sel'chozmasiny, Moskva 32 (1962) Nr.9. S.22-23. - Aus: Dok.-Dienst ILT 1962 Nr.10.

Bisherige Arbeiten und weitere Perspektiven in der Automatisierung der Arbeitsvorgänge bei den verschiedenen landwirtsch. Maschinen. 1005.

E f f e n b e r g e r, Karel. K metodice dokumentacního zpracování patentních spisu. (Zur Methodik der Dokumentationsbearbeitung von Patentschriften.) - Vynálezy 6 (1962) Nr.3. S.34-37.

Es werden Hinweise für dokumentationstechn. Verarbeitung von Patentschriften sowie einige praktische, bei der Bearbeitung von ausländischen Patenturkunden gewonnene Erfahrungen angeführt. J.Veselá. 1005.

N o w a c k i, T. Basic concepts in connection with the economics of mechanization of agriculture. Geneva: ECE. 1962. (getr. Pag.) 4° = Economic commission for Europe. WP. 2/Working Paper. No. 36. (SR 3023, 2/36)

R a u s c h e r, M. Mechanization of agriculture. Geneva: ECE. 1956. (62 S.) 4° = Economic commission for Europe. WP 2/22. (SR 3023, 2/22.)

Ekonomiceskaja éffektivnost' mechanizacii sel'skogo chozjajstva. (Der ökonomische Nutzeffekt der Mechanisierung der Landwirtschaft.) Moskva: Sel'chozizdat. 1961. (230 S.) 8°. (1962 A 873)

C a r i l l o n, M.R. Problems of mountain farming. Geneva: ECE. 1959. (59 S. m. Anh.) 4° = Economic commission for Europe. WP 2/55. (SR 3023, 2/55)

Referativnyj žurnal. Traktory i sel'skochozjajstvennye mašiny. (Referatenblatt für Traktoren und Landmaschinen.) Hrsg.: Akad. nauk SSSR; Inst. naučnoj informacii. Moskva: Proizvodstvenno-izdatel'skij kombinat VINITI. 1962. 4°. (ZB 2838)

D. Forschung

Anonym. Electronics and farm machinery. (Elektronik und Landmaschinen.) - Farm Mechanizat. 14 (1962) Nr.159. S.410. - Aus: Dok.-Dienst ILT 1962 Nr.12.
Kurzer Bericht über Arbeiten in der schottischen Außenstelle des Nationalinstitutes für Landtechnik (N.I.A.E.). Folg. Aufgaben sind bereits zu gewissem Abschluß gelangt (Prototyp): elektron. Sichtung des Erntegutes in der Kartoffelvollerntemaschine; Abzählen der Samenkörner in den Einzelkorndrillmaschinen; gleichmäßige Verteilung des Handelsdüngers in kombinierten Drillmaschinen-Düngerstreuern. Hinweis auf weitere laufende Forschungsarbeiten: Vernichtung von Farnkraut, Transportprobleme in schwierigem Gelände und Einsatz des Triebachsanhängers. Untersuchungen zur Senkung des Arbeitsaufwandes bei der Ballenbehandlung und beim Kalkstreuen sind in Aussicht genommen. 1305.

R a u m, H.; Weihenstephan. Die landwirtschaftliche Abteilung der Technischen Hochschule München von 1872-1901. - Bayer. landwirtsch. Jb. 39 (1962) Nr.6. S.745-765. - 5 Abb. 1305.

P a y n e, P.C.J. The work of the National College of Agricultural Engineering. (Arbeiten der Nationalen Hochschule für Landtechnik.) - J. Proc. Instn. agric. Engr. 18 (1962) Nr.4. S.126-131. 1305.

II. T E C H N I S C H E G R U N D L A G E N

B. GRUNDLAGENWISSENSCHAFTEN, ERFINDUNGEN, KONSTRUKTION

R e g g e, H.; Dresden, TU, Inst. für Landmaschinentechn. Zur statistischen Auswertung von Versuchsergebnissen. - Dtsch.Agrartechn. 13 (1963) Nr.1. S.33-36. - 4 Abb., 4 Tab., 4 Lit. Aus: Dok.-Dienst ILT 1963 Nr.1.
Objektive Auswertung von mit zufälligen Fehlern behafteten Versuchswerten ist mit Hilfe der Mathematischen Statistik möglich. Verfahren gliedert sich in: 1) Gewinnung und Aufbereitung von zur statistischen Auswertung geeignetem Versuchsmaterial, 2) Berechnung statistischer Maßzahlen, 3) Deutung der Ergebnisse für den vorliegenden Zweck. Am Beispiel der Auswertung eines Zugkraftmeßschriebs werden die Bedeutung des Wahrscheinlichkeitsnetzes und dessen Handhabung erläutert. 2110a.

E s m a y, M.L. und M c G i n t y, R.J. Measurement techniques of peak human stresses in and around the farmstead. (Meßverfahren der Spitzenbelastung des Menschen bei der Arbeit in der Landwirtschaft.) - Agric. Engng. 43 (1962) Nr.11. S.644-647.
In den USA, bes. in der US-amer. Landwirtschaft, spielen die Herzkrankheiten eine große Rolle, sie nehmen zu. Die Technisierung hat die Arbeitsproduktivität der Farmer erheblich gesteigert, aber der einzelne muß sich heu-

te am Tage noch genau so anstrengen wie seine Vorfahren. Vff. sehen in den Belastungsspitzen bei manchen Arbeiten die Ursachen für die Herzschäden. Deshalb untersuchen sie diese Belastungsspitzen mit Hilfe einer der in Deutschland üblichen Pulsfrequenzmessung sehr ähnlichen Methode. Die Herzschläge werden am Körper des Arbeitenden gemessen, in Kurzwellen umgewandelt und drahtlos über Entfernungen von einigen 100 m zu einem die Pulzfrequenz registrierenden Aufnahmeapparat gesendet. Die Literatur dazu und die entwickelte techn. Ausrüstung werden kurz beschrieben. Vff. haben in Laboruntersuchungen an Tretmühlen festgestellt, daß der Pulsfrequenzanstieg der wachsenden Anstrengung parallel läuft, die die Respirationsmethode anzeigt. Daraufhin haben Vff. das Aufnehmen von Heu aus dem Silo, das Melken und einige anschließende Stallarbeiten mit ihrer Methode untersucht. Die Anstrengungsspitzen und andere Ergebnisse werden gezeigt. Vff. sehen den Vorteil ihrer Methode in der Handlichkeit und Zuverlässigkeit ihrer Meßeinrichtung.

A.Bail. 2110d.

H e r b s t h o f e r, Franz J. Entwicklungsaufwand der Landmaschinen-Industrie. - Landtechnik 17 (1962) Nr.21/22. S.746-751. - 15 Abb. Aus: Dok.-Dienst ILT 1962 Nr.12.

Der Entwicklungsaufwand wird an Hand des Beispieles "Mähdrescher" beschrieben und auf folgende Einzelheiten näher eingegangen. 1) Messung des Leistungsbedarfes im Feldeinsatz; 2) Dreschtrommel- und Korbuntersuchung; 3) Strohschüttleruntersuchung; 4) Gebläseuntersuchung und Windverteilungsuntersuchung auf den Sieben; 5) Körnerbruchuntersuchung; 6) Festigkeitsuntersuchung auf der Hindernisbahn; 7) Feldtest; 8) Körnerverlustmessung; 9) Werknormen und 10) Formgestaltung. 2120.

P f a l z, H.; Leipzig, Inst. für Landmaschinen- und Traktorenbau. Bei der farbigen Gestaltung von Landmaschinen und Traktoren mehr den Menschen beachten. - Dtsch. Agrartechn. 13 (1963) Nr.2. S.88-89. Aus: Dok.-Dienst ILT 1963 Nr.2.

Eine zweckgerechte Farbgebung ist geeignet, die Arbeit zu erleichtern, die Pflege zu verbessern und die Arbeitssicherheit zu erhöhen. Die Ausführungen darüber stellen die Vorteile einer zweckentsprechenden Farbgestaltung anhand psychol. und physiol. Erkenntnisse heraus. 2120.

N o n i e v a, T.G. (Nonijewa, T.G.); Moskau, Unions-Forsch.-Inst. für Landmaschinenbau. K voprosu o primenenii obgonnych muft v sel'skochozjajstvennych mašinach. (Zur Frage der Verwendung von Freilaufkupplungen in Landmaschinen.) - Traktory i sel'chozmašiny, Moskva 32 (1962) Nr.9. S.28-31. - 7 Schemata, 2 Lit. Aus: Dok.-Dienst ILT 1962 Nr.10.

Vf. bespricht die Mängel von Reibungssperren mit verschiedenartigem Laufflächenprofil und macht einen Vorschlag über Kupplungen mit zellenförmiger Auflauffläche: A) mit Klemmleisten und B) mit Klemmrollen. Vorteile: Mehr Zellen (A = 12 Stck., B = 10 Stck.); keine Schlupfneigung; Übertragung hoher Drehmomente bei Geschwindigkeiten über 10 m/s. Einrücken der Kupplung bei Umdrehungsgeschwindigkeiten der Auflauffläche von 0,01 m/s. Vf. bringt eine theoretische Ermittlung der Abmessungen beider Kupplungssysteme. 2135.

G e i s t h o f f, Hubert; Siegburg-Lohmar/Rhld., Firma Jean Walterscheid KG. Überlastkupplungen in Landmaschinen. - Grundlagen d. Landtechn. 1962 Nr.14. S.62-64. - 4 Diagr., 9 Schemata.

Überlastkupplungen werden in Landmaschinen zusammen mit der Gelenkwelle zwischen Schlepper und Gerät zur zentralen Absicherung und in zunehmendem Maße auch als Einbaukupplungen zur zusätzlichen Einzelabsicherung verwendet, um die techn. und wirtsch. Forderungen, die an die Kraft- bzw. Arbeitsmaschinen gestellt werden, erfüllen zu können. Über die Untersuchungsergebnisse hinsichtlich der auftretenden Verdrehbeanspruchungen wird berichtet und die verschiedenen Kupplungen wie Scherstift- und Friktions-Kupplung, Kugelratsche, Kupplungsautomat mit axial arbeitendem Drehmomentbegrenzer, Nockenratsche, Sternratsche, Nockenreibkupplung und Sternkupplung eingeschätzt. K.-H.Schulte. 2135.

S t e p p u h n, Albrecht; Marl, Kreis Recklinghausen. Geräte zum Überwachen der Stoffeigenschaften und der Stoffzusammensetzung (Literaturübersicht). - VDI-Z. 104 (1962) Nr.28. S.1463-1466. - 11 Lit. 2140.

K r o n m a r c k, S.; Hennigsdorf bei Berlin, Eisen-Forsch.-Inst. Die Zusammenhänge zwischen Dauerfestigkeit des Stahles und seinen sonstigen mechanischen Eigenschaften. - Technik 18 (1963) Nr.1. S.4-11. 2140.

M a s c h l e r, H.; Hennigsdorf, Eisen-Forsch.-Inst. Einfluß der nichtmetallischen Einschlüsse auf die Dauerfestigkeit von Stahl. - Technik 18 (1963) Nr.1. S.11-17. 2140.

B a l o v n e v, G.G. (Balownew, G.G.) K voprosu o primenenii aljuminievych splavov v konstrukcijach sel'skochozjajstvennych mašin. (Anwendung von Aluminiumlegierungen bei der Konstruktion landwirtschaftlicher Maschinen.) - Izvestija Timirjazevskoj sel'skochozjajstvennoj akademii, Moskva 1962 Nr.2. S.140-144. - 2 Abb., 2 Tab., 4 Lit. Zus. in Engl.

Große Bedeutung hat die Verwendung von Aluminium im Landmaschinenbau. Jedoch dürfen die Profile nicht einfach von den Stahlausführungen übernommen werden. Offene Profile müssen verdickte Kanten aufweisen. Mehr sollte jedoch zu komplizierten Profilen übergegangen werden, die eine große Festigkeit garantieren. Bei der Auswahl der Legierungen kommt es bes. auf die dynamische Festigkeit an. Es wird eine Gewichtseinsparung von 25-50 % erreicht. H.Beyer. 2140.

R a b i n o v i č, I.P. und K l i m č u k, Ju. F. (Rabinowitsch, I.P. und Klimtschuk, Ju.F.); Moskau, Unions-Forsch.-Inst. für Landmaschinenbau. Primenenie plastmass dlja povyšenija nadežnosti i dolgovečnosti sel'skochozjajstvennych mašin. (Die Plaststoffanwendung zur Erhöhung der Betriebssicherheit und Nutzungsdauer von Landmaschinen.) - Traktory i sel'chozmašiny, Moskva 32 (1962) Nr.10. S.21-23. - 2 Abb. Aus: Dok.-Dienst ILT 1962 Nr.11.

Forderungen an Qualität von Landmaschinenteilen und Überblick über physikalisch-chemische Eigenschaften der Kunststoffe. Ihre Verwendung in verschiedenen Landmaschinen und landwirtsch. Einrichtungen. Ergebnisse von staatlichen und Laborprüfungen. 2140.

B r a i l, D.E. Molded fiber glass in farm equipment. (Verwendung glasfaserverstärkter Kunststoff-Formteile an Landmaschinen.) - Agric. Engng. 41 (1960) S.370-371. 381.

Vf. gibt zunächst eine Übersicht über die Herstellung glasfaserverstärkter Kunststoff-Formteile. Sodann wird auf die Vorteile glasfaserverstärkter

Kunststoffteile eingegangen: 1) Gewichtseinsparung; 2) Korrosionsunempfindlichkeit; 3) Schallschluckvermögen; 4) gleichmäßige Einbringung von Farbstoffen; 5) große Elastizität und Widerstandskraft gegen Druck und Stoß; 6) leichte Reparaturmöglichkeit; 7) Durchsichtigkeit; 8) schlechte Wärmeleitfähigkeit. Die bei der Verarbeitung von glasfaserverstärkten Kunststoffteilen zu beachtenden Gesichtspunkte werden anschließend mitgeteilt. - In der Landwirtschaft werden glasfaserverstärkte Kunststoffteile verwandt als Düngemittelbehälter an Mineraldüngerstreuern, als Behälter für Schädlingsbekämpfungsmittel fester und flüssiger Natur, an Traktorkabinen, für Sicherheitsschutzeinrichtungen und für Getriebegehäuse. Außerdem finden sich Kunststoffteile an Mähdreschern, Mais- und Baumwollerntemaschinen. Größte Bedeutung werden glasfaserverstärkte Kunststoffteile in Zukunft als korrosionsunempfindliche Behälter, und dort, wo die Verformung von Blechteilen große Schwierigkeiten bereitet, erlangen. J.Nischwitz. 2140.

Č u d n o v s k i j, Abram Filippovič und Š l i m o v i č, Boris Movševič. Poluprovodnikovye pribory v sel'skom chozjajstve. (Halbleitergeräte in der Landwirtschaft.) - Leningrad: Izd. sel'skochoz. lit., žurnalov i plakatov. 1961. (197 S.) 8°. (1962 A 827)

G o n č a r o v, Boris Prokčevič und Š l i m o v i č, Boris Moiseevič. Poluprovodniki v sel'skom chozjajstve. (Halbleiter in der Landwirtschaft.) - Moskva: Izd. "Znanie". 1962. (29 S.) 8°. DM 0,30 = Brošjury-lekcii Vsesojuznogo obščestva po rasprostraneniju političeskich i naučnych znanij. Serija 5. Sel'skoe chozjajstvo, Moskva 1962 Nr.4. (SR 168,4)

C. FERTIGUNG, INSTANDSETZUNG, PFLEGE

B i c a d z e, D. und U l' m a n, I. (Bisadse, D. und Ulman, I.); Tscheljabinsk, Inst. für Mechanisier. der Landwirtsch. Vlijanie režima vibrodugovoj naplavki na pročnost' detalej. (Der Einfluß des Impuls-Lichtbogenauftragsschweißens auf die Stabilität der Teile.) - Technika v sel'skom chozjajstve, Moskva 23 (1963) Nr.2. S.67-69. - 4 Tab. Aus: Dok.-Dienst ILT 1963 Nr.3.
Untersuchung der Ermüdungsfestigkeit der bearbeiteten Teile in Abhängigkeit von folg. Faktoren: verbrauchte Kühlflüssigkeit, Vorschub, Schweißgeschwindigkeit, Anzahl der Risse und Verhältnis von Schweißgeschwindigkeit zu Vorschubgeschwindigkeit des Elektrodendrahtes. Bestimmung der tangentialen Remanenz-Dehnungsspannungen. - Feststellung: Erhöhung der Auftraggeschwindigkeit, Vergrößerung des Verhältnisses Vorschubgeschwindigkeit zu Bewegungsgeschwindigkeit des Teiles, Vorschub von 2,5 mm je Umdrehung und weniger Kühlflüssigkeit verringern Härteschwankungen, Remanenz-Dehnungsspannungen und Druckspannungen. 2210.

D o w e, H. Der Einfluß der Ausnutzung auf die Kosten für die Wiederherstellung der Betriebstauglichkeit landwirtschaftlicher Maschinen und Geräte. - Z. Agrarökon. 5 (1962) Nr.12. S.372-373. - 2 Abb., 2 Lit. 2215.

N i t s c h e, K.; Dresden, Techn. Univ., Inst. für Landmaschinentechn. Was ist "Progressive Pflegeordnung"? - Dtsch. Agrartechn. 12 (1962) Nr.9. S.397-399. - 2 Diagr., 1 Lit.

Vf. berichtet über die Weiterentwicklung der vorbeugenden Instandhaltung von Traktoren zur progressiven Pflegeordnung und damit erzielte Ergebnisse. Dieser progressiven Pflegeordnung liegt das Prinzip der vorbeugenden Instandhaltung auf Grund periodischer Überprüfungen zugrunde. Dabei wird die Anzahl der Pflegegruppen von bisher 6 auf 3 verringert (tägl. Pflege, Filterpflege und Ölwechsel) und ein bestimmter Stelltag auf der Basis des vorausberechneten Kraftstoffverbrauches festgelegt. Die Grundüberholung komplizierter Baugruppen werden in zentralen Instandsetzungswerken durchgeführt. K.-H.Schulte. 2220.

E i c h l e r, Chr.; Dresden, Techn. Univ., Inst. für Landmaschinentechn. Richtige Pflege und Abstellung der Landmaschinen - der entscheidende Hebel zur Senkung der Instandhaltungskosten. - Dtsch. Agrartechn. 12 (1962) Nr.9. S.403-407. - 2 Abb., 1 Diagr., 9 Lit.

Vf. untersucht die Ursachen für die teilweise mangelhafte Pflege, Wartung und Abstellung der Traktoren und Landmaschinen in der Landwirtschaft und gibt Hinweise zur Beseitigung dieser Mängel. In der Verbesserung der Pflege, Wartung und Abstellung liegen die größten Reserven zur Senkung der Instandhaltungskosten und des Ersatzteilbedarfs sowie zur Steigerung der Einsatzbereitschaft der Traktoren und Landmaschinen. K.-H.Schulte. 2220.

T h u m, E. und T s c h i e d e l, E.; Halle/S., Martin-Luther-Univ. Halle-Wittenberg, Landmaschinen-Inst. Zum Zeitaufwand für das Schmieren von landwirtschaftlichen Großmaschinen. - Dtsch. Agrartechn. 12 (1962) Nr.9. S.408-411. - 1 Abb., 3 Diagr., 1 Tab., 2 Lit.

Vff. berichten über die Untersuchung an den Schmiersystemen verschiedener Groß-Landmaschinen und kommen zu folg. Schlußfolgerungen für die Weiterentwicklung der Großmaschinen: Verringerung der Schmierstellenzahl, Einbau wartungsarmer Lager, Verlängerung der Schmierabstände, Verbesserung der Zugängigkeit und übersichtliche Anbringung der Schmierstellen. Als Vorstufe einer echten Zentralschmierung wird die Konzentration von Schmierstellen auf wenige Punkte der Maschine angesehen. Es erscheint notwendig, künftig eine Pflegebedarfsermittlung für die Schmierung als Beurteilungsmerkmal in die Prüfung landwirtsch. Großmaschinen mit aufzunehmen.

K.-H.Schulte. 2220.

M o o s, Josef; Hannover. Schmierstoffe und Schmierung (Literaturübersicht). - VDI-Z. 105 (1963) Nr.1. S.29-39. - 339 Lit. 2220.

W e i n h a n d l, Helmut; Grottenhof-Hafendorf, Landes-Landwirtschaftsschule. Farbanstrich von Landmaschinen. - Prakt. Landtechn. /Wien/ 15 (1962) Nr.13/14. S.240-243. - 2 Abb., 1 Tab. 2220.

E i c h l e r, Christian. Grundlagen der Spezialisierung von Instandsetzungsbetrieben. Darstellung am Beispiel der Zentralisierung der Instandsetzung von Traktorenbaugruppen in spezialisierten Instandsetzungswerken. - Berlin: VEB Verlag Technik. 1962. (89 S. m. 40 Abb. u. 22 Taf.) 8°. DM 5,80 = Landtechnische Schriftenreihe Heft 2.

Ausgehend von den Aufgaben des landtechnischen Instandhaltungswesens und der Klärung einiger theoretischer Zusammenhänge werden die Grundlagen für eine Zentralisierung der Instandsetzung von Traktorenbaugruppen in spezialisierten Instandsetzungswerken erarbeitet. K.-H.Schulte.

R u d o l p h, E i c h l e r u.a. Grundlagen der Instandhaltung von Landmaschinen und Traktoren. - Berlin: VEB Verlag Technik. (etwa 300 S. m. 180 Abb.) 14,7 x 21,5 cm.

M a l e ř, Josef, V a v r a, Miloslav und Zajic. Opravářství a organizace oprav. (Reparaturweise und Organisation der Reparaturen.) - Praha: Státní zeměd. naklad. 1962. (267 S.) 8°. (1962 A 1523)

D. TECHNISCHE BETRIEBSANGELEGENHEITEN

Anonym. Traktorstjälpning farligaste lantbruksolyckan. (Das Umstürzen des Schleppers als gefährlichster Unfall in der Landwirtschaft.) - Traktor J. /Stockholm/ 7 (1962) Nr.9. S.576-579. - 2 Abb., 1 Tab.
Die Gesamtzahl der durch Schlepper in Schweden verursachten Unfälle belief sich 1961 auf 351, davon 43 mit tödlichem Ausgang (von diesen entfielen wiederum 35 auf die Landwirtschaft). - Anhand einer Tab., die die Ursachen, die konkreten sowie prozentualen Zahlen enthält, wird erneut die Forderung nach unfallsicheren Fahrerkabinen (auch für ältere Traktoren) erhoben, da durch solche Kabinen nachweisbar ernste Unfallschäden verhütet wurden. Ferner wird gefordert, mitfahrende Pers. nur dann zu befördern, wenn ein zweiter Sitz vorhanden ist, nicht aber stehend auf Anhängerkopplung, Zugstange usw. E.Kahn. 2310.

H e s s e l b a c h, J. Mechanisierungsgrad als arbeitswirtschaftliche Kennziffer. - Ber. Landwirtsch. /N.F./ 40 (1962) Nr.3. S.633-653.
Die bisherigen Methoden, den Mechanisierungsgrad als arbeitswirtschaftliche Kennzahl darzustellen, befriedigen nicht. Vf. legt das im einzelnen dar. Er entwickelt eine eigene Kennzahl, die den Arbeitsaufwand, die Zeitspannen, die Einsatzformen der Arbeit und die Mech. für den ganzen Betrieb enthält. Diese Kennzahl ist orientiert am jeweils höchsten Arbeitsaufwand (an Hand- und Spannarbeiten), den Vf. gleich 100 setzt. Der Mechanisierungsgrad gibt dann in Prozent davon den Stand der techn. Ausrüstung wieder. Die Ausgangsstufe für seine späteren Messungen gibt Vf. an. Er errechnet darauf seinen Mechanisierungsgrad in 63 Betriebsmodellen, das sind 7 Betriebssysteme in 3 Technisierungsstufen und 3 versch. Betriebsgrößen. Mit seinen Ergebnissen beweist Vf., daß sein Mechanisierungsgrad deutlich den arbeitswirtschaftlichen Einfluß auf den Arbeitsausgleich erfaßt, den Einfluß der Betriebsgröße klar zum Ausdruck bringt und gut brauchbar ist für betriebswirtschaftliche Vergleiche der Kosten, der Arbeitsersparnis und schließlich auch des Arbeitseinkommens auf versch. Technisierungsstufen. A.Bail. 2320.

S c h a e f e r - K e h n e r t, W.; Göttingen. Betriebsgröße und Arbeitswirtschaft unter dem Einfluß der Technik. - Bayer. landwirtsch. Jb., Sonderh. 39 (1962) Nr.2. S.20-39. - 12 Abb. 2320.

M a x a, Rudolf und W a x e n e g g e r, Ignaz; Wieselburg an der Erlauf, Bundesversuchs- und Prüfungsanst. für Landwirtsch. Maschinen und Geräte. Zur Frage des Arbeitsaufwandes in alpinen Grünlandbetrieben. - Förderungsdienst /Wien/ 10 (1962) Nr.11. S.372-373. 2320.

S c h r e i n e r, Ulrich; Wiesbaden. Untersuchungen über die Einkommensbildung bei landwirtschaftlichen Betrieben auf mathematischer Grundlage. - Bayer. landwirtsch. Jb. 39 (1962) Nr.6. S.704-719. - 4 Abb., 10 Tab., 10 Lit. 2325.

Z m i j e w s k i, Bohdan. Bezpieczeństwo i higiena pracy w rolnictwie. (Arbeitsschutz und Arbeitshygiene in der Landwirtschaft.) - Warszawa: Państw. wyd. roln. i leśne. 1962. (435 S.) 8°. (1962 A 1348)

K l e i n e r, H.P. Mechanisierung und Betriebsorganisation. - Frankfurt am Main: DLG-Verlag. 1962. (56 S. m. 18 Abb.) = Arbeiten der DLG. Band 83. DM 4,20

E. MESS- UND PRÜFWESEN

H u g g i n s, L.F.; Lafayette, Ind., Purdue Univ. A microdifferential pressure transducer. (Ein Wandler für sehr kleine Druckunterschiede.) - Agric. Engng. 43 (1962) Nr.9. S.529-531.

Um sehr kleine, dynamische Druckunterschiede, die sich mit einem Manometer nicht mehr erfassen lassen, zu messen, wurde ein Wandler geschaffen, der kombiniert mechanisch, hydraulisch, elektrisch arbeitet. Das mechanisch - hydraulische Glied wird von einer dünnen, kreisförmigen Stahlmembran, die ringsherum eingespannt ist, gebildet. Die bei Druckeinwirkung eintretende Lageänderung des Membranmittelpunktes wird mit Hilfe eines Differentialumformers (LVDT) mit linearer Kennlinie in elektrische Größen umgewandelt. Über einen Oszillografen können die Lageänderungen des Membranmittelpunktes als Folge kleiner Druckschwankungen sichtbar dargestellt werden. Die Konstruktion, der Bau und die Funktion werden eingehend beschrieben.

W.Bohrisch. 2410.

B a v e l, C.H.M. van und M y e r s, L.E.; Tempe, Ariz., U.S. Water Conserv. Lab. An automatic weighing lysimeter. (Ein automatisch wiegendes Lysimeter.)- Agric. Engng. 43 (1962) Nr.10. S.580-583. 586-588.

Für die Zwecke der Grundlagenforschung auf dem Gebiete der Verdunstung der Bodenfeuchtigkeit und der Austrocknungsvorgänge von Böden durch Sonnenbestrahlung wurden 3 automatisch wiegende Lysimeter gebaut und während eines Jahres in vergleichenden, praktischen Untersuchungen erprobt. Durch entspr. Auswahl der verwendeten elektronischen Bauelemente arbeiten die Geräte vollautomatisch und mit Fernregistrierung. Während die Gewichtsbestimmung mit Hilfe von Dehnungsmeßstreifen erfolgt, wird die kontinuierliche Aufzeichnung der Meßwerte in Form von Lochstreifen vorgenommen. Für die Auswertung können elektronische Rechen- oder Schreibmaschinen eingesetzt werden, so daß das Resultat gleich in Form von Tab. vorliegt. Die Wiegegenauigkeit liegt zwischen 10-20 g bei einem Wiegebereich bis rund 3000 kp.

W.Bohrisch. 2410.

G ö t z e, S.; Wohlen, Schweiz, Meßinstrumente AG, Camilie Bauer. Spannband- und Spitzenlagerung. Vor- und Nachteile. - Bull. schweiz. elektrotechn. Ver. 53 (1962) Nr.26. S.1268-1273.

An Hand von mathematischen Formeln werden die Spitzen- und die Spannbandlagerung bei bewegten Teilen von Meßgeräten (Drehspule, Zeiger) miteinander kritisch verglichen. Es zeigt sich, daß für die normale Benutzung eines Meßgerätes hinsichtlich der Stoß- und Vibrationsfestigkeit beide Lagerungsarten etwa gleichwertig sind. Werden jedoch sehr hohe Anforderungen an die Empfindlichkeit des Meßgerätes gestellt, dann ist die Spannbandlagerung wegen des geringen Eigenverbrauches und wegen des kleinen notwendigen Drehmomentes anzuwenden. Auch bei kleinem Drehwinkel (Lichtzeigergeräte) ist die Spannbandlagerung besser. Meßgeräte für rauheren Betrieb (in Fahrzeugen) sind mit Spitzenlagerung auszurüsten, da diese Lagerungsart größere Beschleunigungen verträgt.

W.Bohrisch. 2410.

Č u g u n k o v, Ja.G. und M a r t y n e n k o, P.I. (Tschugunkow, Ja.G. und Martynenko, P.I.) Laboratornaja šarovaja stupka. (Ein Laborkugelmörser.) - Vestnik sel'skochozjajstvennoj nauki, Moskva 7 (1962) Nr.11. S.140-141. - 3 Abb.

Da die bisherigen Reibmühlen für Untersuchungszwecke nicht ausreichten, entwickelte die Luganer Landwirtsch. Versuchsstat. einen Kugelmörser für Laborzwecke, mit dem man kristalline und auch faserige Stoffe zerkleinern kann. Die Mahlkammer hat einen Dmr. von 105 mm, eine Höhe von 260 mm und eine Wandstärke von 3 mm. Die Masse der einen Schlagkugel beträgt 800 g und die der 2 anderen je 140 g. Durch einen Kurbelmechanismus werden die Kugeln hin- und herbewegt und zerkleinern das Gut in der Kammer. Die Konstruktion des Kugelmörsers ist so einfach, daß er von jeder mech. Werkstatt angefertigt werden kann. Stoffe mit einem Wassergehalt von 70-80 % werden vom Kugelmörser zu einer Paste zerrieben, die sich für chem. Analysen gut eignet.

E.Kahn. 2410.

E n g l a n d, C.B. und L e s e s n e, E.H.; Raleigh, North Carolina State Coll. Evapotranspiration research in Western North Carolina. (Forschungsarbeit über Verdunstungsvorgänge im westlichen Nord Carolina.) - Agric. Engng. 43 (1962) Nr.9. S.526-528.

Um Erkenntnisse über die Verdunstung und den Wasserbedarf von Pflanzen zu erlangen, wurden im westlichen Nord Carolina 10 Jahre lang Versuche durchgeführt. Die Untersuchungen wurden an verschiedenen Pflanzenarten nach 3 verschiedenen Methoden mit unterschiedlichen Meßgeräten bzw. -einrichtungen vorgenommen. Die jeweiligen Versuchseinrichtungen und deren Anwendung werden besprochen und die erzielten Ergebnisse diskutiert. Durch zweckentsprechende Zusammenfassung der Teilergebnisse wurden allgemeingültige Erkenntnisse über den Zusammenhang von Klima, Bodenbedeckung, Verdunstung und Wasserbedarf verschiedener Pflanzen gewonnen.

W.Bohrisch. 2415b.

D y l l a, A.S. und T o v e y, Rhys ; Reno, Nevada, U.S. Dep. of Agric., A.R.S., Southwest Branch. Plastic membrane tanks for evapotranspiration determinations. (Behälter aus Plastikfolien für Verdunstungsbestimmungen.) - Agric. Engng. 43 (1962) Nr.10. S.584-585.

Vff. beschreiben den Bau von Behältern unterschiedlicher Größe für Verdunstungsuntersuchungen an lebenden Pflanzen. Der Bau einer Grube, die durch Auskleidung mit Plastikfolie, Material "KDA 2265 black 35", zum wasserdichten Behälter wird sowie die Anlage des Bewässerungssystems dieses Behälters werden eingehend erläutert. Die verwendete Polyvinyl-Plastikfolie hat sich korrosions- und temperaturbeständig, wasserfest und geschmeidig erwiesen. Wenn keine bes. ungünstigen Verhältnisse vorliegen, können derartige, in den Boden gebaute Behälter ihre Aufgabe viele Jahre hindurch erfüllen.

W. Bohrisch. 2415b.

F. EIGENSCHAFTEN, VERHALTEN UND NATURWISSENSCHAFTLICHE GRUNDLAGEN DES BODENS, DER LANDWIRTSCHAFTLICHEN PRODUKTE UND DER HILFSSTOFFE

R i e k, Hans Georg. Untersuchungen über die Adhäsion zwischen Boden und festen Werkstoffen. Band 18. - Stuttgart: Verlag Eugen Ulmer. 1963. (125 S. m. 77 Abb. u. 14 Taf.) 8° = Arbeiten der Landwirtschaftlichen Hochschule Hohenheim.

Einleitend wird an Beispielen aufgezeigt, daß die Adhäsion zwischen Boden und den verschiedensten Werkstoffen gerade bei landwirtsch. Maschinen und Geräten die Ursache für Funktionsstörungen vieler Art sein kann. Aus diesem Grunde werden die physikal. Vorgänge der Adhäsion im Einzelnen untersucht. Vor Beginn der eigentlichen Versuche werden die Natur und die Beschaffenheit des Bodens, insbes. die Molekularstruktur und die damit zusammenhängenden Erscheinungen eingehend behandelt. Die Adhäsions- und Kohärenzkräfte sowie die sie beide beeinflussenden Faktoren, wie beispielsweise das Bodenwasser, werden ebenso erläutert wie die gesetzmäßigen Zusammenhänge zwischen Adhäsion, Reibung, Anpreßdruck und andere Faktoren. Im Anschluß an Betrachtungen über bereits früher von anderen durchgeführte Messungen von Adhäsionskräften wird die Konstruktion und Funktion der bei diesen Untersuchungen benutzten Adhäsionswaage beschrieben. Die Versuche selbst wurden mit 2 verschiedenen Bodenarten - Stubensandsteinboden und Lößlehmboden - unternommen, und zwar jeweils in Krümelstruktur oder auch in Pastenstruktur. Die Größe der Adhäsionskraft wurde zwischen einer kreisförmigen Platte und den beiden Bodenarten unter Berücksichtigung folgender Einflußgrößen gemessen: Versuchstechnik, Bodenart, Bodenstruktur, Bodenfeuchtigkeit, Anpreßdruck, Temp., Prüfplattenwerkstoff, Oberflächenbeschaffenheit und Form der Prüfplatte. Schließlich wurde durch bauliche Veränderung des Meßgerätes auch noch die tangentiale Adhäsionskraft bestimmt. Die Versuchsergebnisse sind in zahlreichen Diagr. anschaulich dargestellt. Als zusammenfassendes Resultat wird für verschiedene Werkstoffe ein Adhäsionsbeiwert aufgestellt, der dem Konstrukteur wertvolle Hinweise für die Ausbildung bes. gegen Verklebungen gefährdeter Bauteile gibt. Durch Vergleichsmessungen an Druckrollen wurden die gewonnenen Ergebnisse in einer Bodenrinne noch erweitert und bekräftigt. Der Aufbau und Ablauf auch dieser Versuche wird ausführlich beschrieben. Anhand von Beispielen aus der Praxis wird abschließend gezeigt, wie durch bauliche Maßnahmen die Neigung zu Verklebungen an Bauteilen verringert werden kann. W.Bohrisch.

III. E N E R G I E, K R A F T M A S C H I N E N U N D S C H L E P P E R

B. ENERGIE UND KRAFTMASCHINEN

G o l d i n g, E.W. und S t o d h a r t, A.S.; Rome, Food and Agric. Organization of the United Nations; Land and Water Development Div., Agric. Engng. Branch. The potentialities for rural electrification in Asia and the Far East. (Möglichkeiten der Elektrifizierung in der Landwirtschaft in Asien und im Fernen Osten.) - FAO agric. Engng. Branch, Land Water Development Div., inform. working Bull. 1962 Nr.22. S.1-53. - 42 Abb. 3130a.

H i e n t o n, Truman E. Rural electrification in Great Britain and Ireland. (Ländliche Elektrifizierung in Großbritannien und Irland.) - Agric. Engng. 43 (1962) Nr.9. S.518-520. - 6 Abb.
Eine verstärkte Elektrifizierung der Farmen setzte in Großbritannien 1948, in Irland 1946 ein. 1959 waren bereits 250000 der insgesamt 400000 Farmen in Irland (62,5 %) an das öffentliche Netz angeschlossen. Einphasige Leitungen sind verbreiteter als dreiphasige. Den größten Nutzen aus der Elektrifizierung zog die Trocknung des Erntegutes (feuchtes Klima!), die nunmehr einfacher und billiger betrieben werden kann. Besser mechanisiert werden konnten dadurch auch die Futteraufbereitung, die Milchgewinnung und -verarbeitung. W.Fleischmann. 3130a.

B r o w n, C.H. Cameron. The full electrification of British farming. (Die Vollelektrifizierung der britischen Landwirtschaft.) - J.Proc.Instn.agric. Engr. 18 (1962) Nr.4. S.119-125. 3130a.

Anonym. Tagungsbericht Schweizerische Gesellschaft für das Studium der Motorbrennstoffe. - Motortechn. Z. 23 (1962) Nr.12. S.452-457.
Rossenbeck, M.: "Erkenntnisse über Vergaservereisung und ihre Verhütung"; Ruf, H.: "Flugturbinen-Treibstoffe"; Bukowiecki, A.: "Über die Korrosionseigenschaften von Automobil-Betriebsstoffen"; Stankewitsch, Leo: "Luftaufwand im Teillastbereich eines Zweitakt-Dieselmotors". 3135a.

H a f n e r, Karl Ernst und N i e p a g e, Peter. Zur Auslegung von dämpfungsgekoppelten Drehschwingungsdämpfern für Kolbenmotoren. - Motortechn.Z. 23 (1962) Nr.12. S.441-444. 3135c.

K r i t z e r, Robert. Zur Berechnung der Formzahlen von Kurbelwellen. - Motortechn. Z. 23 (1962) Nr.12. S.444-446. 3135c.

K r u s e, Horst. Schmierölpumpen beim Kaltstart von Verbrennungskraftmaschinen. - Motortechn. Z. 23 (1962) Nr.12. S.447-451. 3135c.

K i e n e, W. Kraftstoffzusatzmittel für Dieselmotoren Ja oder Nein? 1.Teil. - Techn. u. Landwirtsch. 14 (1962) Nr.2. S.34.36.38. 3135e.

K r u s c h i k, J. Ford-Fahrzeug-Gasturbine "704". - Motortechn. Z. 23 (1962) Nr.12. S.459-462. 3135g.

E d e r, F.X.; München. Aktuelle Probleme der Tiefsttemperaturtechnik. - Kältetechnik 14 (1962) Nr.12. S.386-394. - 15 Abb., 30 Lit. 3155.

L a n g e r a k, D.I. und Z e e u w, D.de. Preservation of soft fruit by ionizing radiation in the Netherlands, a feasibility study. Wageningen: Instituut voor toepassing van atoomenergie in de landbouw. 1961. (69 S.) 4° = Rapport instituut voor toepassing van atoomenergie in de landbouw No.2. (SR 2977, 2)

C. SCHLEPPER MIT AUSRÜSTUNG UND ZUBEHÖR

Anonym. Die Ackerschlepper auf der DLG-Ausstellung. - Landmaschinen-Rdsch. 14 (1962) Nr.6. S.166-168.170.172.174-176. - 17 Abb. 3205.

B l u m e n t h a l, R. Methodik zur rechnerischen Ermittlung der Nennzugkraft des Traktors. - Dtsch. Agrartechn. 13 (1963) Nr.1. S.9-11. - 1 Abb., 2 Diagr., 1 Tab. Aus: Dok.-Dienst ILT 1963 Nr.2.
Einführung des Krafthebers, zunehmende Verwendung von zapfwellengetriebenen Maschinen, Steigerung der Arbeitsgeschwindigkeit und Gerätekombinationen erfordern höheren Kraftbedarf. Infolge geringer Erhöhung der Eigenmasse ist Einstufung nach Nennzugkraft erforderlich, die bes. von Eigenmasse und Ausnutzungskoeff. der Adhäsion abhängig ist. An Hand von 2 Diagr. ist die bedingte Berührungsfläche eines Reifens zu ermitteln, so daß sich die Nennzugkraft auf Grund der beigefügten Anweisungen für 2-Rad-, 4-Rad- und kettengetriebenen Traktoren errechnen läßt. Innerhalb der RGW-Länder werden 8 Leistungsklassen vorgeschlagen. 3205.

L e u s c h n e r, J.; Berlin, KDT. Notizen zur Traktorenperspektive. - Dtsch. Agrartechn. 13 (1963) Nr.1. S.11. - Aus: Dok.-Dienst ILT 1963 Nr.2.
Die Entwicklung im Traktorenbau ist auf stärkere Maschinen ausgerichtet: 0,6-Mp-Geräteträger "GT 124" (25 PS), 1,4-Mp-Traktor "Famulus-RT 330" (60 PS), 2-Mp-Allradtraktor "D 4K" (90 PS). Im Rahmen des RGW ist der Import von 3-Mp-Kettentraktoren vorgesehen. 60 % der Bezugs- und Absatztransporte in der Landwirtschaft sollen von dem Landwirtschafts-LKW "W 50" übernommen werden. Weiter werden angestrebt: Senkung des Kraftstoffverbrauches, unter Last schaltbares (synchronisierbares) Getriebe, automatisch-hydraulische Halbkupplung, günstigere Möglichkeiten für den Geräteanbau. 1970-1980 soll die Vereinheitlichung der Baugruppen im Rahmen des RGW max. wirksam werden. 3205.

D o m s c h, M.; Potsdam-Bornim, Inst. für Landtechn. der Dtsch. Akad. der Landwirtsch.-Wiss. zu Berlin. Kraftstoffeinsparung durch überlegte Fahrweise. - Dtsch. Agrartechn. 13 (1963) Nr.1. S.12-13. - 4 Diagr., 1 Tab., 4 Lit. Aus: Dok.-Dienst ILT 1963 Nr.2.
Es wird nachgewiesen, daß ein Schlepper, der mit gedrosseltem Motor bei einem schnelleren Gang fährt, weniger Kraftstoff verbraucht als bei voller Ausnutzung der vollen Drehzahl im niederen Gang. Beim "Belarus" ist der Kraftstoffverbrauch für 20 PS (40 % der Dauerleistung) und auf 1200 U/min herabgesetzter Drehzahl auf 62 % vermindert. Ähnliche Werte zeigen sich entsprechend beim "RS 14/30" und "Zetor-50-Super". Schlußfolgerung: Es ist wirtschaftlicher, einen Traktor nicht mit voller Dauerbelastung zu fahren und auch die höchste Drehzahl nicht voll auszunutzen. 3205.

P i c k, E. Methode zur Bestimmung der zyklischen Pflege- und Instandsetzungsarbeiten an Schleppern. - Dtsch. Agrartechn. 13 (1963) Nr.1. S.14-17. - 3 Diagr. Aus: Dok.-Dienst ILT 1963 Nr.2.

Erleichterung der Instandsetzungsarbeiten durch instandhaltungsgerechtes Konstruieren. Methodisches Verfahren zur Prüfung der Lebensdauer von Einzelteilen und Verschleißteilpaaren durch periodische techn. Begutachtungen, Zeitaufnahmen der techn. Pflege und Abnahme von Ölproben. Praktische Anwendung der Methodik bei Prüfungen des "Zetor-Super" durch periodische Prüfungen des Motors und des Abnutzungsverlaufs der Verschleißteilpaare. Bei der Konstruktion ist anzustreben: möglichst gleiche Lebensdauer aller Verschleißteile bei normaler zyklischer Pflege des Traktors. 3205.

B i s c h o f, A., A d a m s, R. und Z a u n m ü l l e r, G.; Potsdam-Bornim, Inst. für Landtechn. der Dtsch. Akad. der Landwirtsch.-Wiss. zu Berlin. Agrotechnische Forderungen an die Traktoren eines einheitlichen Traktorensystems für die Deutsche Demokratische Republik. - Dtsch. Agrartechn. 13 (1963) Nr.2. S.67-70. - 3 Abb., 1 Tab., 6 Lit. Aus: Dok.-Dienst ILT 1963 Nr.3.

Vff. fassen die allg. Forderungen hinsichtlich Bauweise, Antriebsmotoren, Getriebe, Leistungsverteilung, Laufwerk, Geräteanbau, arbeitshygienischer Anforderungen zusammen und bringen die speziellen Anforderungen an die Traktoren der Leistungsklassen 0,6-Mp, 0,9-Mp und 1,4-Mp. Vorschläge: Fertigung der Zugkraftklassen 0,9 und 1,4 Mp in eigener Produktion, Konzentrierung aller zur Verfügung stehenden Forschungs-, Entwicklungs- und Fertigungskapazität auf diese Typen, weitgehende Standardisierung (auch bei dem Fertigungsverfahren). 3205.

T h u m, E.: Halle/S., Landmaschinen-Inst. der Martin-Luther-Univ. Halle-Wittenberg. Über Voruntersuchungen zur Errichtung eines Schlepperprüfdienstes. - Dtsch. Agrartechn. 13 (1963) Nr. 2. S. 85-87. - 3 Tab., 5 Lit. Aus: Dok.-Dienst ILT 1963 Nr.3.

Zur Erleichterung der Realisierung der "Progressiven Pflegeordnung" wird ein "Schlepperprüfdienst" vorgeschlagen. Erläuterung der Organisationsform, der techn. Details der Prüfung und der bisherigen Ergebnisse. Hauptmerkmal sind die durch eine Spezialgruppe von einem Stützpunkt aus vorzunehmenden Zustandsüberprüfungen der Traktoren in den landwirtsch. Produktionsbetrieben. 3205.

B i s c h o f, A.; Potsdam-Bornim, Inst. für Landtechn. Anforderungen der Landwirtschaft an die Schlepperprüfung. - Dtsch. Akad. Landwirtsch.-Wiss. Berlin, Tagungsber. 1961 Nr.40. S.27-44. - 2 Diagr., 2 Schemata, 7 Tab., 100 Lit. Zus. in Russ., Engl.

Seitens der Landwirtschaft werden an die Schlepperentwicklung Forderungen gestellt, die sich sowohl auf die Konstruktion, die Funktion und das Betriebsverhalten des Schleppers als Einzeltyp beziehen, als auch auf die Relationen der einzelnen Grundtypen untereinander. Diesen Gesichtspunkten muß eine Traktorenprüfung gerecht werden. Vf. erläutert hierzu einige allg. Probleme und vertritt die Ansicht, daß die Forderung nach einer Prüfmethodik im Prinzip durch die Abschnitte der landwirtsch. Einsatzprüfung und der Sonderprüfungen erfüllt wird, und somit keine grundsätzlich neue Prüfmethodik erforderlich ist. K.-H.Schulte. 3205.

B a r s o u k o v, A.F.; Moskau. Prüforganisation von Traktoren und Landmaschinen der UdSSR. - Dtsch. Akad.Landwirtsch.-Wiss.Berlin, Tagungsber. 1961 Nr.40. S.45-52. - Zus. in Russ., Engl.

In der UdSSR wurde der Vervollkommnung der Komplexmechanisierung aller landwirtsch. Zweige größte Bedeutung beigemessen und ein weitverzweigtes Netz von Maschinen-Prüfstationen organisiert. Gegenwärtig sind es 27 Prüfstationen und 1 wiss. Forschungsinstitut, die sich mit der Prüfung von Traktoren und Landmaschinen befassen. Es werden Maschinen aus der Nullserie, aus Kleinserien sowie aus der Serienfertigung geprüft, hinzu kommen Kontroll- und Überwachungsprüfungen. Die Prüfungen erstrecken sich nach Bestimmung der techn. Daten auf Labor- oder Prüfstandsuntersuchungen, Labor- und Feldprüfungen und Einsatzprüfungen. K.-H.Schulte. 3205.

B o c k h o r n, K.-H. Einsatz und Ausnutzung verschiedener Schleppertypen bei landwirtschaftlichen Arbeiten. - Techn. u. Landwirtsch. 14 (1962) Nr.4. S.84-87.

Es wird der Einfluß der Kostenanteile für Abschreibung, für Verzinsung und Versicherung, für Reparaturen und für Kraftstoff und Schmierung dargestellt. Bei einer Betriebszeit unter 800 Std./Jahr stehen die festen Kosten in einem ungünstigen Verhältnis zu den beweglichen. In 3 Betrieben (2 Familienbetrieben mit je einem Traktor bei 17,5 ha und einem größeren Betrieb mit 175 ha und mehreren Traktoren) wurden genaue Aufzeichnungen über den Traktoreneinsatz gemacht. Einmannbedienung bei allen vorkommenden Arbeitsverrichtungen erweist sich als notwendig. Da der Landwirt immer unter Zeitdruck steht, gewinnen höhere Schlepperleistungen und höhere Geschwindigkeiten in Zukunft mehr an Bedeutung. R.Adams. 3205.

B e r g m a n n, Hellmuth. Lohnt sich eine Erhöhung der Schleppergeschwindigkeit? - Traktor u. Landmaschine /Brugg/ 24 (1962) Nr.12. S.613-619. 625-630. - 5 Abb., 4 Tab., 10 Lit. Aus: Dok.-Dienst ILT 1962 Nr.10.

Untersuchung folg. betriebswirtsch. Probleme: 1) Faktoren, die Transportumfang und Transportbelastung beeinflussen; 2) Einfluß der Erhöhung der Arbeitsgeschwindigkeit auf den Arbeitsaufwand; 3) Auswirkung der erhöhten Geschwindigkeit auf den Betriebserfolg. Nachweis, daß nur in Ausnahmefällen durch erhöhte Traktorgeschwindigkeit ein Einkommenszuwachs (höchstens 500.— DM) erreicht werden kann. Hinderungsgründe für Ausnutzung der Höchstgeschwindigkeit sind Geländegestaltung und Zustand des Wegenetzes.

3205.

C a p a r r i n i, Pietro; Pisa, Univ., Ist. di Meccanica Agraria. Risultati sperimentali sulla dinamica della trattrice. (Experimentelle Untersuchungen zur Leistungsfähigkeit von Schleppern.) - Agric. ital. /N.S./ 17(62) Nr.9. S.289-301. - 13 Abb., 6 Lit. Zus. in Engl.

Vf. berichtet von der Prüfung einer Anzahl von Schleppern. Auf dem Prüfstand standen die Schlepper "18 CV" als Rad- und Raupenschlepper, "20 CV", "22 CV" mit Radantrieb sowie "42 CV" mit 2- und 4-Radantrieb.

G.Müller/Leipzig. 3205.

L o r e n z, H. Einsatz, Leistungen und arbeitswirtschaftliche Auslastung der Radschlepper vom Typ "RS 04/30" bzw. "RS 14/30" - untersucht mit Hilfe des Lochkartenverfahrens. - Z. Agrarökon. 5 (1962) Nr.9. S.272-275. - 3 Diagr., 2 Tab., 12 Lit.

Die Untersuchungen wurden in MTS und LPG des Bez. Halle in den Jahren 1956-60 durchgeführt, wobei die Ergebnisse von 52 ganzjährig eingesetzten Schleppern nach dem Lochkartenverfahren ausgewertet wurden; sie kennzeichnen Einsatzbild, Einsatz und Leistungen bei Feld- und Transportarbeiten, die Schichtarbeit, Einsatztage und Ausfallstunden beider Typen. Daraus werden Niveau, Entwicklung und weitere Möglichkeiten der arbeitswirtsch. Auslastung abgeleitet. Durch Anwendung der linearen Korrelationsrechnung werden ökonomische Beziehungen (Einsatztage - Einsatzstunden) bestimmt und für Mittelwerte die Grenzdifferenzen angegeben.

W.Fleischmann. 3205.

Anonym. Wheeled tractor specifications and prices. (Technische Daten und Preise von Radtraktoren.) - Farm Mechanizat. 15 (1963) Nr.162. S.72-73. - Aus: Dok.-Dienst ILT 1963 Nr.3.

Tab. Zusammenstellung techn. Daten, Preise und Lieferungsumfang von 19 Radtraktoren, die in England auf dem Markt sind. 3215.

T r e p e n e n k o v, I.I. (Trepenenkow, I.I.); Moskau, Staatl. Forsch.-Inst. für Schlepperbau. O moščnom universal'no-propašnom kolesnom traktore. (Über einen starken Universal-Radtraktor für Pflegearbeiten.) - Traktory i sel'chozmašiny, Moskva 32 (1962) Nr.9. S.5-8. - 3 Abb., 1 Diagr., 3 Tab., 2 Lit. Aus: Dok.-Dienst ILT 1962 Nr.10.

Konstruktions- und Leistungsmerkmale amer. Traktoren. Entwicklung ihrer Kennziffern in der Zeit von 1950-60 und Vergleich mit sowjet. Traktoren (1954-60). Charakteristik von Pflegetraktoren mit 50 PS und darüber. Für die Verhältnisse der UdSSR sind im Geschwindigkeitsbereich 8-15 km/h künftig folg. Zugkraftklassen vorgesehen: 0,6; 0,9 und 1,4 Mp mit entspr. Motorleistungen von 33-36; 49-55 und 77-85 PS. Kurzbeschreibung von Traktoren dieser Leistungsklassen. Eine Zugkrafterhöhung auf 1,6, 1,8 und 2 Mp wird gefordert. Gedanken über Ausführung eines derartigen Traktors. 3215.

Š i š k i n, B.V. (Schischkin, B.W.); Moskau, Forsch.-Inst. für Traktorenbau. O kolesnych traktorach-tjagačach i ich ispol'zovanii v sel'skom chozjajstve. (Über Radtraktoren und ihre Verwendung in der Landwirtschaft.) - Traktory i sel'chozmašiny, Moskva 32 (1962) Nr.5. S.3-4. - 2 Abb., 1 Schema, 1 Tab.

Die Bemühungen des Traktorenbaues gehen in Richtung größerer, leistungsfähigerer Traktoren. In der SU wurden Radtraktoren vom Typ "T-125" und "K-700" entwickelt. In den USA sind es bes. die Traktoren der International Harvester Co. "4WD" und John Deere "8010". In Ungarn ist es der "D4K". Diese Traktoren haben als gemeinsames Kennzeichen hohe Motorleistungen (200-300 PS), gleichgroße Triebräder an beiden Achsen und hohe Transportgeschwindigkeiten (24-31 km/h). Durch Gelenkrahmen werden kleine Wenderadien erzielt (John Deere "8010", "T-125", "K-700"). Die Versuche an den sowjet. Versuchsmustern "T-90", "T-91", "T-91-2E" und "T-125" (Entwicklungen des Charkower Traktorenwerkes) wurden 1960-61 abgeschlossen. Sie haben erwiesen, daß die achsschenkelgelenkte Ausführung "T-92" und die Flachquerschnitt-Reifenprofile gegenüber anderen Versuchsausführungen wesentliche Nachteile aufweisen. Aus den Versuchsergebnissen wurde die Forderung nach erhöhter Motorleistung für diese Traktoren abgeleitet: 130 PS anstelle von 90 PS. Die bisher verwendeten Reifenprofile mit eliptischem Querschnitt 1060 x 600 mm bzw. die Mähdrescherreifen 15-24" müssen durch Neuentwicklungen ersetzt werden. Vom amer. Traktor John Deere "8010" sind folgende Daten bekannt: Eigenmasse etwa 10 t; Ne: 220 PS; Gesamtbreite 2438 mm; 9 Vorwärtsgänge: I (3,22); II (4,73); III (6,24); IV (8,0); V (10,20); VI (13,0); VII (17,7); VIII (22,5); IX (29,0 km/h) und 2 Rückwärtsgänge IR (3,22); IIR (9,0 km/h); Radbereifungen 23,1-26; Anbaupflug mit 8 Körpern. Der ungarische "D4K"-Radtraktor hat für sowjet. Verhältnisse geringe Perspektiven auf Grund der geringen Motorleistung. Bezüglich der Verwendungstechnologie derartiger leistungsfähiger Radtraktoren wird der Ansicht widersprochen, daß ihr hauptsächlicher Verwendungszweck im Bereich landwirtschaftlicher Transporte liegt. Lediglich kurze Transportfahrten bis zur befestigten Straße kommen in Frage, da mit V_{max} = 30 km/h die LKW-Zugmaschinen in ihrem Einsatzbereich nicht verdrängt werden können. Vf. unterstreicht die Wichtigkeit der im Kirower Werk in Leningrad angelaufenen Entwicklungsarbeit für den Traktor "K-700". H.Ahlgrimm. 3215.

Anonym. Deere tractor gives over 100 h.p. (Deere-Traktor leistet über 100 PS.) - Farm Mechanizat. 14 (1962) Nr.157. S.331. - 1 Abb. Aus: Dok.-Dienst ILT 1962 Nr.10.

Neuentwicklung der John Deere-Reihe: 6-Zylinder-Traktor "5010", Leistung 117 PS an der Zapfwelle, 100 PS am Zug. Flüssigkeitsgefüllte Hinterradreifen von 24 in. Arbeit mit einem 7-furchigen Pflug bei 40 cm Furchentiefe oder 10,5 m breiten Kultivator usw. (Kurzbericht). 3215.

Anonym. A second look at the John Deere 4010. (Ein zweiter Blick auf den "John Deers 4010".) - Farm Mechanizat. 15 (1963) Nr.162. S.62. - 1 Abb. Aus: Dok.-Dienst ILT 1963 Nr.3.

Preis des "4010": 2480 engl. Pfund. Antrieb: 6-Zylinder-Dieselmotor. Leistung an der Zapfwelle 84 PS. Das Hydrauliksystem umfaßt Kraftlenkung, Kraftbremsen, Dreipunktaufhängung und Fernsteuerung der Anbaugeräte. Die Pumpe liefert nur soviel Öl, wie für die jeweilige Beanspruchung erforderlich ist und regelt automatisch den Durchfluß von 2 - 70 l/min. Ein weiterer Vorteil dieses Systems besteht darin, daß das Öl nicht dauernd durch die Pumpe gedrückt wird und sich unnötig erwärmt. Die Dreipunktanlage kann eingestellt werden auf Belastung, Tiefe + Belastung oder nur Tiefeneinstellung. Das Getriebe hat 8 Vor- und 3 Rückwärtsgänge, die in Zweiergruppen unter Last schaltbar sind. Lenkung und Bremsen sind vollhydraulisch. 3215.

Anonym. Schlepper auf Stelzen. - Landtechnik 17 (1962) Nr.18. S.665. - 1 Abb. Aus: Dok.-Dienst ILT 1962 Nr.10.

Zur Ausführung von Sprüharbeiten in Tabak- und anderen hochwüchsigen Kulturen rüstet die International Harvester Comp. mehrere Mc. Cormic-Traktoren mit Stelzachsen aus. Diese sind in der Höhe verstellbar und können der Wuchshöhe der Pflanzen angepaßt werden (bis zu 1,50 m Pflanzenhöhe). 2 Behälter von 300 l Fassungsvermögen befinden sich zwischen den Stelzen und verringern infolge ihrer tiefen Lage die Kippgefahr. Die Umrüstung von Stelzen- auf

Normaltraktor ist innerhalb 3 Std. durchführbar. Anfertigung der Spezialachsen durch die Fa. Crauff in Bretten/Baden. (Kurzartikel). 3215.

Anonym. Tracklayer specifications and prices. (Technische Daten und Preise von Kettentraktoren.) - Farm Mechanizat. 15 (1963) Nr.162. S.74. - Aus: Dok.-Dienst ILT 1963 Nr.3.

Tab. Zusammenstellung techn. Daten, Preise und Lieferungsumfang von 22 Kettentraktoren, die in England auf dem Markt sind. 3220.

L e m e š k o, V. (Lemeschko, W.); Tula, Kombine-Werk. Samochodnoe šassi SŠ-45. (Maschinenträger "SŠ-45".) - Technika v sel'skom chozjajstve, Moskva 22 (1962) Nr.11. S.43-45. - 4 Abb. Aus: Dok.-Dienst ILT 1962 Nr.12.

Beschreibung der Konstruktion und der Einsatzmöglichkeiten dieser für Aufbauerntemaschinen sowie für Lade- und Transportgeräte geeigneten Maschine. Leistungsmerkmale: Sehr gute Geländegängigkeit auf Torf-, Sand- und anmoorigen Böden. Zugkraft bei Saatbettbereitung 1550 kp, auf Stoppelfeld 1900 kp. An Hängen mit 17° Steigung mit Mähdrescher einsatzfähig. Techn. Daten; ökonomische Gesichtspunkte. 3225.

S t i e g l i t z, Erwin. Tandemschlepper. - Potsdam-Bornim, Institut für Landtechnik der Deutschen Akademie der Landwirtschaftswissenschaften 1962 Plan-Nr.: 1701 23 h-2-25/1. Abschlußber.

Nach einer Einschätzung der im Ausland bereits entwickelten Tandemtraktoren werden die Versuchsergebnisse mit dem in der DDR entwickelten Tandemtraktor erläutert. Diese Ergebnisse besagen, daß der Tandemtraktor die Leistungsfähigkeit des Grundtraktors mehr als verdoppelt und eine Möglichkeit zur Steigerung der Produktivität mit der vorhandenen energetischen Basis bedeutet. Bei der Neuentwicklung von Traktoren müssen Forderungen nach Tandemisierung Berücksichtigung finden. 3230.

Anonym. Svensk snabbkoppling av tandemtraktorer. (Schwedische Schnellkupplung für Tandemtraktoren.) - Traktor J. /Stockholm/ 1962 Nr.7. S.457-461. - 5 Abb.

Die Kopplung für die Tandemschlepper besteht aus einer entspr. Zugstange, die anstelle der Vorderräder mittels einer Befestigungsplatte an dem 2. Traktor angebracht wird. Vorn hat die Stange eine Öse, die in die Zugvorrichtung des 1. Traktors paßt. Ferner wurde am 2. Traktor in Reichweite des Traktoristen ein Armaturenbrett mit Öldruckmesser, Fernthermometer, Starterknopf, Handgaseinstellung und Motorabsteller angebracht. Für das Zusammen- und Auseinanderkoppeln der Schlepper sind 2 AK und 4 Std. erforderlich.
E.Kahn. 3230.

K r i v e n k o, P.M. und M i r o n o v, A.P. (Kriwenko, P.M. und Mironow, A.P.); Technol. Unions-Forsch.-Inst. für Instandsetz. und Betr. von Schleppern und Landmaschinen; Staatl. Forsch.-Inst. für Schlepperbau. Osobennosti rabočego processa traktornogo dizelja pri puske. (Besonderheiten des Verbrennungsprozesses in Dieselmotoren beim Anlassen.) - Traktory i sel'chozmašiny, Moskva 32 (1962) Nr.1. S.3-5.

Vff. beschreiben eine eigene Versuchsanordnung zum Studium der Vorgänge in Dieselmotoren während des Anlassens. Ein normal eingestellter Serien-Dieselmotor vom Typ "D-54" wurde überprüft und entspr. der Norm "GOST 305-58" während des Anlaßvorganges untersucht. Die mit Hilfe von Quarzsand-Druckwertgebern, induktiven Drehzahlgebern und einer genauen Zeitmarke mit 1/500-Teilung sowie anderen Meßausrüstungen aus 120 mm-Oszillogrammschrieben ("RFT 8 SO-114") ermittelten Meßergebnisse werden in 1 Diagr. dargestellt. H.Ahlgrimm. 3235.

S t r a d y m o v, F. und D j a d j u š k o, V. (Stradymow, F. und Djadjuschko, W.) Iznosostojkost' detalej forsirovannych dvigatelej D-54. (Verschleißfestigkeit von Teilen des Motors "D-54" mit heraufgesetzter Leistung.) - Technika v sel'skom chozjajstve, Moskva 23 (1963) Nr.2. S.57-58. - 2 Tab. Aus: Dok.-Dienst ILT 1963 Nr.3.

Unter Labor- und Feldbedingungen Untersuchung des Einflusses der von 54 auf 62 PS erhöhten Motorleistung auf Zylinderbuchsen, Kurbelzapfen und Kurbelwellenhälse. Prüfungsverlauf, Verschleißwerte in Tabellen. Erkenntnisse: Bei Erhöhung der Kurbelwellendrehzahl von 1300 auf 1500 U/min stärkere Neigung zum Verschleiß am Lagerhals. Keine Auswirkung auf Gesamtvolumen der geleisteten Arbeit. 3235.

S c h l a p m a n, W.J. Fundamentals of hydraulically-powered equipment. (Grundbegriffe des hydraulischen Antriebes.) - Implement & Tractor Farm Implement News 77 (1962) Nr.14. S.22-24. 62. 64. 3240.

D o m s c h, M.; Potsdam-Bornim, Inst. für Landtechn. der Dtsch. Akad. der Landwirtsch.-Wiss. zu Berlin. Erhöhung der Schlepperzugfähigkeit durch Antischlupfeinrichtungen. - Dtsch. Agrartechn. 13 (1963) Nr.2. S.60-63. - 9 Abb., 1 Tab., 10 Lit. Aus: Dok.-Dienst ILT 1963 Nr.3.

Untersuchungen von Einrichtungen zur Achslasterhöhung bei Anhängelasten auf mögliche Zugkraftgewinne. Wirkungsweise einer solchen Einrichtung, bes. auf nachgiebigen Sandböden in Verbindung mit großvolumiger Triebradbereifung. Nachweis an Beispielen, daß Flächenleistung und Arbeitsproduktivität 60 % gesteigert und Kraftverbrauch um 40 % herabgesetzt werden könnten. 3240.

Anonym. Winkelantriebe für die Schlepperkraftübertragung. - Landmaschinenmarkt 41 (1962) Nr.19. S.1128. - 1 Abb. Aus: Dok.-Dienst ILT 1962 Nr.10.

Traktoren bedingen des öfteren eine 90°-Drehung der umlaufenden Kraftantriebe. Dafür war die Entwicklung eines Winkelantriebes erforderlich, der am Traktor oder an der Arbeitsmaschine angebaut wird. Der Antrieb erfolgt über die Kardanwelle. Diese Getriebe sind größten Ansprüchen ausgesetzt, bei kleinstem Raumbedarf müssen sie robust, bruch- und verschleißfest sein. Die Bearbeitung erfolgt mit bes. Genauigkeit. Verwendet werden nur ausgesuchte Materialien, wie hochprozentiger CrNi-Stahl für Wellen und Zahnräder. Wellen und Räder sind gehärtet und geschliffen, letztere nach Klingelnberg-Verzahnung. 3240.

R e i c h e l, H.; Dresden, TU, Inst. für Landtechn. Die betriebsbedingte Lage der Gelenkwelle zwischen Schlepper und Landmaschine. - Dtsch. Agrartechn. 13 (1963) Nr.2. S.81-84. - 14 Abb., 5 Lit. Aus: Dok.-Dienst ILT 1963 Nr.3.

Beschreibung einer Einrichtung zur Messung der im praktischen Einsatz an den Kreuzgelenken auftretenden Ablenkungswinkel. An einer Kombination des Traktors "RS 01/40" mit dem Mähhäcksler "E 065" werden die Messungen erläutert. Auch bei Geradeausfahrt Abwinkelung der Kreuzgelenke, so daß Minderung der Nutzungsdauer der Gelenkwelle nicht zu erwarten ist. 3240.

R e i n s c h, Hans H. Elektronisch ferngesteuerte Landmaschinen. - Dtsch. landtechn. Z. 13 (1962) Nr.11. S.572.574. - 3 Abb. Aus: Dok.-Dienst ILT 1962 Nr.12.

Kurzer Überblick über den Entwicklungsstand in den einzelnen Ländern.

1) Anglo-amerikanisches System: Fernsteuerung durch Sendegerät mit 7 Schaltknöpfen und Antenne an der Motorhaube des Traktors. - 2) Deutsches System: Steuerung vom Führungstraktor aus durch Tonfunk-System oder vom tragbaren Sender aus beim Wenden der Traktoren.-3) Steuerung mittels Funk in der SU: Im UKW-Bereich werden 6 Kommandos ausgestrahlt und empfangen: Vorwärts; Rückwärts; Halt; Links- und Rechtsdrehung; Heben und Senken. - 4) Telematic-System: (in Westdeutschland entwickelt) Traktor kann vom Boden aus durch Steuerhebel bedient werden. - 5) Durch Ultraschall ferngesteuerte Seilwinden; Empfänger nimmt Ultraschallwellen auf und schaltet über Verstärker den Motór. 3245.

Z o m b o r i, J. Bedeutung, Möglichkeiten und Probleme des Allradantriebs. - Dtsch. Agrartechn. 12 (1962) Nr.10. S.476-478. - 2 Abb. Aus: Dok.-Dienst ILT 1962 Nr.10.

Teilwiedergabe eines Vortrages, gehalten auf einer Fachtagung des FV "Land- und Forsttechnik" der KdT am 6.7.1962 in Markkleeberg über die Zugfähigkeit des Allradtraktors, die aus der größeren Adhäsionsfähigkeit resultierenden zusätzlichen Vorteile, Stabilität und Hangtauglichkeit, einige Probleme des Allradantriebs, Wirtschaftlichkeitsfragen und Möglichkeiten. Eine Tab. vermittelt Kennwerte der Traktortypen "UE-28" (Hinterrad-Antrieb), "UE-28" (Allradantrieb) und "KD-35" (Kettentraktor). 3245.

Anonym. Däck och däckknep för blötår. (Bereifung in niederschlagsreichen Jahren.) - Traktor J. /Stockholm/ 7 (1962) Nr.11. S.696-700. 703. - 5 Abb., 2 Schemata.

Als ideal werden genannt: Schlepper mit ausreichender Kraftreserve und einem Reifensatz, der einen guten Bodengriff gewährleistet; das Rollvermögen muß bei entspr. Breite der Reifen verhindern, daß der Schlepper in den Boden einsinkt; das Anhängegerät (Mähdrescher oder Wagen) soll eine Konstruktion aufweisen, die leichtes Rollen sichert und das Gefährt vor dem Einsinken durch die eigene Schwere bewahrt. - Ein wirkungsvolles Hilfsmittel sind auch Ansteckraupen, die um die Triebräder gelegt werden.

E.Kahn. 3245.

K a r a b a n o v, I.I. (Karabanow, I.I.) Chodovaja sistema traktora ČTZ. (Das Fahrwerk des Traktors "T-130" vom Tscheljabinsker Traktorenwerk.) - Traktory i sel'chozmašiny, Moskva 32 (1962) Nr.9. S.9-11. - 10 Zeichn. Aus: Dok.-Dienst ILT 1962 Nr.10.

Beschreibung aller konstruktiven Veränderungen am Fahrwerk des Kettentraktors "T-130" (Weiterentwicklung des "S-100") in den wichtigsten Baugruppen. Wesentlich ist Austauschbarkeit der Baugruppen mit denen vom "S-100" sowie die Erhöhung der Verschleißfestigkeit und Betriebssicherheit der Laufkette und Schaffung besserer Arbeitsbedingungen für Traktoristen. 3245.

S p i r i n, A.; Pljustschewo, Gebiet Moskau, Unions-Forsch.-Inst. für Mechanisier. der Landwirtsch. Gusenica s rezino-metalličeskimi šarnirami. (Raupenkette mit Gummi-Metall-Gelenken.) - Technika v sel'skom chozjajstve, Moskva 22 (1962) Nr.10. S.68-71. - 2 Diagr., 3 Zeichn. Aus: Dok.-Dienst ILT 1962 Nr.11.

Vf. bringt einen Vergleich einfacher Metallketten mit solchen, deren Gelenke einen zwischen Bolzen und Buchse eingeschlossenen Gummiring haben, der auf die Bolzen aufvulkanisiert ist. Mängel der letzteren Konstruktion:

Rascher Verschleiß der Gummielemente durch radiale Belastung. Auf den Bolzen wurden starke, ringförmige Wülste, die zwischen den Gummibuchsen liegen, aufvulkanisiert und dadurch die Mängel beseitigt. Die Kette ist für Traktoren "DT-54A", "DT-75" und "T-75" geeignet. Einige Ergebnisse von Vergleichsprüfungen: Nach 2000 Std. war die Gummi-Metall-Kette für weitere Nutzung noch brauchbar. Die durchschnittl. Vergrößerung der Teilung in diesem Zeitraum betrug höchstens 4-5 mm. Leistungskennziffern werden in Abhängigkeit von der Fahrgeschwindigkeit angegeben. 3245.

S i e g, Roman. Wie weit kann der Triebradreifen die Zugkraft des Traktors beeinflussen. - Landmaschinen-Markt 41 (1962) Nr.20. S.1188. 1190. 1192. 1194. - 10 Abb. Aus: Dok.-Dienst ILT 1962 Nr.10.

Die Gestaltung und der Zustand des Triebradreifens ist für die Höhe der Zugkraft und des auftretenden Schlupfes beim Fahren mit dem Traktor auf de Acker von bes. Bedeutung. Im Rahmen der Untersuchungsarbeiten wurden Messungen über den Schlupfanteil bei versch. Reifenausstattung durchgeführt. Aus 120 Einzelversuchen werden Meßwerte in Tabellenform dargestellt. Der Schlupfunterschied beträgt zwischen einfacher und Doppelbereifung 14,9 %, bei Verwendung von Gitterrädern wird der Schlupf noch um 2 % geringer. Weiter zeigen die Versuche, daß die Schlupfminderung vom geschlossenen zum halboffenen Profil 7,7 % beträgt, während sich zum offenen Profil eine Schlupfminderung von 2,4 % feststellen läßt. 3250.

P r i c k e r, P.Ja. (Prizker, P.Ja.) K voprosu tjagovogo rasceta sovremennych kolesnych traktorov. (Zur Zugkraftberechnung derzeitiger Radtraktoren.) - Traktory i sel'chozmasiny, Moskva 32 (1962) Nr.9. S.11-14. - 2 Diagr., 1 Zeichn., 5 Lit. Aus: Dok.-Dienst ILT 1962 Nr.11.

Theoretische Untersuchung der bei Verwendung eines Antischlupfes im Aggregat Pflug-Traktor wirksam werdenden Kräfte und ihrer Wechselbeziehungen sowie ihres Einflusses auf den Gesamtzugwirkungsgrad. Empfehlungen für Festlegung einer Zugkraft-Prüfmethodik. Nach den Prüfungsergebnissen ist der Zugwirkungsgrad bestimmbar. 3250.

W e n n e r, H.L. und S c h u l z, H.; Weihenstephan. Laden mit dem Frontlader. - Mitt. dtsch. Landwirtsch.-Ges. 77 (1962) Nr.47. Illustr. Beil. Nr.11. 4 S. 3255.

B j e r n i n g e r, Sigfrid. Kan påfrestningarna på traktorförarna minskas? (Können die Belastungen der Traktorenfahrer vermindert werden?) - Jord Gröda Djur, Årsbok 18 (1962) S.200-204. - 1 Abb., 3 Diagr.

Vom Inst. für Landtechnik (Schweden) wurden Untersuchungen geführt, um festzustellen, welche Eigenschaften ein zweckmäßig konstruierter Traktorsitz haben muß (bis zu 40 % des Energieumsatzes muß der Traktorist z.Z. aufwenden, um dem Stoßen und Rütteln entgegenzuwirken). Vorläufig kann die Frage noch nicht beantwortet werden, welche Eigenschaften ein Traktorsitz haben muß. Grundsätzlich ist zu fordern, daß der Sitz gute Federung und Dämpfung sowie zweckmäßige Gestaltung und Anordnung aufweisen muß. Entspr. dem unterschiedlichen Körpergewicht des Fahrers sollen Federung und Dämpfung einstellbar sein. Der Sitz muß ferner eine gut geformte Rückenstütze (Höhe ca. 24 cm) besitzen. Die Oberkante muß so geformt sein, daß dem Fahrer beim Neigen nach hinten keine Beschwerden entstehen. Die Sitzfläche muß etwa 5° nach hinten geneigt sein, so daß der Fahrer durch seine eigene

Schwere etwas in den Sitz gedrückt wird. Die Sitzhöhe muß im richtigen Verhältnis zu den zu bedienenden Pedalen stehen, um Ermüdungserscheinungen auszuschalten. E.Kahn. 3265.

Anonym. "Atko teleplastic" P.T.O. safety guards. ("Atko Teleplastik"-Zapfwellenschutz.) - Nat. Inst. agric. Engng., Rep. on Test Nr.274. (1961) S.1-3. - 1 Abb.
Hersteller: Atkinson's Agric. Appliances Ltd., Clitheroe, Lancs. Der Zapfwellenschutz besteht aus 2 teleskopartig ineinander schiebbaren Schutzrohren mit kegelförmigen Erweiterungen an den Enden aus Kunststoff. Die Schutzrohre sind kugelgelagert (Stahlkugeln in Nylonschalen, wartungsfrei) und rotieren unabhängig von der Zapfwelle mit. Der mitrotierende Zapfwellenschutz kann jedoch leicht von Hand angehalten werden und hat sich in der Prüfung als funktionssicher und haltbar erwiesen. K.-H.Schulte. 3265.

P e c h a c e k, R.; Leipzig, KDT. Hinweise für den Einsatz von Anbaugeräten. - Dtsch. Agrartechn. 13 (1963) Nr.2. S.70-72. - 8 Abb., 1 Lit. Aus: Dok.-Dienst ILT 1963 Nr.3.
Aufzählung der Vorzüge von Anbaugeräten gegenüber Anhängegeräten. Beschreibung des Dreipunktsystems. Hinweise für vorschriftsmäßigen Anbau und richtige Einstellung des Pfluges. Merkmale für richtige Arbeitsweise. 3270.

C o o p e r, S.W. und M i n t o, S.D. Massey-Ferguson 943 toolbar and attachments. (Werkzeug- und Vorrichtungsträger "943" von Massey-Ferguson - N.I.A.E. - Test.) - Nat. Inst. agric. Engng., Rep. on Test Nr.318/EA. (1962) S.1-18. - 4 Abb., 4 Diagr., 7 Tab.
Hersteller: Massey-Ferguson (S.A.) Pty. Ltd. Vereeniging, South Africa. Das geprüfte Gerät zum Anbau an der Dreipunktaufhängung des Traktors besteht im wesentlichen aus 2 dicht hintereinander und quer zur Fahrtrichtung angeordneten Gerätebalken, auf denen verschiedene Werkzeuge und Vorrichtungen zum Pflanzen, Düngen, Furchenziehen, Häufeln, Hacken und Lockern einzeln oder in Kombination miteinander in gewünschtem Reihenabstand befestigt werden können. Für Arbeitsbreiten über 2,50 m sind seitliche Verlängerungen anbringbar, die sich in vertikaler Richtung unabhängig vom Dreipunktgestänge nach der Bodenkontur bewegen können. Der Gerätebalken wurde zusammen mit Maislege-, Düngerstreu- und Häufeleinrichtungen geprüft. Mit dem Gerät kann ein erfolgreicher Maisanbau in den ostafrikanischen Rand-Regengebieten betrieben werden. K.-H.Schulte. 3270.

G u r e v i č, A.M. und S o r o k i n, E.M. Traktory i avtomobili. (Traktoren und Automobile.) Moskva: Sel'chozizdat. 1961. (567 S.) 4°. (1962 A 227)

R a u s c h e r, M. Les besoins de l'agriculture en matiere de tracteurs dans les petites exploitations. Genève: CEE. 1959. (13 S.) 4°.= Commission economique pour l'Europe. WP. 2. Doc. de travail. No. 3. (SR 3023, 2,3)

Tractor need for large scale farming. Geneva: ECE. 1960. (19 S.) 4°. = Economic commission for Europe. WP 2. Working Paper. Nr.4. Rev.1. (SR 3023, 2, 4)

Unter d. Red. v. K a š u b a, B.P. Traktor T-75. Rukovodstvo po ėkspluatacii. (Traktor "T-75".) Moskva: Mašgiz. 1960. (374 S.) 8°. (1962 A 641)

K a s u b a, B.P. Traktor T-75. (Ustrojstvo i ėkspluatacija.) (Der Traktor "T-75". Aufbau und Nutzung.) Moskva.Sel'chozgiz. 1961. (335 S. m. 3 Anl.) 4°. (1962 B 154)

Unter d. Red. v. T a r a s o v, A. M. Hrsg.: Minist. mašinostr. Sojuza SSR; Minskij trakt. zavod. Universal'nyj propasnoj traktor "Belaruš". Rukovodstvo po uchodu i ėkspluatacii. (Der Universalhackfrucht-Traktor "Belaruš".) Minsk: Gosud. izd. BSSR. 1954. (239 S.) 8°. (1962 A 572)

L i t i n s k i j, Semen Aleksandrovič. Pervyj opyt i perspektivy avtomatizacii voždenija traktornych agregatov. (Erste Erfahrungen und Perspektiven der Automation bei der Führung von Traktorenaggregaten.) Moskva: Izd. Minist. sel'skogo choz. RSFSR. 1960. (42 S.) 8°. (1962 A 557)

P r e u s c h e n, R. und E n g e l, R. Steuerung am Hang. Forsch.-Auftr. Ministerium für Ernähr., Landwirtsch. und Forsten des Landes Nordrhein-Westfalen; Bad Kreuznach, Max-Planck-Inst. für Landarb. und Landtechn. 1961.

N o s a č e n k o, Vasilij Filippovič. Kontrol' provedenija remontov i techničeskich uchodov za traktorami. (Kontrolle der Durchführung von Reparaturen und technischen Pflegemaßnahmen an Traktoren.) Krasnodar. 1961. (73 S.) 8°. (1962 A 907)

B r o d s k i j, Matvej Abramovič und K a m z o l o v, Aleksej Pavlovič. Katalog zapasnych častej sel'skochozjajstvennych traktorov. (Katalog der Ersatzteile landwirtschaftlicher Traktoren.) Moskva: Mašgiz. 1961. (930 S.) 4°. (1962 B 124)

Literatur über die Reinigung von Kraftfahrzeugen. Hrsg. Instn.: Inst. f. Verkehrsforschung. Dok., Berlin. (Lit.Nr.59/62. Titelanzahl: 22.)

E. FLUGZEUG MIT AUSRÜSTUNG UND ZUBEHÖR

Anonym. New 235 h.p. Piper Pawnee. (Neue 235-PS-Piper-Pawnee.) - Agric. Aviation 4 (1962) Nr.3. S.101-102.

Neben vielen konstruktiven Verbesserungen zeichnet sich das neue Landwirtschaftsflugzeug durch folg. Züge aus: Nutzlast ca. 550 kg, Behälter aus Fiberglas mit 2 großen Schauöffnungen (550 l Inhalt), neue Einfüllöffnung zur schnellen Beladung, Startstrecke bei Vollast 245 m, Steigfähigkeit in Seehöhe 183 m/min, Arbeitsgeschwindigkeit 169 km/h, min. Geschwindigkeit 74 km/h, Landestrecke des leeren Flugzeuges (771 kg) 121 m.

R.Angermann. 3405.

Anonym. New Y-Strainer. (Neues Y-Filter.) - Agric. Aviation 4 (1962) Nr.3. S.102-104. - 1 Abb.

Das Filtergehäuse stellt gleichzeitig die Abzweigung vom Pumpenauslaß zu den beiden Spritzrohren des Flugzeugs dar. Die in Aluminium ausgeführte, sanft gebogene Abzweigung gewährleistet einen im Vergleich zu konventionellen T-Stücken stark verminderten Druckverlust. Das aus rostfreiem Stahl bestehende zylindrische Sieb (20, 30 oder 40 Maschen) wird durch 2 Schnellverschlüsse gehalten, die ein schnelles Auswechseln des Siebes ermöglichen.

R.Angermann. 3405.

IV. TRANSPORT UND FÖRDERUNG

A. ALLGEMEINES

L e n g s f e l d, Joseph; Frankfurt/M. Landwirtschaft und Straßenverkehr. - Mitt. Dtsch. Landwirtsch.-Ges. 78 (1963) Nr.1. S.6-13. 4005.

B o o n m a n, D.C.M. Enkele indrukken van de transportbeurs te Utrecht. (Einige Eindrücke von der Transportmesse in Utrecht.) - Landbouwmechanisatie 13 (1962) Nr.11. S.960-964. - 11 Abb.

Die auf der Transportmesse 1962 ausgestellten Maschinen und Geräte werden im Hinblick auf Verwendbarkeit in der Landwirtschaft betrachtet. Unter den Paletten für abgesackte Güter fiel ein durch die Imperial Chemical Industries entwickelter Typ auf, der aus 2 hohlen Rollen aus steifem Karton mit einer dazwischen gespannten Plastikfolie besteht. Diese Palette beansprucht bei der Stapelung im Lager und beim Transport wenig Raum. Die Einradkarre "Via-car" mit Motor ist für innerbetriebliche Transporte in der Landwirtschaft verwendbar. Für das Laden auch von nicht zugebundenen Säcken wurde ein hydraulischer Sackheber und -werfer gezeigt, der durch einen 2,5 PS Benzinmotor angetrieben wird. In 2-3 Min. kann damit die Ladung von einem LKW auf den anderen übergesetzt werden. Für das Laden von Einheiten mit einer Masse von 1 t (Steine, evtl. Transportkisten) ist das "Hulo"-Ladesystem geeignet. Es wird auf LKW aufgebaut; der Kraftfahrer kann damit ca. 40 t/h Steine laden. Der Ladekran von Tico, ausgerüstet mit 2 Hydromotoren, ist in der Lage, Kisten mit 600 kg Masse auf LKW zu laden.

M. Lüpnitz. 4005.

E ö t v ö s, L. A mezögazdaság szállitóeszközei. (Transportmittel in der Landwirtschaft.) - Közlekedési Közlöny /Verkehrstechn. Mitt./ 1962 Nr.27. S.1-4. - Aus: Ung. Agrar-Rdsch. 1963 Nr.1.

Der Transport mit Schleppern ist - eine Vollausnutzung vorausgesetzt - um so billiger, je größer die Leistung der Schlepper ist, weil die Festkosten (Grundlöhne des Schlepperführers, Kosten der Instandhaltung) bei Schleppern von kleinerer und größerer Leistungsfähigkeit nur unwesentlich voneinander abweichen. Auch die veränderlichen Kosten steigen nicht im Verhältnis der steigenden PS-Werte. So sind z.B. die Reparaturkosten eines 45-PS-Schleppers nur um 4 % höher als die eines 25-PS-Schleppers. Die Zusammensetzung des Anhängerbestandes ist in Ungarn unzweckmäßig, da die meisten Anhänger eine Tragfähigkeit von nur 3 t besitzen. Auf den schlechten Landwegen ist ein Betrieb mit Doppelanhängern schwer durchführbar, mit einem Anhänger von 5 t läßt sich aber schon fast dasselbe Gewicht befördern wie mit 2 Anhängern von 3 t. In der ungar. Landwirtschaft sind im Verhältnis weniger LKW eingesetzt als in der UdSSR, DDR und ČSSR. Die Ursache hierfür liegt in der weniger entwickelten Autoindustrie; auch waren früher viel Schlepper mit Glühkopf von 35 PS Leistung vorhanden. Nachdem die Produktion dieser Schlepper schon seit langem eingestellt ist, kann in Zukunft mit dem Ansteigen der Zahl der LKW auch in der ungar. Landwirtschaft gerechnet werden.

4005.

H a a s e, Hans. Innerbetrieblicher Transport. - Techn. u. Landwirtsch. 14 (1962) Nr.17. S.398. 400-401. - 7 Abb.

Zur Entlastung bei landwirtsch. Transporten können Fördereinrichtungen, wie Greifer, Gebläse, Höhenförderer, Futterschnecken, elektr. Aufzüge usw. beitragen. Daneben dienen gute Transportgeräte ebenfalls der Arbeitserleichterung. Zweckmäßig sind eine gute Schwerpunktlage, günstige Bereifung, leichte Be- und Entlademöglichkeit, Wendigkeit und passende Abmessungen; vor allem muß der Rad-Dmr. den Bodenverhältnissen auf den Transportwegen entsprechen. Als wichtigstes Antriebsmittel dient der E-Motor, doch spielt auch der Schlepper eine wesentliche Rolle. So lassen sich z.B. mit dem Frontlader zahlreiche Arbeiten durchführen. Bei folgenden Arbeiten hat er seine Eignung erwiesen: Entmisten von Ställen, Dungladen, Grünfutterholen, Heranbringen von Rüben aus der Miete, Stapeln von Heu und Stroh, Beschicken und Entleeren von Silos. Zu verschiedenen o.g. Punkten führt Vf. Neuentwicklungen der Landtechnik an, die auf der DLG-Ausstellung in München gezeigt wurden. Zu erwähnen ist eine hydraulische Abschiebegabel der Fa. Baas, die es ermöglicht, das Ladegut (Grünfutter, Heu, Stroh usw.) vom Frontlader abzuschieben. Dadurch kann die Hubhöhe des Frontladers voll ausgenutzt und die Reichweite wesentlich vergrößert werden. Durch eine kleine Ergänzungseinrichtung wird die Abschiebegabel zum Entlade- und Staustempel, mit dem volle Wagen entladen werden können. W.Fleischmann. 4010.

B. FAHRZEUGE

M i t s c h k e, Manfred; Stuttgart-Vaihingen. Einfluß von Straße und Fahrzeugabmessungen auf die Aufbaubewegungen und die dynamischen Radlasten. Teil 1. - VDI-Z. 104 (1962) Nr.8. S.361-372. - 40 Diagr., 5 Schemata, 2 Tab., 10 Lit.

Vf. untersucht die Schwingungsbewegungen an Kraftfahrzeugen bei der Fahrt auf unebenen Straßen. Mit Hilfe einer aus den Massen, den Federungen und den Dämpfungen der Achsen, des Aufbaus und der Sitze gebildeten Ersatzschemas für Kraftfahrzeuge gelingt es, den Einfluß der von den Bodenunebenheiten angeregten Fahrzeugschwingungen auf den Komfort und die Fahrsicherheit theoretisch zu erfassen. Neben dem Aufbau des Schwingungs-Ersatzschemas werden die Beurteilungsmaßstäbe für Fahrzeugschwingungen sowie die theoretischen Grundlagen besprochen und verschiedene Schwingsysteme durchgerechnet. K.-H.Schulte. 4105.

M i t s c h k e, Manfred; Stuttgart-Vaihingen. Einfluß von Straße und Fahrzeugabmessungen auf die Aufbaubewegungen und die dynamischen Radlasten. Teil 2. - VDI-Z. 104 (1962) Nr.10. S.445-448. - 17 Diagr., 1 Tab., 1 Lit. Teil 1 vgl. vorst. Ref.

Im 2. Teil seiner theoretischen und experimentellen Schwingungsuntersuchungen geht Vf. auf die statistische Mittelwertbildung und dabei insbes. auf den Einfluß der Aufbau-Feder- und Dämpfungskonstante, den Vergleich zwischen leerem und beladenem Fahrzeug sowie den Einfluß von Radstand, Lage des Sitzes und der Koppelmasse ein. Zum Schluß werden einige Frequenzanalysen gezeigt, die aus Fahrversuchen mit einem amer. Personenwagen des Baujahres 1955 gewonnen wurden. K.-H.Schulte. 4105.

V. PFLANZLICHE PRODUKTION

A. ALLGEMEINES

Anonym. Aktuella skörderproblem. Nya metoder för skörd, konservering och hantering av vallfoder, spannmål och frö. (Aktuelle Ernteprobleme. Neue Methoden für Ernte, Konservierung, Behandlung von Futterpflanzen, Getreide und Saatgut.) - Jordbrukstekn. Inst., Medd. 1962 Nr.296. S.1-45. - 35 Abb., 12 Diagr.

Vortrag auf der Jahresversammlung der schwed. Vereinigung für Landtechnik. Vf. behandelt folg. Probleme: Ernte von Futterpflanzen; Silagebereitung; Heuwerbung; Getreideernte und Bergung von Grassämereien. Hierzu wird der Einsatz der entspr. Landmaschinen und Vorrichtungen erläutert, die allg. bereits bekannt sind. E.Kahn. 5005a.

S c h e n k l i n g, W.; Cottbus. Die Mechanisierungsgruppen in der Feldwirtschaft der sowjetischen Landwirtschaft. - Wiss.-techn. Fortschr. Landwirtsch. 3 (1962) Nr.12. S.535-538. 5010.

Anonym. Das Rau-Kombi-System liefert modernen Gerätepark. - Kartoffelbau 13 (1962) Nr.12. Landtechn. Kartoffelbau 6 4 S. - 15 Abb. 5010.

B o r e w i c z, W. und D ł u s k i, S. Mechanizacja uprawy kukurydzy. (Mechanisierung des Maisanbaues.) Warszawa: Panstw. wyd. roln. i leśne. 1962. (87 S.) 8°. (1962 A 1227)

B. FELDARBEITEN AUSSCHLIESSLICH ERNTE

W i c k e r t, Gerhard; Jugenheim/Bergstraße. Die allgemeine Entwicklung im Wasserbau (Literaturübersicht). - VDI-Z. 105 (1963) Nr.3. S. 117-126. - 153 Lit. 5110a.

B u c k; Bochum. Grundwasserreserven wichtig bei radioaktiver Verseuchung. - Wasser u. Nahr. 7 (1962) Nr.3. S.163-164. 5110a.

S k o t n i k o v, V. und P e t r o v i č, D. (Skotnikow, W. und Petrowitsch, D.) O perspektivnych mašinach dlja u osušenija i osvoenija bolot. (Künftige Maschinen zur Entwässerung und Nutzbarmachung von Sumpfgebieten.) - Technika v sel'skom chozjajstve, Moskva 23 (1963) Nr.2. S.36-43. - 1 Abb., 5 Zeichn. Aus: Dok.-Dienst ILT 1963 Nr.3.

Überblick über versch. Rode- und Dränmaschinen sowie Grabenziehgeräte und Maschinen zur Befestigung von Uferböschungen, in denen folg. Forderungen berücksichtigt wurden: größere Fahrtüchtigkeit durch geringeren Bodendruck und Senkung des Zugkraftbedarfes, größere Leistung. Charakteristisch ist Verwendung aktiver Arbeitsteile und Vereinigung mehrerer Arbeitsgänge in einem Maschinenkomplex. - Vorschlag: Selbstfahrendes Kettenchassis mit variabler Motorleistung (20-24, 160-180 und 240-300 PS). 5110a.

S m i r n o v, A.V. (Smirnow, A.W.) Opyt stroitel'stva zakrytogo drenaža v sel'skom chozjajstve. (Erfahrungen beim Bau von Dränungen in der Landwirtschaft.) - Naučnye trudy VNIIGiM. Vsesojuznyj naučno-issledovatel'skij institut gidrotechniki i melioracii imeni A.N. Kostjakova, Moskva 37 (1962) S.52-87. - 18 Tab., 73 Lit.

In einem Sammelreferat werden in den Abschnitten: Geschichtliche Entwicklung der Dränung, Dränabstände, Dräntiefen, Dränabflüsse, Grenzgeschwindigkeiten in Dränungen, Anordnung der Dräne zum Geländegefälle, Bau von Dränungen, Langlebigkeit von Dränungen und landwirtsch. und ökonomische Wirkung der Dränung internationale und sowjet. Erfahrungen sorgfältig analysiert. Abschließend wird die Dränung als vollkommenes und wirtschaftliches Meliorationsverfahren gekennzeichnet, das zwar teuer ist, dessen Kosten sich aber in 2-7 Jahren amortisieren. Überall wird nach Möglichkeiten zur Verbilligung der Dränung gesucht (kombinierte Tonrohr-Maulwurfdränung, Schlitzdränung, Bedarfsdränung nach Random-England usw.). Beste Ergebnisse hinsichtlich Wirkung und Haltbarkeit wurden bisher mit der Tonrohrdränung erzielt. Sie fand daher die größte Verbreitung. Die Dränrohrherstellung muß verbessert und rationalisiert werden. Dabei sollte man von den außen runden zu eckigen Dränrohren übergehen und Versuche fortsetzen, die bereits 1921-26 in Moskau durchgeführt wurden. In breitem Umfange sollte örtliches Baumaterial (Holzröhren, Glas, Beton, Bitumen usw.) herangezogen werden. Die Tonrohrherstellung sollte unmittelbar an der Baustelle organisiert werden, um Transportkosten einzusparen und Bruchverluste beim Transport auszuschalten. Alle GOST- und sonstigen techn. Vorschriften für die Dränprojektierung sollten hinsichtlich der Verminderung der minimalen noch zulässigen Eintrittsöffnungen für Dränwasser bei Tonrohr- und Bretterdränungen überprüft werden. Die wiss. Forschungsarbeit sollte im Hinblick auf rentable Dränentfernungen und Dräntiefen in Anpassung an unterschiedliche Naturbedingungen verstärkt werden. R.Teipel. 5110o.

P e c h y, St. Ein Versuch mit Kunststoff-Dränrohren. - Wasser u. Boden 14 (1962) Nr.9. S.318-319. - 5 Abb.

Auf einer Teilfläche von 1,5 ha einer insges. 45 ha großen Fläche wurde eine Dränung mit Rillen-Rippen-Rohren aus Hart-PVC (Fränkische SBF-Dränrohre) ausgeführt. Die Rohre haben wellenförmig profilierte Wandungen, in deren Rippen 2 Schlitzreihen eingeschnitten sind. Die Schlitzlänge beträgt 1000 mm/lfdm, die Schlitzbreite 0,4-0,6 mm. Der Boden ist sandiger Lehm. Der Abstand der Sauger beträgt 12 m. Zur Untersuchung des Filtervermögens der Rohre wurden jeweils 3 Sauger mit und 3 Sauger ohne Filtermaterial verlegt. Nach der Ernte soll durch Aufgraben ermittelt werden, ob sich Bodenteilchen in den Rohren abgelagert haben. D.Voigt. 5110o.

Anonym. Maschinelle Grabenreinigung. - Dtsch. landtechn. Z. 13 (1962) Nr.11. S.569-571. - 8 Abb., 3 Tab. Aus: Dok.-Dienst ILT 1962 Nr.12.

Überblick über eine Reihe moderner Maschinen zur Reinigung von Grüppen. Unterschieden werden Grüppenfräsen mit rotierenden Werkzeugen und Grabenpflüge. Reinigung größerer und breiterer Wasserläufe durch Entkrautungs- und Schilfmähmaschinen auf Schwimmkörpern oder Booten. Zusammenstellung der wichtigsten techn. Daten in Tab. 5110o.

W i j k, A. van ; Wageningen, Inst. voor Landbouwtechn. en Rationalisatie. Werktuigen voor het reinigen van sloten. (Geräte für das Räumen von Gräben.) - Landbouwmechanisatie 13 (1962) Nr.10. S.853-862. - 24 Abb.

Die Böschungsfräse Boro "Rotor" ist für die Instandsetzung hoher Böschungen geeignet und als Nachfolgegerät für Grabenräumgeräte vorgesehen. Das Fräsrad kann mit 1,20-1,60 m Dmr. geliefert werden. Für die Instandsetzung eingesunkener oder eingetretener Böschungen eignet sich auch ein von der Fa. G. van Vuuren für den Wulff Grabenräumer gebautes Zusatzgerät, das aus 2 angetriebenen schweren Speichenrädern besteht. Während noch bis 1958 Grabenräumer mit Baggermulde vorwiegend hinten am Schlepper angebaut waren, so daß der Schlepper bei der Räumung vor- und zurückfahren mußte und nicht selten große Bodendruckschäden hinterließ, werden die modernen Geräte seitlich am Schlepper angebaut. Der "Flemming"-Grabenräumer arbeitet hydraulisch. Er hat 3 Arbeitszylinder, einen für das Senken und Heben, einen für das Strecken und Knicken des Auslegers und einen für das Drehen der Baggermulde. Der Grabenräumer eignet sich für die Grabenreinigung auf allen Bodenarten. Von den Räumschnecken werden bes. die Geräte von Wulff und Ritscher empfohlen. Die Arbeitsbreite der Ritscher-Schnecken beträgt ca. 40-50 cm.

M. Lüpnitz. 5110c.

J o h a n n i n g, Adolf; Rehden. Die chemische Grabenräumung. - Dtsch. landwirtsch. Presse 85 (1962) Nr.37. S.381. - 1 Abb. 5110c.

Anonym. "Est Sesia", der größte Bewässerungsverband Europas in der Poebene. - Wasser u. Nahr. 7 (1962) Nr.3. S.150-155. 5110d.

S o l o m o n o v, I. (Solomonow, I.); Staatl. Entwurfsbüro für Milchind.-Anlagen. Stočnye vody dlja orošenija sel'skochozjajstvennych zemel'. (Abwässer für die Bewässerung landwirtschaftlicher Flächen.) - Moločnaja promyšlennost', Moskva 1962 Nr.11. S.37-38. - 1 Abb. 5110d.

K r y l o v, Ju., G o r l o v, V. und K o r š i k o v, A. (Krylow, Ju., Gorlow, W. und Korschikow, A.); Südl. Forsch.-Inst. für Hydrotechn. und Meliorat. Odnootval'nyj navesnoj kanavokopatel'. (Anbau-Grabenziehgerät mit einem Streichblech.) - Technika v sel'skom chozjajstve, Moskva 23 (1963) Nr.2. S.43-44. - 1 Schema. Aus: Dok.-Dienst ILT 1963 Nr.3.

Verwendungszweck: Ziehen von 25-30 cm tiefen Bewässerungsgräben, deren Breite an der Furchensohle bis zu 30 cm und in Randhöhe 80 cm beträgt. Funktionsweise und Konstruktion und folg. techn. Daten: Masse 350 kg; Transportfreiheit 320 mm; Breite 2350 mm; Höhe 2300 und Länge 4350 mm; Bedienung 1 AK; Leistung 4 km Furchen je Std. 5110d.

I s a e v, A.P. (Issajew, A.P.); Moskau, Unions-Forsch.-Inst. für Landmaschinenbau. Dožkeval'naja ustanovka s bystrorazbornym truboprovodom DU-25. (Beregnungsanlage mit Schnellkupplungsrohren "DU-25".) - Traktory i sel'chozmašiny, Moskva 32 (1962) Nr.5. S.37-39. - 6 Abb.

Als Weiterentwicklung der Beregnungsanlage "KDU-55" brachte das o.g. Inst. die Beregnungsanlage "DU-25" heraus. Zu ihr gehören Mittelstrahl-Schwinghebelregner und Weitstrahl-Turbinenregner, die einen Abstand der Regnerflügel von 20 bzw. 30 m (gegenüber 10 m bei der "KDU-55") ermöglichen. Die Regner brauchen 2,5 at bzw. 3,5-4 at an der Düse. Die Leistung beträgt für eine Std. reiner Arbeitszeit bei einer Norm von 300 m^3/ha 0,3 ha/h. Die bewässerte Fläche umfaßt bei einer Aufstellung 6,5 ha (Länge der Regnerflügel 120 m, Schaltleitung 260 bzw. 270 m, 2 Regnerflügel im 2seitigen Wechselbetrieb, je Regnerflügel 6 bzw. 4 Regner). Als Pumpenaggregate werden die Zapfwellenpumpe "SNN-25" für die 35-PS-Schlepper "KDP-35" und "MTZ" und für den 24-PS-Schlepper "DT-24" (Leistung 90 m^3/h, Druckhöhe 60 bzw. 40 m WS,

Masse 320 kg) und die Motorpumpe "SNP-25" (Leistung 90 m^3/h, 35-PS-Motor, Druckhöhe 60 m WS, Masse 1300 kg) verwendet. Die Beregnungsanlage "DU-25" kann in einer Saison 30-40 ha beregnen. Die 5 m langen, elektrisch geschweißten Schnellkupplungsrohre haben 127 mm (Schaltleitung) und 102 mm (Regnerflügel) Dmr. bei 1 mm Wandstärke. Die Anlage wurde staatlich geprüft und wird z.Z. in Serie produziert. R.Teipel. 5110d.

S c h w a r z, K. Neue Arbeitsverfahren bei der Feldberegnung. - Dtsch. Agrartechn. 12 (1962) Nr.6. S.255-257. - 7 Abb., 2 Tab., 17 Lit.
Für den rationellen, arbeitssparenden Transport der beweglichen Leitungen wurde der Geräteträger "RS 09" mit einem Rohrtragegerüst versehen und hinsichtlich Arbeitszeiteinsparung, Arbeitserleichterung und Flurschaden untersucht. Die gleichen Untersuchungen wurden an einem selbstfahrenden Regnerflügel der Fa. Perrot und beim Handtransport durchgeführt. Hinsichtlich Arbeitsaufwand ergab sich eine eindeutige Überlegenheit der rollenden Beregnung. Die Arbeitserleichterung beim Einsatz des Geräteträgers mit Rohrtragegerüst beträgt gegenüber dem Handtransport 50-70 %. Die Pflanzenbeschädigungen sind im Feldgemüse bei der rollenden Beregnung am größten, beim Handtransport am geringsten. D.Voigt. 5110d.

S c h r u t e k, K. Der Betrieb von Beregnungsanlagen unter Hochspannungsleitungen. - Elektrotechn. u. Maschinenbau /Wien/ 79 (1962) Nr.6. S.128-130. - 1 Schema, 1 Tab., 5 Lit.
Vor Beantwortung der Frage, ob man ohne Gefahr unter einer Hochspannungsleitung eine Beregnungsanlage betreiben kann, muß man folg. Werte betrachten: Beim Feuerlöschen muß lt. VDE-Vorschrift das Strahlrohr einen Abstand von 15 m von der Hochspannungsleitung von mehr als 35 KV haben, der Bodenabstand einer solchen Leitung soll 6 m betragen und 5 m bei weniger als 35-KV-Leitungen. Bei Beregnungsanlagen wird der Strahl zerstreut und nicht wie beim Feuerlöschstrahl zusammengehalten. Die angestellten Beregnungsversuche hatten folg. Ergebnis: 1) Nicht zusammenhängende Wassertröpfchen (aufgelöster Strahl) lassen einen wirksamen Stromfluß nicht zu. 2) Ab 8 m Strahllänge nimmt die Leitfähigkeit eines Flüssigkeitsstrahles auch bei großem Strahlquerschnitt außerordentlich stark ab. 3) Beim direkten Bespritzen einer Hochspannungsleitung, wobei die Spritzdüse vom Bedienenden gehalten wird, ist stets Vorsicht geboten. Abstand mindestens 10 m (lt. VDE 0132 15 m). 4) Bei Regneranlagen ist zu beachten, daß unter der Leitung keine Regner aufgestellt werden. Ist dies nicht zu verhindern, ist Sorge zu tragen, daß zwischen Regner und Leitung (Leiterseil) ein Abstand von über 4,5 m eingehalten und für einen derartigen Erdübergangswiderstand des Rohrleitungssystems gesorgt wird, daß die mögliche Berührungsspannung nicht mehr als 65 V beträgt. Bei längeren Rohrleitungen aus Metall ist zu erwarten, daß der Erdübergangswiderstand einen entspr. niedrigeren Wert erreicht. 5) Bei Verwendung von Jauche und Wasser mit einem Zusatz, welcher eine bes. hohe Leitfähigkeit hervorruft, ist stets Vorsicht geboten. Eine Beregnung in der Nähe von Hochspannungsanlagen sollte möglichst unterbleiben, um Betriebsstörungen und Unfälle zu vermeiden. Ist dies nicht möglich, soll zwischen Düse und Leitung ein Abstand von mindestens 10 m eingehalten

werden. Es sei denn, es wird das Rohrsystem der Regneranlage wirksam durch einen eigenen Erder geerdet, so daß die Berührungsspannung nicht mehr als 65 V beträgt. Die Gefahrlosigkeit müßte durch Messung nachgewiesen werden.

W.Gerlach. 5110d.

I a n c o v i c i-Y a r o n, B. A simple system for preparing saline water for irrigation experiments. (Ein einfaches Verfahren zur Herstellung von Salzwasser für Bewässerungsversuche.) - J.agric.Engng.Res. 7 (1962) Nr. 2. S.158-160. - 2 Abb., 1 Tab.

In das Bewässerungswasser wird eine konzentrierte Salzlösung injiziert. Die fahrbare Anlage besteht aus 2 Plastiktanks von je 20 l Inhalt, die die Salzlösung enthalten, der Apparatur zur Injektion der Lösung in das Bewässerungswasser sowie der Mischvorrichtung. Die Apparatur zur Injektion der Lösung in das Bewässerungswasser besteht aus einem herkömmlichen Zerstäuber und einer Zentrifugalpumpe, die von einer 2-Zylinder-Maschine mit 1,8 h.p. angetrieben wird. Ein Plastrohr enthält ein Gefäß mit einem Pitot-Rohr, durch das die Lösung in die Mischkammer eintritt, ferner ein Manometer und einen Absperrhahn. Die Mischkammer ist ein Metallrohr mit einer Länge von 120 cm und 3 m Dmr. Sie enthält 2 Ventile, das Pitot-Rohr und einen Propeller. Zwischen den 2 Ventilen ist ein Manometer und zwischen den Ventilen und dem Pitot-Rohr ein Wassermesser angeordnet. Die Beziehungen zwischen den Wassermengen und Konz. werden angegeben. Vor dem Beginn der Versuche muß ein Korrekturfaktor ermittelt werden. Zwischen dem Wasserdurchfluß und der Menge der injizierten Salzlösung besteht eine lineare Korrelation. Die Anlage kann max. 30 m^3/h künstlich angereichertes Salzwasser herstellen.

D.Voigt. 5110 d.

C l a e s s o n, Sture. Ytplanering. (Geländeplanieren.) - Jord Gröda Djur, Årsbok 18 (1962) S.25-30. - 3 Abb.

Für den Einsatz werden folgende Geräte empfohlen: 1) Planierschleppe "RR" mit langen Kufen. Die Tiefeneinstellung während der Arbeit erfolgt über die Hydraulik des Traktors, die über Stahlseile auf beide Räder der Schleppe wirkt. Die Einstellung des schmalen Planierschildes in horizontaler Richtung erfolgt durch Verstellen des Rahmens. 2) Planierschleppe "Planex", die von 2 individuell verstellbaren Rädern getragen wird; die Räder ermöglichen auch die Vertikalstellung des Gerätes. Für die Tiefenkontrolle ist das Gerät vorn mit einer verstellbaren Stützkufe versehen; die Ausrichtung der Tiefeneinstellung während der Arbeit erfolgt mit Hilfe der hydraul. Hebevorrichtung des Traktors. Das Planierschild ist drehbar an einer vertikal angeordneten starken Achse befestigt, die im Rahmen gelagert ist.

E.Kahn. 5110e.

Anonym. Neue Erdbewegungsmaschinen aus der UdSSR. - Int.Z.Landwirtsch. 1962 Nr.4. S.107-108. - 2 Schemata.

Vf. beschreibt Arbeitsweise und Aufbau des selbstfahrenden Schrapper-Aggregates "D-567" und des Bulldozers (Planierschildes) "D-581".

5110e.

G u s e w, S. Der Anbau-Gerätesatz "D-442" für den Kettentraktor "DT-55A" (Lader und Planierschild). - Int.Z.Landwirtsch. 1962 Nr.4. S.106-107.

5110e.

S c h w a r z, K. und G o r a, A. Meliorationsmöglichkeiten mit Hilfe eines kombinierten Tieflockerungs- und Tiefkalkungsgerätes. - Dtsch. Agrartechn. 13 (1963) Nr.3. S.115-117. - 1 Abb., 2 Tab., 12 Lit. Aus: Dok.-Dienst ILT 1963 Nr.3.

Bericht über Aufbau und Einsatz eines neu entwickelten Tieflockerungs- und Kalkungsgerätes. Das verstärkte Schwert des Anbaumeißels "B 198" wurde an jeder Seite mit 3 keilförmigen Seitenscharen ausgerüstet (Arbeitsbreite 300 mm). Kalk wird durch Gebläse über die Kalkrohre in den Boden gedrückt. Kalkverteilung bedarf der Verbesserung. Vorschläge für Weiterentwicklung.

5110g.

D o m s c h, M.; Potsdam-Bornim, Inst. für Landtechn. der Dtsch. Akad. der Landwirtsch.-Wiss. zu Berlin. Die Bodenbearbeitung im Frühjahr im Hinblick auf die Bodenfruchtbarkeit. - Wiss.-techn. Fortschr. Landwirtsch. 3 (1962) Nr.12. S.544-548. 5115a.

R i d, H. Bodenbearbeitung in Holland. - Dtsch. landtechn. Z. 13 (1962) Nr.11. S.582-584. 586. - 12 Abb. Aus: Dok.-Dienst ILT 1962 Nr.12.

Bericht über Vorführung von neuartigen Bodenbearbeitungsgeräten. Kurzbeschreibungen (durch Abb. veranschaulicht) von folgenden Geräten: AGRI-Robot, drahtlos gesteuerter Beetpflug, der vorn und am Heck je einen mehrfurchigen Beetpflug trägt; Spatenmaschinen; Untergrundlockerungshaken für 1 m Tiefgang; Striegelgerät; neuartige Abfederung von Grubberzinken; gefederte Wühlwerkzeuge anstelle der starren Hackwerkzeuge; Belüftungsgerät für Grasland (auch für Sportplätze). 5115a.

C z e r a t z k i, W. Stoppelbearbeitung im Mähdruschbetrieb. - Prax. u. Forsch. 14 (1962) Nr.7. S.171-173.

Die Stoppelbearbeitung schützt die durch das Pflanzenwachstum stark beanspruchte Bodenfeuchte vor weiteren Verdunstungsverlusten und verhindert die Verhärtung des Bodens. Die Eignung verschiedener Bodenbearbeitungsgeräte für die Stoppelbearbeitung nach dem Mähdrusch wird für Stoppeln ohne Strohdecke (I) und für Stoppeln mit Strohdecke (II) untersucht: Der Schälpflug leistet bei I die sauberste Arbeit. Stoppeln und Unkrautbewuchs werden sicher untergebracht. Als Nachbearbeitungsgeräte zur Unkrautvernichtung sind je nach Bodenart Walze, Egge, Kombikrümler oder Notzonegge geeignet. Bei II kann der Schälpflug bei entsprechender Rahmenhöhe und Körperentfernung auch längeres Stroh einarbeiten, jedoch wird das Stroh schlecht mit dem Boden vermischt. Mit dem Kreiselpflug "Kombinus" läßt sich auch Langstroh gut einarbeiten. Der Grubber mit Arns-Zinken ermöglicht zwar bei I eine schnelle Stoppelbearbeitung, ist jedoch infolge der fehlenden Bodenwendung dem Schälpflug unterlegen. Ähnliches gilt für Scheibenegge und Scheibenschälpflug. Für II ist der Grubber ungeeignet, da das Stroh auf der Arbeitsfläche "schwimmt" und die Einmischung sehr schlecht ist. Auch die Scheibenegge soll für II nicht verwendet werden. Die Fräse leistet bei I zwar gute Lockerungsarbeit, ist aber durch die mangelnde Bodenwendung in bezug auf die Unkrautvernichtung dem Schälpflug unterlegen. Sehr gut eignet sich dagegen die Fräse bei II, da sie das Stroh gleichmäßig auf die gesamte Arbeitstiefe einmischt. Der Einsatz der finnischen Rollspatenegge befriedigt bei II nur bei kurzem Stroh und nach mehrmaliger Wiederholung der Arbeit, möglichst über Kreuz. M.Lüpnitz. 5115a.

S c h m i d, H. Kombinator "K 17", Typ "B 806", VEB Landmaschinenbau Torgau - Prüfbericht Potsdam-Bornim. - Dtsch. Akad. Landwirtsch.-Wiss. Berlin, Inst. Landtechn. Potsdam-Bornim, Prüfber. Nr.283. Gr.Nr.3 c. (1961) S.1-6. - 1 Abb., 1 Tab.

Der Kombinator "K 17" Typ "B 806", eine Weiterentwicklung des Gerätes "K 15", besitzt einen Rahmen aus Stahlrohr, an dem in 3 Reihen zueinander versetzt 9 halbstarre Grubberzinken mit Gänsefußscharen und 2 Krümelwalzen befestigt sind. Ein standardisiertes Fahrwerk ermöglicht den Einbau eines Kapselautomaten oder eines hydraulischen Arbeitszylinders für das Einsetzen und Ausheben des Kombinators. - Techn. Daten: Masse 675 kg; Arbeitsbreite 1700 mm; Arbeitstiefe (theoretisch) 0 - 185 mm. - Prüfungsergebnisse: Der Zugkraftbedarf beträgt auf sandigem Lehm bis lehmigem Sand durchschnittlich 700 kp (max. 1700 kp) bei einem Zugleistungsbedarf von 14 und 22 PS (Arbeitsgeschwindigkeit 5,6 und 8,6 km/h); die durchschnittliche Flächenleistung beträgt 0,5 bis 0,7 ha/h. Der Kombinator ist für den Einsatz unter leichten bis mittelschweren Bodenverhältnissen auf kleineren Flächen in der Landwirtschaft "gut geeignet". F.Lüpnitz. 5115b.

L i n d n e r, H.; Gundorf, Inst. für Landwirtsch. Betriebs- und Arbeitsökon. der Dtsch. Akad. der Landwirtsch.-Wiss. zu Berlin. Leistungsvergleiche beim Pflügen helfen die Qualität der Bodenbearbeitung verbessern. - Wiss.-techn. Fortschr. Landwirtsch. 3 (1962) Nr.12. S.542-544. 5115c.

M ü l l e r, M.; Potsdam-Bornim, Inst. für Landtechn. der Dtsch. Akad. der Landwirtsch.-Wiss. zu Berlin. Ökonomische Beurteilung höherer Arbeitsgeschwindigkeiten beim Pflügen. - Dtsch. Agrartechn. 13 (1963) Nr.2. S.57-60.- 6 Abb., 7 Lit. Aus: Dok.-Dienst ILT 1963 Nr.3.

Einfluß der Geschwindigkeitserhöhung auf Arbeitsbreite, Flächenleistung, spez. Energiebedarf, Handarbeitsbedarf und Arbeitskosten, nachgewiesen an den Beispielen des 46-PS- und 60-PS-Traktors. Zweckmäßigste Arbeitsgeschwindigkeit für den 46-PS-Traktor 6km/h, für den 60-PS-Traktor 7,5 km/h. Bei diesen Geschwindigkeiten sind die Gesamtkosten am niedrigsten. 5115c.

S t i e g l i t z, E.; Potsdam-Bornim, Inst. für Landtechn. der Dtsch. Akad. der Landwirtsch.-Wiss. zu Berlin. Steigerung der Arbeitsproduktivität beim Pflügen durch stärkere Traktoren. - Dtsch. Agrartechn. 13 (1963) Nr.2. S.63-67. - 4 Abb., 5 Tab. Aus: Dok.-Dienst ILT 1963 Nr.3.

Wege zur Produktivitätssteigerung: Vergrößerung der Arbeitsbreiten, Erhöhung der Arbeitsgeschwindigkeiten, Fernbedienung. Es wurden vergleichende Untersuchungen durchgeführt beim Pflügen unter Normalbedingungen mit versch. schweren Traktoren und mehrfurchigen Pflügen. Zusammenstellung der Ergebnisse in Tabellen. Beurteilung von Flächenleistung, Kraftstoffverbrauch sowie Arbeits- und Leistungsaufwand anhand von Schaubildern. 5115c.

D e m i d o v, G.K. und K o z l o v s k i j, P.I. (Demidow, G.K. und Koslowski, P.I.). Izyskanie putej sniženija zatrat ėnergii na pachotu. (Senkung des Energiebedarfes beim Pflügen.) - Trudy Belorusskoj sel'-skochozjajstvennoj akademii, Minsk 35 (1961) S.19-33. - 14 Schemaskizzen, 2 Tab., 8 Lit.

Vff. führten eine Vergleichsuntersuchung verschiedener Versuchsausführungen von Arbeitswerkzeug durch. Die einzelnen Verluste wurden entsprechend einer Energiebilanz beim Pflügen nach Söhne ermittelt, wo Nutzarbeit (Schneiden am Sech und am Schar; Hubarbeit und Beschleunigung; Verformung und innere Reibung des Bodens) der Verlustarbeit (Reibung am Streichblech, an der

Sohle und der Anlage; Rollwiderstand des Pfluges insgesamt) gegenübergestellt wurden. Die Hauptanstrengungen waren auf die Verringerung der Verlustarbeit gerichtet. Durch Rollen wurde versucht die seitlichen Kraftkomponenten, welche die Reibung an der Sohle und am Streichblech verursachen, zu verringern. Durch ein sog. Gegenschar wurde ähnliches beabsichtigt. Das Prinzip des Gegenschares besteht in der furchenseitigen Verkürzung des Schares zu Gunsten einer keilförmigen Verbreiterung an der Landradseite, die waagerecht in den noch ungepflügten Boden gedrückt wird. Hierdurch wird neben der Reibungsverkleinerung eine gewisse Höhenstabilisierung des Pfluges erreicht, da diese Gegenschare an allen Pflugkörpern angebracht wurden. Im weiteren wurde eine Wasser-Streichblechschmierung versucht und ein gezahnter Schar in die Untersuchungen einbezogen. Vff. beschreiben die Prüfmethodik und die angewendeten Meßapparaturen. Sie unterscheiden sich in der Hauptsache von den üblichen durch die gleichzeitige Verwendung von Meßschrieben und integrierenden Einrichtungen. In Auswertung der Ergebnisse ergab sich, daß keine der Werkzeugformen für alle Verhältnisse günstige Ergebnisse liefert. Für feste Böden wird ein gezahntes Schar vorgeschlagen.

H.Ahlgrimm. 5115o.

J a s t r e b o v, A.I. (Jastrebow, A.I.); Pljustschewo, Gebiet Moskau, Unions-Forsch.-Inst. für Mechanisier. der Landwirtsch. Trebovanija k konstrukcii plugov v svjazi s avtomaticeskim vozdeniem traktorov. (Anforderungen an die Konstruktion von Pflügen in Zusammenhang mit der automatischen Traktorlenkung.) - Traktory i sel'chozmasiny, Moskva 32 (1962) Nr.9. S.31 bis 32. - 1 Abb., 1 Tab., 3 Zeichn. Aus: Dok.-Dienst ILT 1962 Nr.10.
Vergleichende Prüfungen von Pflügen sowjet. und schwed. Herkunft. Ursachen und Intensität der Verstopfungen und deren Auswirkung auf Pflugqualität. Beste Prüfungsergebnisse mit schwed. Pflug. Forderungen: a) Rahmenhöhe 560 mm. Wegfall der Rahmenelemente über Schar und Streichblech; b) Rahmenhöhe 980 bis 820 mm, Scharhöhe 49 cm mit Kulturform-Streichblech, Beibehaltung der Rahmenelemente; c) stromlinienförmige Gestaltung des oberen Teiles des Scharhalters und der Verbindungsstelle von Rahmen und Scharhalter (Beseitigung der Bolzenvorsprünge). 5115o.

T ö l l e, Wolfgang. Wie muß ein Regelhydraulikpflug beschaffen sein? - Landtechnik 17 (1962) Nr.23. S.803-804. - 7 Abb. Aus: Dok.-Dienst ILT 1962 Nr.12.
Darstellung der beim Pflügen auftretenden Kräfte. Eignung des Pfluges für eine Regelhydraulik sind konstruktive Voraussetzungen für Anschlußpunkte an den unteren Lenkern sowie ein genügend langer Hebelarm für die Wirksamkeit des erforderlichen Regeldruckes am oberen Lenker. Zur Tiefeneinstellung dient ein bes. Hebel der Traktorenhydraulik. 5115o.

H e s s, P.; Leipzig, KDT. Baukastensystem im Pflugbau. - Dtsch. Agrartechn. 13 (1963) Nr.3. S.107-110. - 18 Abb., 3 Lit. Aus: Dok.-Dienst ILT 1963 Nr.3.
Erläuterung des im VEB BBG entwickelten neuartigen Baukastensystems für Pflüge (Anbau-Beetpflüge "B 125", "B 125/1", "B 126"; Anbau-Scheibenpflug "B 137" sowie Anhänge-Beetpflüge "B 187" und "B 187/1"). Konstruktionsmerkmale des Rahmens und der austauschbaren Baugruppen. 5115o.

H e s s, P.; Leipzig, KDT. Entwicklung einer Pflugreihe für die Tiefenbearbeitung. - Dtsch. Agrartechn. 13 (1963) Nr.3. S.113-115. - 5 Abb. Aus Dok.-Dienst ILT 1963 Nr.3.

Die beim VEB BBG entwickelte Tiefpflugreihe im Baukastensystem umfaßt folgende Geräte: Anhänge-Sandbodenmeliorationspflug "B 185", Anhänge-Vollumbruchpflug "B 175", Anhänge-Moorsanddeckpflug "B 177". Beschreibung der neuen Pflüge unter Angabe der wichtigsten techn. Daten. 5115c.

Anonym. Pflügen mit 10 km/Std. - Techn. u. Landwirtsch. 14 (1962) Nr.5. S.118. - 1 Abb. Aus: Dok.-Dienst ILT 1962 Nr.10.

Der Schnellfahr-Pflugkörper der Fa. Eberhardt ermöglicht größere Arbeitsgeschwindigkeiten ohne nennenswertes Ansteigen des Zugkraftaufwandes. Beachtenswert ist die spitzere Stellung des Pflugschares zum Boden und zur Pflugfurche sowie das stark gewundene große Streichblech. Der Pflugkörper kann bei Anbau-Beetpflügen sowie bei Anbau-Winkeldrehpflügen Verwendung finden. 5115c.

Anonym. Neuer Winkeldrehpflug. - Schlepper und Landmaschine 13 (1962) Nr.10. S.326. - 2 Abb. Aus: Dok.-Dienst ILT 1962 Nr.11.

Die Fa. Fendt hat einen neuen Spezial-Anbaupflug für den 25 PS-Geräteträger entwickelt. Der Pflug eignet sich auch für den 19 PS-Geräteträger und stellt eine Typenvereinfachung dar. Der Pflugkörper (Universalform) wird allen Boden- und Geländeverhältnissen gerecht. Der Pflug ist mit einem verstärkten Federstahl-Bogengrindel steinsicher ausgerüstet, ein Pflügen ist zweifurchig mit einem Tiefgang bis 30 cm möglich. Die Drehung des Pfluges erfolgt hydraulisch. 5115c.

S c h m i d, H. Anhänge-Beetpflug, Typ "B187", VEB Bodenbearbeitungsgeräte, Leipzig - Prüfbericht Potsdam-Bornim. - Dtsch. Akad. Landwirtsch.-Wiss. Berlin, Inst. Landtechn. Potsdam-Bornim, Prüfber. Nr.292, Gr.Nr. 3 a. (1961) S.1-8. - 1 Abb., 3 Tab.

Der Anhänge-Beetpflug "B187" ist als Standardpflug für 3-4furchiges Pflügen bestimmt; es kann auch 2furchig gearbeitet werden. Der Pflug wird über einen freien hydraulischen Arbeitszylinder von der Schlepperhydraulik aus eingesetzt und ausgehoben. Die Pflugkörper können in verschiedenem Abstand zueinander angebaut werden. - Techn. Daten: Masse mit Vorschäler und Kopplungsschiene 1075 kg; Arbeitsbreite max. 1600 mm; Nennarbeitstiefe 300 mm; Streichblechlänge 800 mm. - Prüfungsergebnisse: Der Pflug wurde auf leichten und schwersten Böden sowie auf Böden mit hohem Steinbesatz eingesetzt. Die Flächenleistung ist zufriedenstellend. Lauf und Führung des Pfluges sind gut. Hervorgehoben werden ferner der geringe Materialaufwand, der geringe Verschleiß und die gute Anpassungsfähigkeit an verschiedene Arbeitsbedingungen. Der Pflug ist für den Einsatz in der Landwirtschaft "gut geeignet". F.Lüpnitz. 5115c.

S c h m i d, H.; Potsdam-Bornim, Inst. für Landtechn. der Dtsch. Akad. der Landwirtsch.-Wiss. zu Berlin. Untersuchungen an Pflugscharen. - Dtsch. Agrartechn. 13 (1963) Nr.3. S.117-118. - 5 Abb., 2 Tab. Aus Dok.-Dienst ILT 1963 Nr.3.

Ergebnisse der Pflugschar-Untersuchungen im IfL Potsdam-Bornim. Geprüft wurden: Schare verschiedener Werkstoffe und Härtung sowie Schare verschiedener

Formen (Flach- und Winkelschare). Empfehlung von verstärkten Flachscharen "10 Z" anstelle von Winkelscharen "10 ZW" (45 Mn Si 5). 5115c.

B o r o d k i n, V.V. und Š a r o v, N.M. (Borodkin, W.W. und Sarow, N.M.) Resul'taty ispytanij kapronovych vtulok na plugach. (Ergebnisse der Prüfungen von Kapronbuchsen an Pflügen.) - Traktory i sel'chozmašiny, Moskva 32 (1962) Nr.10. S.24. - 1 Abb. Aus: Dok.-Dienst ILT 1962 Nr.11.

Ziel der Prüfung: Verwendbarkeit von Buchsen aus Kapron in den Naben von umlaufenden Pflugteilen, wie Seche, Räder und dergl. Prüfungsverlauf, Verschleißmessungen; Vergleich der Ergebnisse mit denen von Gußeisenbuchsen. Erkenntnisse: a) Verschleiß an sämtlichen Kapronbuchsen geringer als an Buchsen aus Gußeisen. b) an Radachsen bei Einsatz mit Kapronbuchsen wesentlich höherer Verschleiß als mit Gußeisenbuchsen, wobei Verschleiß an den Achsen größer als an den Buchsen selbst. - Forderungen: Größere Oberflächenhärte der Achsen und bessere Lagerdichtungen. 5115c.

T o m i n, E.D. und K o p é v, E.I. (Tomin, E.D. und Kopjew, Je.I.); Kostjakow-Unions-Forsch.-Inst. für Hydrotechn. und Meliorat. Navesnaja frezernaja mašina dlja osvoenija zakustarennych zemel'. (Anbaubodenfräse zur Erschließung von Gestrüpp bewachsenen Flächen.) - Gidrotechnika i melioracija, Moskva 14 (1962) Nr.8. S.42-46. - 2 Abb., 2 Zeichn.

Im o.g. Inst. wurde die Anbaubodenfräse "FN-1,0" für den Kettenschlepper "S-100B" entwickelt: Länge über alles 7 m, Masse 1,1 t (ohne Schlepper), Arbeitsbreite 1,0 m, Umdrehungszahl der Fräse 270 U/min, Dmr. der Fräse (bis zu den Enden der Arbeitsorgane) 1,0 m, Umfangsgeschwindigkeit 13 m/s, Arbeitstiefe bis 0,45 m. Der "S-100B" erlaubt mit Reduziergetriebe Arbeitsgeschwindigkeiten von 0,2 bis 0,5 km/h. Die neuartigen, scheibenförmigen Arbeitsorgane sind unregelmäßig verteilt auf einer Hohlwalze angebracht. Die Fräse arbeitet unsymmetrisch zur Schlepperachse, so daß der gefräste, lockere Boden im nächsten Durchgang durch das Kettenlaufwerk angedrückt wird. Die Fräse wurde auf entwässertem Moorboden mit 4500 Erdhügeln je ha, auf denen 30 500 Sträucher mit einem Dmr. von 1,8 cm in 10 cm Höhe standen, erprobt. Die Frästiefe betrug 35-40 cm, insgesamt wurden 0,52 ha bearbeitet. Die Fräse hinterließ eine vollkommen ebene Oberfläche, wobei der Boden zu Teilen von 3-15 mm Größe und das Gestrüpp zu Stücken von 30-150 mm Länge zerkleinert wurde. Erde und Gestrüpp wurden vollkommen durchgearbeitet, die Fläche war saatfertig. Die Leistung der Fräse müßte um das 1,2-2fache erhöht werden. R.Teipel. 5115d.

Anonym. Der Rotorpflug - eine englische Neuheit. - Landmaschinen-Markt 41 (1962) Nr.20. S.1206. - 1 Abb. Aus: Dok.-Dienst ILT 1962 Nr.10.

Rotorpflug mit 4 zapfwellengetriebenen und senkrecht rotierenden Schaufelköpfen mit gekrümmten Schaufelmessern bewirken beim Einsatz ein Umgraben des Bodens bei gleichzeitigem Wenden. Der Helical-Rotorpflug pflügt 133 cm breit und bis 30,5 cm tief in einem Durchgang. Das entspricht einer Arbeit der herkömmlichen Pflüge bei 3 bis 4 Durchgängen. Der Boden wird bei einer Geschwindigkeit der Schaufelmesser von 140 U/min gründlich gebrochen, ohne dabei in Staub zu zerfallen. Der Rotorpflug ermöglicht zugleich Tiefpflügen, Jäten, Zerkrümeln, Zerkrusten, Saatbettbestellung, Flachpflügen, Einbringen von Stalldung und mineral. Düngern. 5115d.

A n o n y m. Neues Bodenbearbeitungsgerät aus Finnland. - Landmaschinen-Markt 41 (1962) Nr.20. S.1206. - 1 Abb. Aus: Dok.-Dienst ILT 1962 Nr.10.

"Muko-Kultivator", ein Bodenbearbeitungsgerät, welches an jeden Traktor mit Dreipunktanbauvorrichtung paßt. Er ist mit Federzinken ausgerüstet. Die Federung erzeugt beim Einsatz Vibrationsbewegungen, die sich günstig auf die Bodenbearbeitung auswirken. Die Federzinken sind auswechselbar mit Gänsefußscharen, Häufelkörper und Greiferzinken. Bei Anbringung eines gefederten Planierschildes läßt sich das Kultivatorgerät auch als Ackerschlepper verwenden. 5115e.

S c h m i d, H. Anhänge-Doppelscheibenegge, Typ "B 335", VEB Bodenbearbeitungsgeräte Leipzig - Prüfbericht Potsdam-Bornim. - Dtsch. Akad. Landwirtsch.-Wiss. Berlin, Inst. Landtechn. Potsdam-Bornim, Prüfber. Nr.271. Gr. Nr. 3c. (1960) S.1-7. - 1 Abb., 2 Tab.

Die Anhänge-Scheibenegge "B355" ist für die Saatbettvorbereitung gepflügter Böden vorgesehen. Sie kann außerdem zum Stoppelschälen und beim Wiesenumbruch zum Zerschneiden der Grasnarbe vor dem Umbruch verwendet werden. Die Scheibenegge kann wahlweise mit glatten oder gezahnten Scheiben ausgerüstet werden. - Techn. Daten: Arbeitsbreite (bei 10° Richtungswinkel) 2450 mm; 24 Scheiben, Scheibenabstand 195 mm, Scheibendmr. 550 mm; Masse 1063 kg. - Prüfungsergebnisse: Die geringen Rüst- und Transportzeiten erlauben im Vergleich mit den herkömmlichen Typen eine höhere Ausnutzung der Arbeitszeit bei guter Arbeitsqualität. Die Scheibenegge kann bis zu 15 % Hangneigung eingesetzt werden. Als bes. Vorteile des Gerätes werden die Ausrüstung mit Luftbereifung und hydraulischer Aushebung angeführt. Die Scheibenegge ist für den Einsatz in der Landwirtschaft "gut geeignet".

F. Lüpnitz. 5115f.

L u k i n, N.P. und D a š k e v i č, I.I. (Lukin, N.P. und Daschkewitsch, I.I.) Diskovaja tjaželaja borona BDT-2,5 A. (Schwere Scheibenegge "BDT-2,5 A".) - Traktory i sel'chozmašiny, Moskva 32 (1962) Nr.9. S.36. - 1 Abb., 1 Tab. Aus: Dok.-Dienst ILT 1962 Nr.10.

Vor- und Nachteile der Vorgängerin "BDT-2,2 A" und konstruktive Merkmale ihrer Weiterentwicklung zum Typ "BDT-2,5 A". Veränderungen: Arbeitsbreite 40 cm größer, in Scheibengruppen Wälz- anstatt Gleitlager, hydraulisches Ausheben der Werkzeuge. Arbeitskennziffern beider Maschinen in Tab.

5115f.

V y s o c k i j, P. (Wyssozki, P.); Kursk, Landwirtsch. Institut. Vnesenie v počvu navoza vmeste s mineral'nymi udobrenijami. (Die gleichzeitige Einbringung von Stalldung und Mineraldünger.) - Technika v sel'skom chozjajstve, Moskva 23 (1963) Nr.2. S.12-13. - 1 Schema. Aus: Dok.-Dienst ILT 1963 Nr.3.

Schleuderstreuer mit folg. Arbeitsprinzip: Aufnahme der auf das Feld ausgebrachten Misthaufen durch vorn angebrachte Führungen und Zuführung des Dunges zu den rotierenden Streuorganen. Dort wird Mineraldünger eingemischt und das Ganze ausgestreut. Techn. Daten: Fassungsvermögen des Düngerkastens 0,8 m^3; Streunorm von 50 kg bis 2,5 t je ha regulierbar; die Rotorschaufeln arbeiten 3-5 cm vom Boden entfernt. 5120b.

S t e i n m e t z, H. Düngerstreuer für Acker und Gründland. - Techn. u. Landwirtsch. 14 (1962) Nr.2. S.28-31. 5120c.

K u n t z e, H. Vorschläge zur Untergrunddüngung. - Techn. u. Landwirtsch. 14 (1962) Nr.2. S.32-33. 5120c.

B e n g t s s o n, Gustav. Handelsgödselspridaren - en betydelsefull maskin. (Düngerstreuer - ein wichtiges Gerät.) - Jord Gröda Djur, Årsbok 18 (1962) S.191-199. - 3 Abb., 2 Diagr., 1 Tab.

Die Staatl. Maschinen-Prüfstation Alnarp (Schweden) berichtet kurz über die Prüfung von 4 Typen von Düngerstreuern. Der Tellerstreuer wirft den Dünger in der vollen Arbeitsbreite des Gerätes aus. Die Geschwindigkeit der rotierenden Teller verhält sich proportional zur Fahrzeuggeschwindigkeit. Die anderen Typen Zentrifugalstreuer, Pendelstreuer und Gebläsestreuer verteilen den Dünger auch über die Seiten des Gerätes hinaus. Alle 4 Typen haben verstellbare Klappen für das Ausstreuen. Bei direktem Anschluß an das Zugmittel erfolgt das Streuen bei allen Typen gleichmäßig. - Bei der Maschinenprüfung bestimmt man die Gleichheit des Streuens in seitlicher Richtung, indem der Dünger des betr. Gerätes in Fächern gesammelt wird, die auf einem 15 m breiten Wagen angeordnet sind. E.Kahn. 5120c.

Z s c h u p p e, H. Großflächentellerdüngerstreuer, Typ "D 385", VEB Landmaschinenbau, Barth - Prüfbericht Potsdam-Bornim. - Dtsch. Akad. Landwirtsch.-Wiss. Berlin, Inst. Landtechn. Potsdam-Bornim, Prüfber. Nr.286. Gr. Nr. 4 a (1961) S.1-10. - 1 Abb., 1 Diagr., 7 Tab.

Der Großflächentellerdüngerstreuer "D 385" ist zum Streuen handelsüblicher Mineraldüngemittel vorgesehen. Der Vorratsbehälter aus Holz mit den Streuorganen und der Laufbühne für die Bedienungsperson ist auf einem luftbereiften Fahrgestell in Rohrkonstruktion montiert. Der Antrieb der Streuorgane erfolgt für je eine Maschinenhälfte vom rechten bzw. linken Laufrad aus. - Techn. Daten: Masse der leeren Maschine 1168 kg; Fassungsvermögen des Vorratsbehälters mit Ladepritsche 1750 dm^3; 16 Teller, Dmr. 290 mm, 3 Streufinger je Teller; 6 Getriebestufen. - Prüfungsergebnisse: Die ermittelten Flächenleistungen liegen in Abhängigkeit von Streumenge und Fahrgeschwindigkeit zwischen 1,5 und 3 ha/h. Die Schichtleistung betrug im Durchschnitt 12-15 ha. Es wird vorgeschlagen, durch den Einbau eines Rührwerkes im Vorratsbehälter die Betriebssicherheit zu verbessern. Der Großflächentellerdüngerstreuer ist für den Einsatz in der Landwirtschaft "geeignet".

F.Lüpnitz. 5120c.

A n o n y m. Flytande gödselmedel. (Flüssige Düngemittel.) - Traktor J. /Stockholm/ 7 (1962) Nr.10. S.630-633. - 6 Abb.

Vf. berichtet über die Entwicklung der Flüssigdüngung und die Ausbringungsmethoden in England. Danach werden die flüssigen Düngemittel in 3 Gruppen eingeteilt: 1) gesättigte Lösungen; 2) Suspensionen mit Zusatz eines Speziallehms (ca. 1 %), der den weiteren Zusatz von Chemikalien (ca. 0,5 %) zu der gesättigten Lösung ermöglicht; 3) flüssiger, nur unter Druck haltbarer Ammoniak, der beim Ausbringen in Gas übergeht. - Die Zustellung der flüssigen Düngemittel erfolgt durch Spezialfirmen, die die Düngemittel mittels Tankwagen bestimmten Lagerpunkten zuführen, wo sie in Gummibehältern gelagert und dann von den entspr. Geräten übernommen werden. Die flüssigen Düngemittel lassen sich einfach und exakt ausbringen, weil die Austrittsöffnung des zuführenden Schlauches an jeder gewünschten Stelle des entspr. Gerätes angebracht werden kann (Kartoffelpflanzmaschine, Egge usw.). E.Kahn. 5120c.

H o c h k ö n i g, W.; Gumpenstein, Bundesversuchsanst. für Alpenländ. Landwirtsch. Düngung im steilen Gelände mit Bodenseilzug, mit Einachsschlepper und Triebachse. - Prakt. Landtechn. /Wien/ 15 (1962) Nr.10. S.189. - 3 Abb. 5120d.

A n o n y m. Dungstreuer mit Pendelstreuwerk. - Landmaschinen-Markt 41 (1962) Nr.10. S.586. - 1 Abb. Aus: Dok.-Dienst ILT 1962 Nr.12.

Der Unika-"Normal" hat ein abnehmbares Zweiwalzenstreuwerk, welches ein gleichmäßiges Streubild abgibt. Auswechseln der unteren Zinkenwalze in eine Schneckenwalze für bes. breite Streuung ist möglich. Vorteile: ca. 30 % Krafteinsparung am Streuwerk, kein Miststau an den Streuwalzen, gleichmäßig leichte Verarbeitung aller Mistarten, gleichmäßiges Streubild bei 2 m Streubreite, Streuwerk unempfindlich gegen Überladungen. 5120d.

A n o n y m. Förenklad stallgödselhantering. (Vereinfachte Handhabung von Stalldung.) - Traktor J. /Stockholm/ 7 (1962) Nr.10. S.636-637. 643. - 3 Abb.

Auf der landwirtschaftlichen Sonderschau ELMIA wurden verschiedene Ausrüstungen für die in Schweden neue Form der Düngerhandhabung gezeigt (versetzbare Güllepumpe, Chassis mit Tank für die Aufnahme der Gülle und Verteilervorrichtung an diesem Tank). - Der Arbeitsaufwand beim Verladen und Verteilen (Spritzen) der Gülle ist bedeutend geringer als beim festen Stalldung; bei Neubauten liegen die Kosten niedriger als bei Stapeldung. Die Gesamtkosten für die Einführung des Systems in einer Wirtschaft mit einem Besatz von 30 GV liegen etwa bei 15 000 Kr. oder in ungefähr der gleichen Höhe wie bei einer halbautomatischen Entmistung mit voller Ausrüstung. Bei Umbauten ist es entscheidend, in welchem Zustand sich die gegenwärtig benutzte Anlage befindet. E.Kahn. 5120d.

W a g n e r, F.; Eichhof, Bad Hersfeld, Staatl. Lehr- und Versuchsanst. für Grünlandwirtsch. und Futterbau. Ein Reihenzieher für landwirtschaftliche Feldversuche. - Saatgutwirtsch. 14 (1962) Nr.11. S.302-303. - 2 Abb., 1 Zeichn.

P u g a č e v, A. und B y k o v, V.(Pugatschow, A. und Bykow, W.); Zentr. Maschinenprüfstat. Sejalka-kul'tivator s aktivno dejstvujuščimi sošnikami. (Bestellkombine "KAS-2,7" mit schwingenden Scharen.) - Technika v sel'skom chozjajstva, Moskva 23 (1963) Nr.2. S.48-50. - 1 Abb., 2 Schemata, 1 Tab. Aus: Dok.-Dienst ILT 1963 Nr.3.

Diese Gerätekombination ist zum gleichzeitigen Kultivieren, Eggen und Aussäen von Getreide und Hülsenfrüchten vorgesehen, ist aber auch nur als Pflegegerät einsetzbar. Kopplung mit Traktoren "Belarus", "T-40" und "T-28". Techn. Daten: Fassungsvermögen des Saatkastens 230 dm^3; Normalsäräder; Säradantrieb durch Kettentrieb; Metall-Saatleitungen; Schartiefe von 0-15 cm verstellbar; Arbeitsbreite 2,7 m; 13 schwingende Gänsefußschare in 2 Reihen mit 400 mm Abstand angeordnet. 5125b.

A n o n y m. Growing crops through plastic. (Pflanzenbau durch Plastfolien hindurch.) - Farm Implement Machinery Rev. 88 (1962) Nr.1050. S.1365. - 1 Abb. Aus: Dok.-Dienst ILT 1962 Nr.10.

Die neuartige Bestellmethode mit Abdeckung des Saatbettes durch schwarze Kunststoffolien wurde bisher wenig angewendet, da die Kosten der einzelnen Bearbeitungsvorgänge zu hoch waren. Jetzt wurde in USA für den ganzen Arbeitszyklus eine Kombine entwickelt, die die Rentabilität dieser Methode sichert. Grundaufbau der Maschine: Winkelprofilrahmen zum Anbau an Dreipunktaufhängung; Präzisionsdüngerstreuer; dahinter Baugruppe zur Saatbettbereitung

(Scheibenschare und Planiervorrichtung); Aufhängung für Folienrolle mit Spannvorrichtung, Andrückelementen und seitlich angeordneten Scheiben zum Anhäufeln der Folienränder; Einzelkorn-Drillaggregat (Drillrad mit Messern, die Löcher in die Folie schneiden). 5125b.

A n o n y m. Sämaschine macht "Rübenziehen" überflüssig. - Schlepper u. Landmaschine 13 (1962) Nr.9. S.310. - Aus: Dok.-Dienst ILT 1962 Nr.10.
Landmaschinentechniker der Michigan Univ. haben eine neuartige Sämaschine, einen sog. "Schrittpflanzer", entwickelt. Diese Sämaschine arbeitet wie der Fuß des Menschen der über die Saatfurche geht und jedesmal, wenn das Saatrohr über dem Boden steht, praktisch Rohr und Boden für einen Augenblick keine Bewegung zueinander aufweisen, ein Samenkorn auswirft. Der Samen befindet sich in mehreren "Samenzellen", die in das Saatrohr einmünden. Durch Öffnen oder Schließen der einzelnen Samenzellen kann der Bedienungsmann den Abstand zwischen den einzelnen Pflanzstellen regulieren. Durch eine gleichmäßige Aussaat erübrigt sich ein späteres Handverziehen der aufgelaufenen Rübenpflanzen. Die großen Abstände erlauben dann den Einsatz von Geräten für ein mech. Verziehen. 5125c.

S l o v i k, Milan; Levice-Tlmače, OS ÚVSH. Naše zkušenosti se secím strojem 6-SeCN-450. (Unsere Erfahrungen mit der Sämaschine "6-SeCN-450".) - Mechanizace Zemědělství 12 (1962) Nr.9. S.272. 5125c.

Š a r i p o v, N.Š. (Scharipow, N.Sch.); Mittelasiat. Maschinenprüfstat. Kvadratno-gnezdovoj sev chlopčatnika na povyšennoj skorosti. (Quadratnest-Aussaat von Baumwolle mit erhöhter Geschwindigkeit.) - Chlopkovodstvo, Moskva 12 (1962) Nr.12. S.47-50. - 1 Abb., 2 Tab. 5125c.

R ö s e l, W. Kartoffellegemaschine Typ "4-SBK-62,5" - Prüfbericht Potsdam-Bornim. - Dtsch. Akad. Landwirtsch.-Wiss. Berlin, Inst. Landtechn. Potsdam-Bornim, Prüfber. Nr.290. Gr. Nr. 5 b (1961) S.1-15.
Hersteller: Agrostroj, Roudnice nad Labem, ČSSR. - Die Maschine ist eine 4reihige, einachsige Anhängemaschine für Rad- und Kettenschlepper. Der Zugkraftbedarf während der Arbeit liegt zwischen 900 und 1600 kp. Die Prüfung der Legegenauigkeit ergab bei dem eingestellten Legeabstand von 35 cm einen mittleren Abstand von 40 cm. Es traten 8 % Doppelbelegungen und 5 % Fehlstellen auf. 58 % der Saatkartoffeln wurden bei 25-45 cm Legeabstand gelegt, was einer Legegenauigkeit von ± 10 cm entspricht. Beim zum Vergleich herangezogenen Handlegen nach Lochstern lagen 70 % der Knollen in diesem Abstand. Die mittlere Legetiefe schwankte zwischen 7 und 11 cm, wobei die beiden mittleren Reihen, durch das Einsinken des Mittelrades bedingt, tiefer lagen als die äußeren. Die seitliche Abweichung der Kartoffeln von der Dammitte betrug bis zu 5 cm. Die Maschine kann in Hanglagen bis zu 8 % Neigung arbeiten. Es wurden Flächenleistungen von 0,45-0,73 ha/h erzielt bei einem Aufwand von 63 bis 130 MPSh/ha. Die Kampagneleistungen betrugen bis zu 59 ha je Maschine. Die Beurteilung der Legemaschine "4-SBK-62,5" lautet wegen ungenügender Legegenauigkeit, zu hohem Zugkraftbedarf und häufig auftretenden Maschinenschäden für den Einsatz in der Landwirtschaft "bedingt geeignet".
L.Kunath. 5125d.

C o o p e r, S.W. Ugerlose steerage hoe. (Ugerlose-Hacke mit Steuervorrichtung - N.I.A.E. - Test.) - Nat. Inst. agric. Engng., Rep. on Test Nr.320/EA. (1962) S.1-6. - 1 Abb., 2 Tab.
Hersteller: Ugerlose, Maskinfabrik, Ugerlode, Dänemark. - Beschreibung: Das 3- bzw. 6reihige Anbaugerät wird hydraulisch ein- und ausgesetzt, der Trägerbalken für die Arbeitswerkzeuge wird von einer mitfahrenden AK feingesteuert. Der I-förmige Trägerbalken aus Stahl ist mit 2 Sporenrädern (verstellbar nach Höhe und Tiefe) ausgerüstet. Die Hackmesserhalter sind mit starken Federn für den Druckausgleich versehen. - Techn. Daten: Gesamtbreite des Trägerbalkens: 9 ft. 6 3/4 in. (2900 mm); Bodenfreiheit: 15 1/2 - 20 1/4 in. (393,69-514,34 mm); Gesamtmasse mit 9 Hackmessern: 673 lb. (307 kg); Herstellungsjahr: 1961. - Prüfung und Beurteilung: Insgesamt wurden 57 acres (23,1 ha) Pyrethrum in verschiedenen Entwicklungsstadien bearbeitet, wobei in Abhängigkeit vom Bodenzustand bei 2 AK und Arbeitsgeschwindigkeiten zwischen 2,8 und 3,7 m.p.h. (6,84-9,36 km/h) 2,0-3,5 acre/h (0,809-1,619 ha/h) bearbeitet wurden. Arbeitsweise und Bedienungsaufwand (Steuerbarkeit) werden als gut bezeichnet. W.Fleischmann. 5130c.

E i f l e r, R.; Torgau, KDT. Neuentwicklung von Tragrahmen für Hackwerkzeuge in Baukastenkonstruktion. - Dtsch. Agrartechn. 13 (1963) Nr.2. S.73-75. - 7 Abb. Aus: Dok.-Dienst ILT 1963 Nr.3.
Neuentwicklung des VEB Landmaschinenbau Torgau als Erweiterung des Standardisierungsprogramms auf die gesamte Hackgeräteproduktion. Übersicht über mögliche Aufbauvarianten und deren Konstruktionsmerkmale in Schemaskizze. Beschreibung und Aufbau von Arbeitsweise von Dreipunkt-Heckanbau "P 430", Zwischenachsanbaugerät "P 420" und Anhängegerät "P 410". Angabe der wichtigsten techn. Daten. 5130c.

S t u t t e r h e i m, Wolfgang. Rüben-Ausdünnmaschinen in der Praxis. Landtechnik 17 (1962) Nr.18. S.648-651. 654. - 5 Abb. Aus: Dok.-Dienst 1962 Nr.10.
Die Erfahrungen der Praxis bestätigen, daß die Arbeitsweise der Rüben-Ausdünnmaschinen nicht erwarten lassen, daß ein maschinelles Vereinzeln ohne weitere Handarbeit erreicht wird. Die einzelnen Werkzeuge lichten wohl die Pflanzreihen schematisch, ein gezieltes Vereinzeln der Pflanzen ist jedoch nicht möglich. Da der Einsatz dieser Maschinen an eine Reihe bestimmter Voraussetzungen gebunden und somit verhältnismäßig begrenzt ist, findet das maschinelle Verfahren bisher keine größere Verbreitung. 5130f.

Mechanization of land clearance. Geneva: ECE. 1962. (36 S. m. 26 Abb.) 4° = Economic commission for Europe. AGRI/MECH/22. (SR 3021,22).

Wereldkampioenschap ploegen. 's-Gravenhage: Stichting wereld ploeg wedstrijden. 1962. 8°. (ZA 4202).

K o m i s s a r o v, Anatolij Michajlovič und N a z a r o v, Sergej Ivanovič. Osnovanie dlja rasčeta bolotnych plugov. (Grundlage zur Berechnung der Moorpflüge.) Minsk: Gos. izd. sel'skochoz. lit. BSSR. 1961. (82 S.) 8°. (1962 A 1086).

C. ERNTE EINSCHLIESSLICH DRESCHEN OHNE ZUSÄTZLICHE AUFBEREITUNG

S e i f e r t, H. (unter Mitarb. von G r i m m, K. und S c h u r i g, M.) Der Feldhäcksler und was dazu gehört. - Flugschr. Kuratoriums Techn. in d. Landwirtsch. e.V. Nr. 10 (1962) S. 1-123. - 53 Abb., 1 Diagr., 40 Schemata, 13 Tab.

Behandelt werden in Form einer Flugschrift folgende Fragenkomplexe: Feldhäcksler, Schlepper für den Feldhäcksler, Feldhäckslereinsatz bei den verschiedenen Erntegütern, Häckselwagen, Abladen des Häckselgutes, Beschickung und Entnahme sowie Arbeitswirtschaft des Feldhäckslereinsatzes (Arbeitsablauf, Zeitbedarf, Arbeitszeitbedarf, Bergeleistung und Arbeitszeitbedarf an Hand von 5 prakt. Beispielen). W.Fleischmann. 5205b.

Z i l l b a u e r, Johann. Futtererntemaschinen auf der DLG-Ausstellung. - Prakt. Landtechn. /Wien/ 15 (1962) Nr. 13/14. S. 235-236. - 4 Abb. 5215a.

A n o n y m. Wirtschaftliche Futtererzeugung und -werbung. - Techn. u. Landwirtsch. 14 (1962) Nr. 13. S. 306. 308-309. 5215a.

N e l l i s t, M.E. und R e e s, D.V. H. The development of apparatus for measuring losses of herbage seed before and during harvest. (Entwicklung von Geräten zur Messung der Verluste von Grassamen vor und während der Ernte.) - J. agric. Engng. Res. 7 (1962) Nr. 2. S. 170-172. - 4 Abb., 2 Lit.

Normalerweise werden die möglichen Ernteerträge bestimmt, indem man eine in der Größe bekannte Fläche möglichst vollständig aberntet und daraus den Ertrag in Menge je Flächeneinheit ermittelt. In Wirklichkeit gehören dazu jedoch auch noch die Verluste, die vorher etwa durch die Einwirkung von Regen und Wind entstanden sind. Vff. beschreiben einige in USA entwickelte Einrichtungen, die im wesentlichen aus einem Sauggebläse, einem Saugkopf und einem Absatzbehälter bestehen und nach dem Prinzip des Staubsaugers arbeiten. Mit diesen Geräten werden die zu Boden gefallenen Samen aufgesaugt, wobei vorher möglichst viele Fremdkörper aus dem betreffenden Bereich zu entfernen sind, um den Grad der Verunreinigung des aufgesammelten Gutes gering zu halten. Es werden Verluste vor der Ernte, Verluste durch den Schnittvorgang und Gesamtverluste bis zur Beendigung der Ernte bestimmt.

G.Reumschüssel. 5215a.

R e n a u d, Jean. L'evolution des techniques dans la mécanisation de l'ensilage.(Entwicklung der Verfahren bei der Mechanisierung der Silageaufbereitung.) - Motorisat.agric. 17 (1962) Nr. 181. S.9. 11. 13. 15-17.

Bei dem Häckselverfahren gliedern sich die Arbeiten in 2 Arbeitsgruppen: Mähen-Vorwelken-Schwaden und Aufnehmen-Häckseln-Laden. Stengelquetscher beschleunigen die Trocknung und sollen die Futterverwertung verbessern. Für die 2. Arbeitsgruppe werden Gebläsehäcksler und Schlegelernter verwendet. Die Schlegelernter sind teilweise durch ein Gebläse-Häckselsystem ergänzt, wodurch eine gleichmäßige Häcksellänge erzielt wird. Gute Leistungen haben die Abstimmung der Schwadgröße mit der Häckslerleistung und die Einhaltung der Drehzahl unter Verwendung der unabhängigen Zapfwelle zur Voraussetzung. Beste Bedingungen für das Anhängen von Häckselwagen sind bei Befestigung des Häckslers seitlich zum Traktor gegeben. Die Entladevorrichtungen, wie Rollboden, Abziehmulden, Förderschnecken usw. werden meistens durch die Zapfwelle oder Hydraulik des Traktors angetrieben. Von Graben- und Haufensilos wird wegen der Verluste und der schwierigen Anlage abgeraten. Fahrsilos mit Selbstfütterung sind bei guter Abdeckung brauchbar. Techn. Gesichtspunkte geben den Hochsilos die Zukunft. H.Kaiser. 5215b.

D r o z d o v, N.I. (Drosdow, N.I.); Moskau, Unions-Forsch.-Inst. für Landmaschinenbau. Optimal'nye skorosti režuščich apparatov kosilok. (Optimale Geschwindigkeit der Schneidwerke von Grasmähern.) - Traktory i sel'chozmašiny, Moskva 32 (1962) Nr. 9. S. 24-26. - 2 Abb., 2 Zeich., 1 Lit. Aus: Dok.-Dienst ILT 1962 Nr.10.

Für 3 versch. Schneidwerktypen theoretische Begründung und Formeln für Ermittlung der Werte für optimale Geschwindigkeiten bei optimaler Schnitthöhe. 1) Schneidwerk mit 76,5 mm Fingerteilung; 2) Schneidwerk mit 76,5 mm Fingerteilung. Hub geht über Fingerteilung hinaus; 3) Schneidwerk mit 50,5 mm Fingerteilung. Messerhub erfolgt über 2 Fingerteilungen. Geschwindigkeiten: 1) 0,97 m/s (3,5 km/h); 2) 1,01 m/s (3,61 km/h); 3) 1,17 m/s (4,2 km/h). Ergebnisse von Vergleichsprüfungen (bei einer Schnitthöhe von 8,65 und 12,6 cm und einer Geschwindigkeit von 1,73 und 2,52 m/s): Am günstigsten ist ein Schneidwerk mit Messerhub über 2 Fingerteilungen. Für erhöhte Geschwindigkeiten sind glatte oder geriffelte Klingen zweckmäßig. 5215c.

P h i l i p p, Friedrich. Die Mähschneidwerke. - Landtechnik 17 (1962) Nr. 20. S. 694-700. 702. - 11 Abb. Aus: Dok.-Dienst ILT 1962 Nr. 11.

Die Schneidwerke mit hin- und herbewegten Messern nehmen unter der Vielzahl der Systeme den größten Raum ein. Die geringe Störanfälligkeit, das leichte Instandsetzen, die universelle Verwendbarkeit und der geringe Leistungsbedarf zeichnen sie bes. aus. Durch die Weiterentwicklung dieser Schneidwerke wurde es möglich, ein erschütterungs- und verstopfungsfreies Doppelmesser-Schneidwerk zu schaffen, welches jedes Mähgut in jedem Zustand bei 12 km/h mäht. Diese Entwicklungsrichtung scheint auch in Zukunft von Bedeutung zu sein. 5215c.

P h i l i p p, Friedrich; Radevormwald. Wann Heck- und wann Zwischenachs-Mähwerk? - Landtechnik 17 (1962) Nr. 17. S. 628-630. - 4 Abb. 5215c.

G o r e n š t e j n, A. (Gorenstein, A.); Balt. Maschinenprüfstat. der Lett.SSR. Samochodnaja kosilka. (Selbstfahrende Grasmähmaschine vom Typ "KSF-1,0".) - Technika v sel'skom chozjajstve, Moskva 22 (1962) Nr. 11. S. 50. - 1 Abb. Aus: Dok.-Dienst ILT 1962 Nr. 12.

Beschreibung eines Frontmähers zum Mähen von wildwachsenden und gesäten Gräsern an Stellen, die für Traktor-Grasmäher unzugänglich sind. - Techn. Daten: Arbeitsbreite 1 m; Länge 2890 mm; Breite 1230 mm; Höhe 1050 mm; Masse 260 kg; Arbeits- und Transportgeschwindigkeit 4,2 und 11,2 km/h; Fahrgeschwindigkeit im Rückwärtsgang 3,1 km/h. Antrieb: 2-Taktmotor (4,5 PS). Konstruktionsmerkmale: Normalschnittbalken; Radspur im Bereich von 570-850 mm veränderlich; 4 Räder; reine Arbeitsleistung 0,364 ha/h. 5215c.

H a r b a g e, R.P. und M o r r, R.V. Development and design of a ten-foot mower. (Entwicklung und Konstruktion eines 10-Fuß-Mähwerkes.) - Agric. Engng. 43 (1962) Nr. 4. S. 208-211. 219. - 9 Abb., 1 Tab.

Für die Schaffung von Mähwerken größerer Flächenleistung gibt es 2 Möglichkeiten: entweder die Erhöhung der Fahrgeschwindigkeiten, die eine gleichzeitige Erhöhung der Schnittgeschwindigkeiten erfordert, wobei die mit dem Quadrat der Schnittgeschwindigkeit anwachsenden Massenkräfte die Verwendung herkömmlicher Mähwerke begrenzen; oder die Vergrößerung der Schnittbreite, wobei die Verwendung nur eines Messerbalkens durch Bodenunebenheiten und durch den Platzbedarf beim Transport begrenzt ist. - Es wird die Konstruktion eines 10 Fuß breiten Mähwerkes beschrieben, das vorwiegend für eine gezogene Schlepperanhängemaschine vorgesehen ist. Erwähnt wird auch eine Ausführungsform als Anbaugerät zum Anbau an der Rückseite des Traktors. Erfahrungen aus dem Einsatz des Gerätes werden mitgeteilt.

G.Reumschüssel. 5215c.

S t o l z e n b u r g, W.-L. Anbaumähwerk Typ "E 143/1", VEB "Fortschritt" Erntebergungsmaschinen Neustadt/Sa. - Prüfbericht Potsdam-Bornim. - Dtsch. Akad. Landwirtsch.-Wiss. Berlin, Inst. Landtechn. Potsdam-Bornim, Prüfbericht Nr. 296, Gr.Nr. 7 b. (1961) S. 1-8. - 1 Abb., 4 Tab.

Das Anbaumähwerk "E 143/1", eine Weiterentwicklung des Types "E 143", ist für den Schlepper "RS 09" vorgesehen und dient in Verbindung mit einem rechts geführten Seitenschneidwerk zum Mähen von Gras, Feldfutter, Getreide, Sonderkulturen u.a. Der Antrieb des Messers erfolgt von der Schlepperzapfwelle aus über Keilriemen, Kurbelscheibe und Mähkurbelstange. - Techn. Daten: Kurbeldrehzahl bei 540 U/min der Zapfwelle 1210 U/min; Messerhub 76,2 mm; Masse des Anbauwerkes ohne Schneidwerk 120 kg; Masse des Schneidwerkes 45,9 kg; Schnittbreite 1500 mm. - Prüfungsergebnisse: die Messergeschwindigkeit gestattet eine Fahrgeschwindigkeit bis 9 km/h. Jedoch erlaubt die Schlepperleistung eines "RS 09" nur in der Ebene und unter günstigen Einsatzbedingungen ein Arbeiten mit dieser Geschwindigkeit. Bei einer Fahrgeschwindigkeit von ca. 7 km/h sind Flächenleistungen bis 0,71 ha/h zu erzielen. Normalerweise wird mit ca. 5,5 km/h gearbeitet (Flächenleistung 0,52 ha/h). Der Einsatz am Hang ist durch die Einsatzgrenze des "RS 09" begrenzt. Das Anbaumähwerk ist für den Einsatz in der Landwirtschaft "gut geeignet".

F.Lüpnitz. 5215c.

T h u r m, R. Die Einsatzmöglichkeiten von Feldhäckslern verschiedener Bauarten. - Dtsch. Agrartechn. 12 (1962) Nr. 7. S. 306-311. - 5 Schemaskizzen, 5 Tab.

Beim Verarbeiten von Grüngut mit dem Mähbalken werden 20,8 AKh/ha, mit dem Mählader 14,8, mit dem "E 065" 6,3 und bei Bedienung des Häckslers vom Schlepperfahren aus nur 3 AKh/ha benötigt. Auch bei der Strohbergung ist der Vorteil des Mähhäckslers erkennbar; wird mit der Räum- und Sammelpresse gearbeitet, braucht man 16 AKh/ha und mit dem "E 065" nur 7 AKh/ha. Vf. stellt Qualitätsforderungen an die Arbeit der Feldhäcksler, weil der Grad der Zerkleinerung z.B. auf die Verdauungsvorgänge im Tierkörper wirkt, den Verlauf der Gärungsvorgänge im Silo bestimmt oder die nachfolgenden Arbeitsgänge beeinträchtigt. Es wird der Einfluß der Häcksellänge bei Grünfutter, die Beeinträchtigung des Erntegutes durch den Schmutzgehalt, die Länge und Dichte des Strohhäckslers und die Forderungen an die Feldhäcksler zur Heubergung beschrieben. Vf. beurteilt die in der DDR entwickelten Feldhäcksler und kommt zum Schluß, daß sie noch nicht befriedigen. Demgegenüber zeigten die Schlegelernter erhebliche Vorteile. G.Reumschüssel. 5215d.

R ö m e r, Gerhard. Bauarten und Arbeitsweisen von Schlegelfeldhäckslern. - Landtechnik 17 (1962) Nr. 19. S. 670-676. - 16 Abb. Aus: Dok.-Dienst ILT 1962 Nr. 11.

Bericht über die Weiterentwicklung der Schlegelernter, speziell für deutsche Verhältnisse. Bisher haben sich durchgesetzt: 1) Schlegelernter mit indirekter Arbeitsweise (Chopper). Das Fördergut wird durch Schlegeltrommel gemäht, aufgenommen über Schneckenquerförderer ins Schneidgebläse geschoben, zerschnitten und auf den Wagen geblasen. 2) Schlegelernter mit direkt auswerfender Schlegeltrommel, die das Futter abmäht, aufnimmt und sofort auf den angehängten Sammelwagen bläst. Ein Vergleich Schlegelernter zum Exaktfeldhäcksler wurde nicht vorgenommen, da beide Geräte ihre Berechtigung haben und es in einigen Punkten überhaupt keinen Vergleichsmaßstab gibt.

5215d.

A n o n y m. Mais-fourrage: la récolte mécanique est au point pour l'agriculture de groupe. (Die mechanische Ernte von Futtermais ist gelöst.) - Motorisat. agric. 17 (1962) Nr. 181. S. 18. 20.

Vor den Schlegelerntern angebrachte Zuführeinrichtungen machen auch diese für die Maisernte durch gleichmäßigere Zuführung und Verhinderung der Erdaufnahme geeignet und verringern die Verstopfungen. Trotz aller Verbesserungen an Schlegelerntern erzielten Feldhäcksler gleichmäßigere Häcksellängen und eine bessere Vermischung. Bei der internationalen Vorführung in Voulton wurden überwiegend einreihige Maschinen gezeigt. Eine 2reihige, selbstfahrende Maschine großer Leistung ist für Großbetriebe bestimmt. Eine neue Maschine entfernt Blätter und Lieschen und must die Kolben für die Silierung. Die Sammelfahrzeuge, deren Nutzraum vergrößert werden muß, sind nur selten an den Erntemaschinen angehängt. Sie sollen nach oben abgedeckt sein und eine leichte Entleerung ohne Handarbeit ermöglichen. Der rentable Maschineneinsatz ist erst bei 35-50 ha Erntefläche gegeben und erfordert mehrere Traktoren und Anhänger. H.Kaiser. 5215d.

M u s i n o v, L. (Mussinow, L.) Novye silosouboročnye kombajny. (Neue Mähhäcksler.) - Technika v sel'skom chozjajstve, Moskva 23 (1963) Nr. 2. S. 45-48. - 2 Abb., 2 Schemata. Aus: Dok.-Dienst ILT 1963 Nr. 3.

Konstruktion, technol. Arbeitsablauf, Verwendungszweck und techn. Daten folg. Maschinen: 2reihiger Mähhäcksler Typ "KSR-2" und Mähllader "SK-1,8". Beide Maschinen sind vereinfacht, haben weniger Eigenmasse und zeichnen sich durch vollkommeneren technol. Arbeitsablauf aus. Ihre Vorteile: bessere Häckselqualität, weniger Futterverluste, Senkung des Arbeitsaufwandes im Vergleich zu bisherigen Maschinen. 5215d.

A n o n y m. Der Allheuer - eine Neuentwicklung. - Landmaschinen-Markt 41 (1962) Nr. 23. S. 1378. - Aus: Dok.-Dienst ILT 1962 Nr. 12.

Der Allheuer ist eine Neuentwicklung, welche die bewährten Funktionsvorteile des Trommelrechwender-Systems zur höchsten Wirksamkeit bringt. - Vorteile: intensive und schonende Futterbehandlung, schnelle Trocknung und Gewinnung von nährstoffreichem Futter. Große Laufräder und günstiges Gewicht machen die Maschine leichtzügig. Rasche Umstellung auf versch. Arbeitsgänge durch Einbau des palloidverzahnten Wendegetriebes. Veränderung der Drehrichtung der Trommel ohne Umstecken der Gelenkwelle durch Vorwählschaltung.

Der wartungsfreie Antrieb, die Vorratsschmierung der Zinkenträger, die günstige Bodenanpassung und die serienmäßig luftbereiften Räder vervollständigen die Vorteile. 5215d.

B e r e n t s e n, Oluf. Fortørking av høy på bakken med høybereder. 2. del. (Die Heubereitung mittels Zetter. 2. Mitt.) - Norsk Landbruk 1962 Nr. 12. S. 402-403. 410-411. - 4 Abb., 5 Schemaskizzen, 1 Tab. 1. Mitt. vgl. LZ. Abt. I 1963 Nr. 5. S. 557.

Vf. beschreibt Versuche mit I. Stengelbrecher, II. Stengelknicker, III. Trommelheuwender und IV. Zetter. - Techn. Daten: I: neueste Typen mit 2 Walzen aus Gummi oder Stahl, geriffelt oder glatt, von denen die untere als Aufnahmetrommel arbeitet; Dmr. der Walzen gewöhnlich 15-20 cm. II: Zwei gerippte Walzen mit einstellbarem Zahnradantrieb; Dmr. 10-25 cm; Umfangsgeschwindigkeit entspricht etwa der 4,5fachen Arbeitsgeschwindigkeit von 6,5 km/h. Erforderlicher Leistungsaufwand an der Zapfwelle 4 PS. Druck zwischen den Walzen 4,5-5 kp/cm Walzenlänge. Arbeitsbreite 122 cm. III und IV: keine Angabe von techn. Daten. Durch die Vorbehandlung mit I und II wird die notwendige Trocknungszeit am Boden bedeutend herabgesetzt, so daß sich für die nachfolgende Belüftungsanlage bessere Möglichkeiten bieten. Bei gutem Wetter ist ein Tag Bodentrocknung ausreichend, gute Bereitung des Heues mit III und IV vorausgesetzt. Der Schnitt selbst muß abends oder am frühen Morgen erfolgen, unmittelbar danach der Einsatz von I und II. Mähhäcksler sind für die Vorbehandlung nicht zu empfehlen, bevor nicht bedeutende Konstruktionsverbesserungen vorgenommen und das Transportproblem gelöst wurde.

E.Kahn. 5215e.

S h e p p e r s o n, G. und G r u n d e y, J. Experiments in the production of hay wafers. (Versuche in der Herstellung von Heupreßlingen.) - J.agric. Engng. Res. 7 (1962) Nr. 2. S. 105-111. - 4 Abb., 3 Tab., 12 Lit.

Vff. beschreiben Versuchsanlagen, mit denen mehrere Jahre hindurch Versuche zur Kompaktierung von Heu bzw. Futtergemischen angestellt wurden. Dabei wurden die Dichte der Preßlinge in Abhängigkeit von der aufgewendeten Belastung bzw. vom aufgewendeten Preßdruck, von der Art des verwendeten Futtergemisches, vom Feuchtigkeitsgehalt, von der Preßzeit untersucht. Weiterhin wurde die Ausdehnung der Preßlinge nach dem Ausstoß aus der Presse festgestellt. Untersuchungen über die Formbeständigkeit und Widerstandsfähigkeit gegen mech. Einwirkungen beim Umstapeln, Transportieren u. dgl. wurden nach verschieden langen Lagerzeiten bis zu einem Jahr angestellt.

G.Reumschüssel. 5215f.

O s o b o v, V.I. (Ossobow, W.I.); Moskau, Unions-Forsch.-Inst. für Landmaschinenbau. Issledovanie processa briketirovanija sena. (Untersuchung des Prozesses der Heubrikettierung.) - Traktory i sel'chozmasiny, Moskva 32 (1962) Nr. 10. S. 25-27. - 4 Diagr., 7 Lit. Aus: Dok.-Dienst ILT 1962 Nr.11.

Funktionsweise von Pressen versch. Konstruktion. Nachteil: Zu hohe Leistungsaufnahme aller Typen, da offene Preßkammern. Untersuchung des Preßvorganges auf hydraulischer Prüfanlage mit geschlossenen Kammern. Untersucht wurden: Preßintensität; spez. Arbeitsleistung und Leistungsaufnahme; Preßdichte in Abhängigkeit von spez. Druck, Qualität und Feuchtigkeitsgehalt des Preßgutes; Stabilität und Formveränderung der Preßlinge nach Verlassen der Kammern. Graph. Darst. einiger Abhängigkeiten. Forderungen: Preßlingsdichte bei 500-600 kg/m^3, d.h. 250-350 kp/cm^2 spez. Preßdruck; Verhältnis von Höhe zu Dmr. der Preßlinge mindestens 0,4; Feuchtigkeitsgehalt des Heues 16-22 %. - Empfehlung: Brikettieren in 2 Etappen: Vorverdichten und Pressen (möglichst in geschlossenen, runden Kammern). Auf Grund der Ergebnisse Entwicklung der Presse für Preßlinge von 100 mm Dmr. und 50 mm Stärke. Leistungsbedarf für Antrieb: 10 PS; Leistung: 1 t/h. 5215f.

A n o n y m. "Farm Mechanization", England, gibt eine zusammenfassende Übersicht über drei Jahre Entwicklungszeit bei Heubrikettiermaschinen. - Landmaschinen-Markt 41 (1962) Nr. 19. S. 1132. - Aus: Dok.-Dienst ILT 1962 Nr. 10.

Ergebnis: Entwicklung einer Maschine als Selbstfahrer mit 2 Kolben und 6 Formdüsen. - Techn. Daten: Leistungsbedarf 90 PS, Leistung 3 t/h, Kolbengeschwindigkeit 425 Stöße/min. Durch Auswechseln bestimmter Teile können unterschiedlich große Würfel hergestellt werden. Während der Testperiode wurden ca. 8000 t Heupreßlinge unterschiedlicher Größe hergestellt. Sie haben eine Schüttdichte von 4,8 dz/m^3. 5215f.

A n o n y m. Simplified hay conditioner. (Vereinfachter Halmquetscher.) - Farm Mechanizat. 15 (1963) Nr. 162. S. 55. - 1 Abb. Aus: Dok.-Dienst ILT 1963 Nr. 3.

Kurzinformation über Versuchsgerät des norweg. Institutes für Landtechnik in Vollebekk, welches zugleich leichter, einfacher und billiger sein soll. Konstruktive Merkmale: Walzen aus Stahlrohr mit 25,4 mm starkem Gummiüberzug; Ausschaltung der Rutschkupplung und des Kegelradgetriebes durch um 90 ° verschränkten Keilriemen. Techn. Daten: Arbeitsbreite der Walzen 1219 1219 mm; Breite der Einlauföffnung 1067 mm; Umfangsgeschwindigkeit der Walzen 366-549 m/min; Arbeitsgeschwindigkeit 3,2-4,8 km/h. 5215f.

W a g e n l e i t n e r, Georg. Motorisches Setzen von Schwedenreuterpfählen. - Prakt. Landtechn. /Wien/ 15 (1962) Nr. 10. S. 191-192. - 4 Abb. 5215g.

L a n d m a n n. Selbstfahrender Schwadmäher. - Schlepper und Landmaschine 13 (1962) Nr. 10. S. 322. 324. - 4 Abb. Aus: Dok.-Dienst ILT 1962 Nr. 11.

Selbstfahrender Schwadmäher "Owatonna Modell 80" aus den USA. Der einfache Aufbau, die neuartige Mittelschwadablage bei guter Bodenbeschaffenheit, das selbsttätige Freischneiden des Doppelmesserschneidwerkes bedingen die außerordentlich schnelle Arbeitsgeschwindigkeit bei bester Schwadablage. Arbeitsleistung 1,5 ha/h. Techn. Daten: Schnittbreite 3,0 m; Triebräder 7,50 x 16; Nachlaufrad 7,60 x 15; Motor: luftgekühlter 4-Takt-Ottomotor; Antrieb: direkte Planetenkupplung für jedes Triebrad, Rollenkette im Ölbad; Segel: 1,10 m Breite, schwere Gummi- oder Leinensegel; Arbeitsgeschwindigkeit 7-9 km/h; Schneidwerk: federnd aufgehängt, mit Spielraum bis zu 25 cm von einer Seite zur anderen; Masse: ca. 1700 kg. Haspel und Schneidwerk werden hydraulisch betätigt. 5220c.

Ž u k, Ja. M. (Shuk, Ja. M.); Pljustschewo, Gebiet Moskau, Unions-Forsch.-Inst. für Mechanisier. der Landwirtsch. Ispol'zovanie širokozachvatnych agregatov na uborke zernovych. (Die Anwendung großer Arbeitsbreiten bei der Getreideernte.) - Vestnik sel'skochozjajstvennoj nauki, Moskva 7 (1962) Nr. 6. S. 128-134. - 1 Abb., 3 Diagr., 3 Tab. Zus. in Engl., Franz., Dtsch.

Vf. untersucht die Erhöhung der Arbeitsproduktivität durch Verwendung neuer Maschinen und Geräte für den Schwaddrusch in den verschiedenen Getreideanbaugebieten der UdSSR. Nach Aufzählung der in Betracht kommenden Schwadmäher wendet sich Vf. den für den Schwaddrusch verwendbaren Mähdreschern zu und behandelt theoretisch die Abhängigkeit der Mähdrescherleistung von der Schwadbreite und -dicke und der Fahrgeschwindigkeit und bringt 1 Nomogr. und 1 Diagr., aus denen die Abhängigkeit der Schwadstärke in kg/m vom Ertrag und der Mähwerkbreite, die Abhängigkeit der Schwadmäherleistung von der Arbeitsbreite und Fahrgeschwindigkeit, die Beziehungen zwischen Schwadstärke, Fahrgeschwindigkeit und Mähdrescherleistung sowie die Mähdrescherleistung bei Zwei- und Dreifachschwaden zu ersehen ist. Anschließend betrachtet er die Möglichkeiten der Leistungssteigerung durch schnelleres Fahren oder Mehrfachschwadlegen mit gekoppelten Schwadmähern und geht dann auf Spezialmäher ein, die je nach dem Ertrag 1, 2 oder 3 Schwaden bilden können. In mehreren Tab. vergleicht er die mit den neuen Maschinen "ZVK-15" (3teilig, Arbeitsbreite 15 m) und "ZA-12" (2teilig, Arbeitsbreite 12 m) erzielten Ergebnisse mit den Ergebnissen des Serien-Schwadmähers "ZRB-4,9". Durch die Verwendung der neuen Maschinen sinken der Arbeitsaufwand unter 50 % und die Produktionskosten unter 65 %. W.Balkin. 5220e.

F e i f f e r, P. und K l ö t i n g, E.; Nordhausen, KDT, ZfS, Prüfstelle für Mähdrusch. Gedanken zur Theorie, Berechnung und Konstruktion von Mähdreschern unter Berücksichtigung des Sorteneinflusses. Teil 2. - Dtsch. Agrartechn. 12 (1962) Nr. 7. S. 324-327. - 6 Abb., 2 Lit. Aus: Dok.-Dienst ILT 1962 Nr. 8. 1. Mitt. vgl. LZ. Abt. I 7 (1962) Nr. 9. S. 1087.

Vf. untersuchte den Einfluß der Sorteneignung auf die Konstruktion der Maschinenelemente, insbes. auf das Schneid- und Dreschwerk. 1. Bestandesdichte, Durchflußvolumen und Messergeschwindigkeit; 2. Spelzenschluß, Ährenform und Haspelarbeit; 3. Spelzenschluß und Strohelastizität; 4. Ähren- und Spindelfestigkeit, Umfangsgeschwindigkeit, Zahl der Korbspalten, Form und Zahl der Schlagleisten. 5220e.

H e b b l e t h w a i t e, P. und A r n o l d , R.E. Aspects of combine-harvester design. (Aspekte für die Konstruktion von Mähdreschern.) - J. Proc. Instn. agric. Engr. 18 (1962) Nr. 3. S. 96-105. - 2 Abb., 3 Tab., 10 Lit.

Ausgehend von den Untersuchungsergebnissen der Arbeit einer Schlagleistendreschtrommel mit Hilfe von Zeitlupenaufnahmen wird der Ausdreschvorgang in dieser Trommel dargelegt, bes. das Zusammenwirken von Trommelschlagleisten und Dreschkorb. Der Dreschkorb übt dabei 2 Funktionen aus: Unterstützung des Dreschvorganges und Trennen der Körner vom Stroh. Einige bes. Ausführungsformen von Dreschtrommeln und Dreschkörben werden beschrieben. Zukünftige Entwicklungsmöglichkeiten der Drescheinrichtungen und die dazu erforderlichen Änderungen an anderen Maschinenteilen, wie Schneidwerk oder Schüttler, werden dargelegt. Weiterhin werden Entwicklungsmöglichkeiten in Bezug auf die Reinigung, Elevatoren, Leistungsbedarf und Steuereinrichtungen sowie die Anwendung der Automatisierung und Erleichterungen für den Bedienungsmann angedeutet. - Einige Diskussionsbeiträge zu diesem Thema sind angefügt. G.Reumschüssel. 5220e.

A n o n y m . Comparative field test of four combine harvesters. (Vergleichende Feldprüfung von vier Mähdreschern.) - Farm Mechanizat. 15 (1963) Nr. 162. S. 57-61. - 4 Abb., 9 Tab. Aus: Dok.-Dienst ILT 1963 Nr. 3.

Vergleichsprüfungen in der Zeit Juli - Sept. 1962 auf 30 Feldern von 11 Gütern. Folg. Maschinen wurden geprüft: 1) "Ransomes 902" (selbstfahrend); 2) "Claas 106" (selbstfahrend); 3) "Allis-Chalmers Gleaner EA" (selbstfahrend); 4) "International B-64" (Anhängemaschine). Beste Kennziffern: Flächenleistung 1,08 ha/h (2); Körnerausstoß 4,1 t/h (1); geringste Schäden 0,5 % (1); geringste Verunreinigung 0,2 % (4); geringste Dreschverluste 50 kg/ha (2); Körnerverluste bei Fahrt quer zum Hang: min. 15,9 kg/ha (3) und max. 82,8 kg/ha (2), bei Fahrt hangaufwärts: min. 18,2 kg/ha (3) und max. 35,3 kg/ha (2); höchster Materialdurchsatz: Körner 5,8 t/h (2), Stroh 9,1 t/h (1); größte Flächenleistung 1,6 ha/h (2). Beobachtungen über Manövrierfähigkeit und Leichtigkeit der Einstellung und über Instandhaltung.

5220e.

D e v a i, J.; Budapest, EMAG. Entwicklung und Produktion von Mähdreschern in der Volksrepublik Ungarn. - Dtsch. Agrartechn. 13 (1963) Nr.1. S.21-23. - 9 Abb. Aus: Dok.-Dienst ILT 1963 Nr.1.

Aus dem Vortrag auf der Tagung der FV "Land- und Forsttechnik" der KdT am 6.7.1962 in Markkleeberg. 1) Ausführliche Beschreibung des selbstfahrenden Mähdreschers "B - 62"; Konstruktionsmerkmale bei Mähwerk, Dreschwerk, Motor und Fahrgestell; Verwendung von neuen Werkstoffen. 2) Wichtigste techn. Daten des selbstfahrenden Mähdreschers "Kalasz" (Ähre). Kurze Beurteilung der Arbeitsweise. 5220e.

K l i n n e r, W.E., H e p h e r d, R.Q. und P h i l l i p s o n, A.: The McCormick International B-64 harvester-thresher. (Mähdrescher "McCormick International B-64" - N.I.A.E. - Test.) - Nat. Inst. agric. Engng., Rep. on Test Nr.315. (1962) S.1-13. - 1 Abb., 1 Diagr., 8 Tab.

Hersteller: International Harvester Co. of Great Britain Ltd., London. - Beschreibung: Die 2rädrige Maschine (Baujahr 1961) für Schlepperzug und Zapfwellenantrieb weist ein 6-ft.-Schneidwerk (rechtsseitig) und Korntank auf, wird aber auch als Selbstfahrer mit Absackvorrichtung hergestellt. Neben der Möglichkeit des selbsttätigen Ausschaltens von Überlastungsgefahren durch Rutschen der verschiedenen Treibriemen sind noch folgende Sicherungen vorhanden: Rutschkupplung an der Zapfwelle, Sprungfeder-Rutschkupplung an der Haspel und Steinabweiser. Der Tankverschluß kann vom Fahrersitz aus bedient werden. - Techn. Daten: Gesamtmasse: 4420 lb., Gesamtlänge: 20,9 ft., Gesamtbreite in Arbeitsstellung: 13,9 ft., Wenderadius: 18,7 bzw. 22,7 ft., Räder: 7,50 x 16, Schnitthöhenbereich: 2-24 in., Schnittgeschwindigkeit: 243 ft./min., Trommel-Dmr.: 64 in., Schlagleistenzahl: 6, Strohschüttlergeschwindigkeit: 250 Schwingungen/min., Korntank: 30 bu. - Prüfung und Beurteilung: In 54 Std. wurden 95 acres (38,4 ha) abgeerntet. Die Leistung bei Getreide betrug 2,4 acre/h (0,97 ha/h), wobei mittlere Kornverluste von 64,6 lb./acre auftraten. Der Zapfwellenleistungsbedarf lag bei normalen Bedingungen zwischen 9,0 und 12,4 PS. Leistung und Eigenschaften der Maschine befriedigten, einige geringfügige Änderungen werden empfohlen.

W.Fleischmann. 5220e.

A n o n y m. Beproeving köla combi maaidorser. (Mähdrescher "Köla Combi" - ILR-Prüfbericht Wageningen.) - Inst. Landbouwtechn. Rationalisatie Wageningen, Bull. Nr.210. (1962) S.1-10. - 1 Abb., 6 Tab.

Hersteller: Ködel u. Böhm GmbH., Lauingen. - Beschreibung: Der selbstfahrende Mähdrescher "Köla Combi Standard" kann mit Absackvorrichtung und Korntank oder nur mit Absackvorrichtung geliefert werden. - Techn. Daten: Masse 2825 kg; 4-Zylinder-Dieselmotor von Mercedes mit Wasserkühlung, Leistung 34 PS; Arbeitsgeschwindigkeit mit Variator stufenlos verstellbar: vorwärts 1,4-2,9; 2,8-5,7; 7,1-14 km/h, rückwärts 2,3-4,6 km/h; Arbeitsbreite 1,90 m; Dreschtrommel: Breite 68 cm, Dmr. 46 cm, Drehzahl 650-1410 U/min; Inhalt des Korntanks 6,25 hl. - Prüfungsergebnisse: Die Durchschnittsleistung liegt zwischen 1250 und 2250 kg/h. Bei Sommergerste und Winterweizen können max. bei 2 % Verlust 3000 kg/h geerntet werden. Das Getreide wird befriedigend gereinigt. Der Korntank kann in ca. 2 Min. entleert werden. Der 34-PS-Dieselmotor ist für den Antrieb ausreichend. Der Kraftstoffverbrauch liegt mit 7 l/h verhältnismäßig hoch. M.Lüpnitz. 5220e.

L a m p e t e r, W. und F e i f f e r, P.; Leipzig, Karl-Marx-Univ., Inst. für Grünland und Feldfutterbau; Nordhausen, ZfS, Prüfstelle für Mähdrusch. Höhere Grassamenernten durch bessere Erntetechnologie und konstruktive Verbesserungen am Mähdrescher. 1. Ergebnisse der MD-Großversuche im Grassamenbau. Vorl.Mitt. - Dtsch. Agrartechn. 13 (1963) Nr.1. S.18-20. - 8 Abb., 7 Lit. Aus: Dok.-Dienst ILT 1963 Nr.1.

Erste Ergebnisse der MD-Großversuche im Grassamenbau. Ermittlung der Verlustquellen und der Höhe der Verluste in Abhängigkeit von verschiedenen verfahrenstechn. Parametern. Hinweise zur Verbesserung der Erntetechnologie und zur Durchführung größerer Abänderungen an Erntemaschinen. 5220e.

Č a b a n, I.K. (Tschaban, I.K.) O ravnomernosti vozdušnogo potoka ventiljatora očistki kombajnov i ee vlijanii na poterju i čistotu zerna. (Die Gleichmäßigkeit des Gebläseluftstroms für die Reinigung der Kombines und sein Einfluß auf Verlust und Reinigung des Ernteguts.) - Trudy Belorusskoj sel'skochozjajstvennoj akademii, Minsk 35 (1961) S.50-64. - 4 Abb., 2 Schemaskizzen, 5 Tab., 10 Lit.

Im Jahre 1956 wurden an der Fak. für Mech. der Beloruss. Akad. für Landwirtsch. Versuche mit Gebläsen zur Reinigung des Erntegutes in Kombines und anderen Maschinen durchgeführt. Vf. gibt die Versuchsmethoden und -durchführungen und Ergebnisse mit den Kombines "PK-2", "PKN-2", "CK-3", "C-4", "C-6" und "RSM-8" an. Aus Abb. ist der Versuchsaufbau zu ersehen. Von den untersuchten Kombines hat die "RSM-8" den ungleichmäßigsten und die "PKN-2" den gleichmäßigsten Luftstrom. Die Versuche ergaben, daß ein gleichmäßiger Luftstrom des Reinigungsgebläses eines Mähdreschers Getreideverluste herabsetzen und seine Leistungsfähigkeit erhöhen. G.Reumschüssel. 5220e.

H e b b l e t h w a i t e, P. und S h a r p, J.R. A rethresher for use in combine-harvester testing. (Ein Nachdrescher für den Einsatz bei Mähdrescherprüfungen.) - J. agric. Engng. Res. 7 (1962) Nr.2. S.161-164. - 2 Abb., 2 Lit.

Bei Mähdrescherprüfungen ist es erforderlich, die Körnerverluste zu bestimmen, wobei Dreschtrommelverluste, Schüttlerverluste und Siebverluste unterschieden werden. Dafür wurde unter Verwendung eines selbstfahrenden Mähdreschers ein Nachdrescher gebaut. Der Vorteil der selbstfahrenden Ausführung wurde damit beibehalten. Das Schneidwerk wurde durch einen bes. Zuführtisch ersetzt, der in der Höhe verstellbar angeordnet ist und dadurch eine Zuführung der Proben entweder direkt zum Schüttler oder zur Dreschtrommel gestattet. Die Proben werden hinter dem Mähdrescher auf 2 Kaliko-Bändern aufgefangen; auf einem Band liegt das aus der Siebeinrichtung ausgeschiedene Kaff, darüber auf dem 2. Band das vom Schüttler abgegebene Stroh. Die eigentliche Prüfung erfolgt in 3 Arbeitsgängen. Im 1. Arbeitsgang wird die Probe von beiden Bändern dem Nachdrescher zugeführt; das Kaff wird in einem Behälter gesammelt, das Stroh wird zur Bestimmung der Schüttlerverluste dem Schüttler zugeführt. Zur Bestimmung der Siebverluste wird im 2. Arbeitsgang das gesammelte Kaff dem Schüttler zugeführt. Zur Bestimmung der Dreschtrommelverluste im 3. Arbeitsgang wird das zuerst nachgeschüttelte Stroh nochmals gedroschen und ausgeschüttelt. G.Reumschüssel. 5220e.

K i n g, D.L. und R i d d o l l s, A.W. Damage to sheat and pea seed in threshing at varying moisture content. (Beschädigungen von Weizen- und Erbsensaatgut beim Dreschen bei veränderlichem Feuchtigkeitsgehalt.) - J. agric. Engng. Res. 7 (1962) Nr.2. S.90-93. - 1 Abb., 2 Lit.

Frühere Untersuchungen haben gezeigt, daß die Verluste bei Saatweizen und Saaterbsen mit steigender Dreschtrommeldrehzahl anwachsen, während der Korbabstand nur einen geringeren Einfluß zeigt. Bei den vorliegenden Untersuchungen wurden die Verluste von Saatweizen und Saaterbsen in Abhängigkeit vom Feuchtigkeitsgehalt gemessen. Dabei wurde der Korbabstand nach praktischen Erfahrungen festgelegt und bei allen Versuchen je Dreschgut konst. gehalten. Die Trommeldrehzahl wurde in einem kleinen Bereich variiert, der den praktischen Werten beim Einsatz entspricht. Die Gesamtverluste setzen sich zusammen aus sichtbaren Beschädigungen und Verlusten der Keimfähigkeit. - Die Ergebnisse werden graph. dargestellt. G.Reumschüssel. 5220k.

B e l o z e r c e v, A. (Beloserzew, A.) Mechanizacija uborki solomy. (Mechanisierte Strohbergung.) - Kolchoznoe proizvodstvo, Moskva 22 (1962) Nr.7. S.36-38. - 3 Abb., 1 Tab. 5220l.

W a c k e r, Ekkehard. Das Strohschneide- oder Strohteppichverfahren. - Prakt. Landtechn. [Wien] 15 (1962) Nr.13/14. S.243. - 1 Abb. 5220l.

R o s s r u c k e r, H.; Wien, Hochschule für Bodenkult. Verfahren der Körnermaisernte - kurz getestet. - Prakt. Landtechn. [Wien] 15 (1962) Nr.10. S.193-195. - 9 Abb. 5220n.

K i s i n g, Werner. Körnermaisernte - aber wie? - Mitt. dtsch. Landwirtsch.-Ges. 77 (1962) Nr.42. S.1367-1369. - 1 Abb.

Vf. bespricht die am westdeutschen Markt angebotenen Picker mit techn. Einzelheiten, wobei er auch auf die Vor- und Nachteile der Ernte mit dem Picker und Mähdrescher eingeht. Bez. des Arbeitsaufwandes für die Ernte und Trocknung von Mais gibt Vf. folgende Zahlen an: Von Hand, Schuppentrocknung, Rebbeln: 320 AKh/ha; Picken, Schuppentrocknung, Rebbeln: 35 AKh/ha; Picken, Schuppentrocknung, Kolbenfütterung (Schweine, Hühner): 15-18 AKh/ha; Mähdrusch, Heißlufttrocknung 10-12 AKh/ha. Die Frage, ob Picker oder Mähdrescher, beantwortet Vf. derart, daß Veredlungsbetriebe mit Maisflächen von 10-20 ha einen Picker nehmen sollten. Größere Betriebe, die den Mais verkaufen wollen, setzen besser einen Mähdrescher ein. W.Fleischmann. 5220n.

A n o n y m. Eine Maschine zur Entfahnung von Mais bei der Hybridsaatguterzeugung aus der DDR. - Int. Z. Landwirtsch. 1962 Nr.4. S.108-109. - 1 Schema. 5220n.

Š r e j d e r, M.N., F e d j u k o v, M.F. und V l a s o v a, M.N. (Schreider, M.N., Fedjukow, M.F. und Wlassowa, M.N.); Kalinin, RSFSR, Maschinenprüfstat. Ispytanija l'nomolotilki ML-2,8. (Erprobung der Leindreschmaschine "ML-2,8".) - Traktory i sel'chozmašiny, Moskva 32 (1962) Nr.5. S.18-20. - 1 Abb., 2 Schemaskizzen, 3 Tab.

Das Unions-Forschungsinst. für Leinanbau und das Konstruktionsbüro des Beshetzker Landmaschinenbaues haben die Dreschmaschine "ML-2,8" entwickelt, deren Prüfung 1960-61 stattfand. Diese Maschine führt das Auskämmen der Bunde, das Reiben des Dreschgutes sowie die Reinigung von Spreu und Staub aus. 8 Arbeitswerkzeuge führen diese notwendigen Arbeitsvorgänge durch (bei der Maschine "MLS-2,5" waren es 13). Im weiteren unterscheidet sich die neue Maschine durch geringes Gewicht, Zugänglichkeit, Hilfsmechanismen (wie Garbenrutsche und Gebläse für Spreu), geringen Bedarf an Bedienungspersonal und geringe Verluste. Der Antrieb erfolgt durch einen Traktor "DT-14" oder "DT-20" oder durch einen eingebauten Elektromotor. Vf. beschreibt Aufbau, Wirkungsweise und die Prüfung der Maschine. Techn. Daten: Druschleistung 2,8 t/h, Eigenmasse 1750 kg, Leistungsbedarf 7 PS, Drehzahl der Antriebswelle 450-475 U/min. Gesamtabmessungen: Breite 2200 mm, Länge 2650 mm, Höhe 2330 mm. Der Bedienungsaufwand beträgt ein Maschinist und 6-7 AK.

H.Ahlgrimm. 5220o.

R ö t h i g, Dieter; Berlin, Dtsch. Bauakad., Inst. für Stahlbeton. Muster- und Experimentalbau eines Spannbeton-Hopfengerüstes in Goppeln, Kr. Freital. - Hopfenbau 4 (1962) Nr.3. S.11-18.

Der Holzmangel zwingt zur Verwendung von Masten aus Spannbeton. Der Querschnitt der Stützen ist der gleiche wie bei Warmbauten für die Landwirtschaft. Die Länge der Stützen beträgt 9 m. Sie sind 1,5 m tief im Boden eingespannt. Für das Netzwerk wird Betonstahl "St I" verwendet. In der Versuchsanlage wurden die Masten mit Dreibock und Flaschenzug aufgestellt. In Zukunft ist ein Raupendrehkran vorgesehen. Die Löcher wurden mit einem Erdbohrgerät gebohrt. Die Geländeneigung kann bis 5 % betragen. Die Investkosten von Holzgerüsten liegen bei 10,5 TDM/ha. Spannbetongerüste werden erst wirtschaftlich bei Flächen über 5 ha und damit billiger als Holzgerüste. Die Ursache liegt an dem größeren Stützenabstand. Bei Betonstützen werden 220 m^2, bei Holzstützen 60 m^2 je Stütze gerechnet. Betonstützen können wieder verwendet werden.

W.Gratz. 5226.

S p e c h t, Anton; Dethlingen. Kartoffelerntemaschinen - DLG-Bericht 1962. - Lohnunternehmen in Land- u. Forstwirtsch. 17 (1962) Nr.7. S.149-150.152.154. - 8 Abb. 5230a.

K r a u s e, Volker. Kartoffel-Erntemaschinen. - Techn. u. Landwirtsch. 14 (1962) Nr.16. S.384-385. - 8 Abb.

Bericht über die Kartoffelerntemaschinen auf der DLG-Schau in München. Bei sinkendem Absatz sind die Schleuderroder unverändert geblieben. Das Vorratsroderangebot hat sich ebenfalls kaum verändert, Siebradroder wurden von 4 Firmen, Siebkettenroder von 5 Firmen angeboten; bei Schwingsiebrodern hat sich das Angebot erweitert. Im Vordergrund stand der Sammelroder, der in den verschiedensten Ausführungsarten von 14 Firmen angeboten wurde. Bei den

Rodescharen hat das mehrteilige Spatenschar das Lavaetz-Schar verdrängt. Gemeinsam mit großen Scheibensechen erfolgt eine sichere Dammaufnahme und -übergabe auf die folg. Siebkette. Dammwalzen werden wahlweise angeboten. Fast alle Sammelroder übergeben den aufgenommenen Damm auf eine Siebkette (Kratzkette), die Feinerde und kleine Beimengungen abscheiden soll; einstellbare Schüttel- oder Klopfrollen erhöhen die Siebwirkung. Am Ende der Siebkette gelangen die Knollen auf mehr oder weniger schonende Weise in ein Hubrad, das den Hochtransport zum Verleseband übernimmt. Davor ist eine Krauttrennung gebaut. Der Eicher'sche Sammelroder für einen Geräteträger nimmt den Damm mittels Schleuderroder auf. Dabei ist erstmals Siebkette und Schleuderroder kombiniert, was zu guter und schneller Erdabsiebung führt.
W.Fleischmann. 5230a.

B a g a n z, K.; Potsdam-Bornim, Inst. für Landtechn. der Dtsch. Akad. der Landwirtsch.-Wiss. zu Berlin. Industrielle Kartoffelproduktion? - Dtsch. Agrartechn. 13 (1963) Nr.2. S.77-80. - 1 Abb., 1 Tab., 9 Lit. Aus: Dok.-Dienst ILT 1963 Nr.3.
Nach dem Verwendungszweck werden 3 unterschiedliche Maschinensysteme vorgeschlagen: für Speisekartoffeln auf leichten Böden, Futterkartoffeln und Speisekartoffeln auf schweren Böden. Kurze Darstellung der den Maschinensystemen zugrunde liegenden "Empfohlenen Produktionsverfahren". Zusammenstellung des AKh-Aufwandes in Tab. 5230a.

A n o n y m. Unsere Kartoffelvollernter - Kartoffelsammelroder. - Dtsch. landtechn. Z. 13 (1962) Nr.8. S.431-434. - 8 Abb., 1 Tab. Aus: Dok.-Dienst ILT 1962 Nr.10.
Überblick über westdeutsche Kartoffelerntemaschinen. Neue Konstruktionsmerkmale an Rode- und Verleseorganen. Stand der Technik bei Kraut- und Steintrennung. Einsatzmöglichkeiten für Vollernter und Sammelroder. Zusammenstellung von Kosten und Arbeitsaufwand in der Kartoffelernte. Tab. mit den techn. Daten sämtlicher in Westdeutschland benutzter Kartoffelsammelroder.
5230f.

A n o n y m. Potato harvesters' performance. (Leistung der Kartoffelerntemaschinen.) - Farm Mechanizat. 14 (1962) Nr.159. S.394-397. - 11 Abb., 1 Tab. Aus: Dok.-Dienst ILT 1962 Nr.12.
Bericht über 7. Vorführung von Kartoffelerntemaschinen. Allg. Einschätzung: beste Maschinenleistungen besser als Ergebnisse beim Handauflesen; Prozentsatz der Beschädigungen durch Maschinen ziemlich hoch. Leistungsvergleich in Tabellenform. Ergebnis: Arbeitsaufwand beim Handauflesen 66,8 AKh/ha, bei der besten Maschine ("Whitsed RB") 28,5 AKh/ha (entspr. 1,91 AKh/t bzw. 0,82 AKh/t). Geringste Rodeverluste (Maschine "Massey-Ferguson 711") 1,473 t/ha. Vergleich der Arbeitsgüte nach Knollenschäden. Charakteristik einiger Maschinen. 5230f.

A n o n y m. Beproeving Amac aardappelrooier type VA. (Sammelroder "Amac VA". - ILR-Prüfbericht Wageningen.) - Inst. Landbouwtechn. Rationalisatie Wageningen, Bull. Nr.212. (1962) S.1-9. - 1 Abb., 2 Tab.
Hersteller: Fa. J. de Jonge, 's-Heerenhoek. - Beschreibung: Der einreihige Siebketten-Sammelroder "Amac VA" ist für 25-30-PS-Schlepper vorgesehen, geprüft wurde die Ausführung mit Absackvorrichtung. Die Maschine wird durch

die Schlepperzapfwelle angetrieben. Das Schar ist 3teilig und flach. - Techn. Daten: Masse 1630 kg; Siebkette: Länge 205 cm, Breite 60 cm, Geschwindigkeit 66 m/min; Krauttransporteur: Breite 54,5 cm, Geschwindigkeit 45 m/min. - Prüfungsergebnisse: Der Sammelroder arbeitet am besten auf trockenem, nicht klutigem Boden. Auf nassem Kleiboden läßt die Absiebleistung zu wünschen übrig. Die Abführung von Kraut durch den Krauttransporteur ist nur mäßig. Unter günstigen Umständen kann die Arbeitsgeschwindigkeit 3-3,5 km/h betragen, auf feuchtem Kleiboden 2-2,5 km/h. Die Flächenleistung des Sammelroders lag zwischen 1 und 1,5 ha/Tag.

M.Lüpnitz. 5230f.

S o l o d u c h i n, G.P. Issledovanie prutkovogo rotora s ogibajuscej resetkoj v kacestve rabocego organa kartofeleuborocnych masin. (Untersuchung des Schleuderrades mit Siebtrommel als Arbeitsorgan von Kartoffelvollerntemaschinen.) - Trudy Belorusskoj sel'skochozjajstvennoj akademii, Minsk 33 (1961) S.65-73. - 1 Abb., 4 Diagr., 2 Tab., 4 Lit.

Die Erforschung neuer Arbeitsorgane für die Absiebung des Bodens in Kartoffelvollerntemaschinen geht in die Richtung der Untersuchung von Verfahren zur Lockerung der vom Pflugschar aufgenommenen Erde. M a z e p u r o u.a. untersuchten die physikal.-mech. Eigenschaften der Kartoffelknollen, die Bodenkrümelung und die Arbeit des Schleuderrades. Sie fanden, daß sofort nach dem Pflugschar große dynamische Kräfte auf das Material wirken, dabei die Kartoffeln nicht beschädigt, aber die Erdkluten zerstört werden. Vf. beschreibt das verwendete Versuchsgerät und gibt einen theoretischen Überblick der den Untersuchungen zugrunde liegenden Verhältnisse. Er weist nach, daß die intensive Auflockerung der Erde sofort nach dem Pflugschar erfolgen muß, da die Kartoffelknollen noch von viel Erde umgeben sind, die die Schläge des Schleuderrades aufnimmt. Gute Ergebnisse erzielte man bei Geschwindigkeiten von 5-6 m/s. Hierbei beträgt der Auflockerungskoeffizient 0,98 und die Kartoffelbeschädigung nicht mehr als 5 %. Man fand, daß die optimale Zahl der Gabeln für leichte und mittlere Böden 6 bei 98-110 U/min und für schwere Böden 8 bei 95-100 U/min ist. G.Reumschüssel. 5230f.

E v e r s, Peter-Nils; Bonn. Zuckerrübenerntemaschinen - DLG-Bericht 1962. - Lohnunternehmen in Land- u. Forstwirtsch. 17 (1962) Nr.8. S.170-172. - 8 Abb. 5235a.

D e h n e, Ernst. Das Neueste von der Rübenernte. - Dtsch. landwirtsch. Presse 85 (1962) Nr.42. S.429-430. - 4 Abb.

Vf. berichtet über die im Okt. 1962 stattgefundene Landesvorführung der Zuckerrübenernte der Landwirtsch.-Kammer Schleswig-Holstein, wobei er weniger auf die verschiedenen techn. Ausführungen der Maschinen eingeht als vielmehr nur allg. Eindrücke schildert. Ein schwieriges Problem bot die Blatternte, da z.B. die beim Futterbau verwendeten Sammellader das Längsschwad verlangen, Frontlader und Greifer aber das Querschwad fordern. Die Tendenz nach Einmann-Maschinen war offensichtlich. Eine starke Entlastung der Bedienungs-AK und eine erhebliche Verbesserung der Rodearbeit wurde durch das bewegliche Schar erreicht. Als Nachteil im Hinblick auf den Grad der Störanfälligkeit unter den rauhen Bedingungen der Erntepraxis erwies sich erneut die Kompliziertheit der Konstruktionen, beanstandet wurde auch der hohe kg-Preis der meisten Maschinen. W.Fleischmann. 5235a.

F o l t i n e k, Herbert. Arbeitseinsparung im Futterrübenbau. - Förderungsdienst /Wien/ 10 (1962) Nr.7. S.237-240. - 2 Abb., 1 Schema, 3 Tab.
Bei Futterrüben war es im Gegensatz zu Zuckerrüben nicht möglich, den dort mit Erfolg beschrittenen Weg der Monogermsaat mit Einzelkornsägeräten zu gehen. Die Lösung lag vielmehr bei einer neuen Verfahrenstechnik. Es wurde zwar die sparsame Einzelkornsaat, nicht aber das zugehörige Sondergerät übernommen. Das exakte Vereinzeln wurde durch einen groben Ausdünnvorgang ersetzt. Dadurch konnte der Aufwand für Pflegearbeiten ohne Saatbettbereitung auf 64 AKh/ha gesenkt werden. In Westdeutschland wurde in 4jährigen Versuchen ein praxisreifes Arbeitsverfahren mit einer eigenen, geschlossenen Arbeitskette entwickelt, das die Erledigung der Pflegearbeiten innerhalb der pflanzenphysiol. günstigsten Zeitspanne noch vor der Heuernte ermöglicht. Die Arbeitsgänge sind: Saat (8-14 kg/ha Monogermsaat mit gewöhnlicher Drillmaschine), Unkrautbekämpfung (Durchkämmen vor dem Auflaufen mit Netzegge, Saategge oder Fingerjäter), Ausdünnen (mit einem der o.g. Geräte im 4- bis 6-Blattstadium quer zu den Reihen oder bei schmalen Schlägen in Schlangenlinien in Richtung der Reihen), Maschinenhacke (2 x nach dem letzten Striegeln) und Handhacke (Auflockern in den Reihen sowie Ausgleich des Bestandes, aber keine Vereinzelung. Bei 90000-140000 Pflanzen/ha Endbestand macht das bei 50 cm Reihenabstand 45-70 Pflanzen je 10 m Reihenlänge aus).
W.Fleischmann. 5235a.

W e n n e r, H.L. Vereinfachte Ernte der Futterrüben. - Dtsch. landwirtsch. Presse 85 (1962) Nr.33. S.339. 341. - 6 Abb.
Köpfen und Beseitigen (Pommritzer Verfahren) des Blattes sind die Voraussetzung jeglicher Arbeitserleichterung und -einsparung bei der Ernte. Der anschließende Rodevorgang erfolgt zweckmäßig mit einem einfachen Rodeschlitten (2- oder 3reihiges Gerät mit mehreren schräg angeordneten Rodeeisen, die die im Boden steckenden Runkeln zuerst anlockern und dann herausroden; Schwadroste gewährleisten eine ordentliche Ablage in einem Längsschwad). Das Aufladen übernimmt ein Schlepperfrontlader mit entspr. Gabelausführung. Der Arbeitsaufwand ließ sich durch dieses neu entwickelte Verfahren um etwa 1/3, d.h. von 150 auf rd. 100 AKh/ha, senken. Eine weitere Vereinfachung wurde dadurch erzielt, daß der Schlepperfrontlader nach Umwandlung in eine Rodegabel zum Roden und Laden benutzt wird; in 20-30 Min. ist so eine Wagenladung von ca. 30 dt gerodet und geladen, der Arbeitsaufwand sinkt auf unter 60 AKh/ha.
W.Fleischmann. 5235a.

A n o n y m. Stoppelrübenziehmaschine jetzt auch für die Rübenernte. - Landmaschinen-Markt 41 (1962) Nr.19. S.1128. - Aus: Dok.-Dienst ILT 1962 Nr.10.
Zur Stoppelrübenziehmaschine wurde ein Schneidwerk für die Blattabtrennung mit Blattheber entwickelt. Durch dieses Zusatzgerät können auch Runkelrüben maschinell geerntet werden. Die Runkelrüben werden kurz über der Knolle von der Maschine erfaßt und dem Schneidwerk zur Blattabtrennung zugeführt. Die Rüben fallen danach auf einen Leitrost und werden seitlich in Reihen abgelegt. Die Rübenblätter werden in einem Sammelbehälter aufgefangen und in Querschwaden abgelegt. Der Sammelbehälter wird durch seitlich angebrachten Taster automatisch entleert.
5235a.

A n o n y m. Entwicklungsstand bei Zuckerrüben-Köpfrodern. - Landmaschinen-Rdsch. 14 (1962) Nr.9. S.249-254. - 10 Abb., 1 Tab. Aus: Dok.-Dienst ILT 1962 Nr.11.

Die fortschreitende Entwicklung führte in jüngster Zeit zur selbstfahrenden Rüben-Vollerntemaschine in der Ausführung als Bunker-Köpfroder. Diese Selbstfahrer werden in 3 Fabrikaten angeboten, die Aufbaumaschinen zum Geräteträger sind oder aus Anhängemaschinen hervorgegangen sind. Beschreibungen und Darst. der verschiedensten Maschinen. Vorteile: große Wendigkeit, Einmannbedienung, Einsatz auch unter schwierigen Bodenverhältnissen möglich, Fernbedienung und Einsparung an Zeit und Arbeitskraft. 5235f.

E v e r s, Peter-Nils. Neuzeitliche Zuckerrübenernte. - Dtsch. landwirtsch. Presse 85 (1962) Nr.38. S.387-389. - 8 Abb.

Vf. bespricht zunächst den Querschwadroder, den Bunkerköpfroder und das Wagenköpfroden, wobei er auf die Gefahr der Unterschätzung des Umfanges der möglichen Ernteverluste auch bei den neuzeitlichen Ernteverfahren hinweist. Die Saisonleistung eines einreihigen Bunkerköpfroders liegt in der Regel zwischen 20 und 25 ha. Bei einer Steigerung der Rodegeschwindigkeit von 3 auf 5 km/h nimmt die Leistung um ca. 40 % zu. Die Tendenz nach Einmannarbeit (Beispiel: selbstfahrender Mähdrescher) bahnt sich z.Z. in Westdeutschland auch bei den Bunkerköpfrodern an; dabei werden die Steueranlagen der Maschine vom Fahrersitz des Schleppers aus bedient, was jedoch zu starker physischer Mehrbelastung des Fahrers führt. Durch den Anbau an einen Geräteträger wird die Erntemaschine zum Selbstfahrer. Die Rüben werden seitlich am Geräteträger geköpft und gelangen in einen Blattbunker, der sich an den Querschwaden selbsttätig öffnet. Zwischen den Vorderrädern läuft das seitenbewegliche selbstführende Rodeschar. Der Bunker wird zur Entleerung nach vorne gekippt, wodurch das Manövrieren am Standwagen sehr einfach ist.
W.Fleischmann. 5235f.

A n o n y m. Many changes in three years. (Viele Veränderungen in drei Jahren.) - Farm Mechanizat. 14 (1962) Nr.159. S.405-408. - Aus: Dok.-Dienst ILT 1962 Nr.12.

Zusammenfassung der Ergebnisse bei der letzten Maschinenvorführung. Bes. konstruktive Merkmale einiger Maschinen: umlaufende Roderäder (Druckräder); Rübensammelbunker mit Selbstentladevorrichtung. - Einschätzung der Roderäder: schonende Behandlung der Rüben, obwohl Wirkungsgrad nicht höher als bei starren Rodescharen; Abweichung von der Reihe schwerer zu korrigieren als bei traditionellem Schar. - Vorteile des Rübensammelbunkers: durch Gitterboden wird der Großteil des Erdreiches abgesiebt, ehe Rüben auf das Transportfahrzeug geladen werden. Kurze Charakteristik einiger Erntemaschinen sowie zugehöriger Köpf- und Reinigungsgeräte. Tab. Zusammenstellung der Rübenverluste beim Köpfen und Roden. 5235f.

A n o n y m. Gruelling test for sugar beet harvesters? (Harte Prüfung für Zuckerrübenerntemaschinen?) - Farm Implement Machinery Rev. 88 (1962) Nr.1050. S.1368-1369. - 6 Abb. Aus: Dok.-Dienst ILT 1962 Nr.10.

Vorschau auf 16. Vorführung von Zuckerrübenerntemaschinen. Dabei werden u.a. folg. Maschinen und Geräte kurz charakterisiert: Einmann-Rübenerntesystem "JF" (Köpfen mit seitlich angebautem Mähhäcksler mit Rübenblattreiniger;

Bergung der Rüben durch Rübenroder und -lader im Anbau an gleichen seitlichen Rahmen wie vorher der Mähhäcksler; als Transportfahrzeug dient der Stalldungstreuer "A.V.3" mit kombiniertem Hackfrucht- und Silageelevator); Rübenlader und -reiniger "Todd Super" der Fa. Root Harvesters (unter dem normalen Rübenelevator befindet sich eine Auffang- und Fördervorrichtung für abgesiebtes Erdreich, das seitlich auf ein bereitgestelltes Fahrzeug geladen wird). 5235f.

P a s c a l, J.A., H e p h e r d, R.Q., W o o d, G.M. und P h i l l i p - s o n, A. Vicon "Steketee" single row sugar beet harvester. (Einreihiger Zuckerrübenernter "Vicon Steketee" - N.I.A.E. - Test.) - Nat. Inst. agric. Engng., Rep. on Test Nr.319. (1962) S.1-9. - 1 Abb., 5 Tab.

Hersteller: H. Vissers, Nieuw Vennep (Niederlande). - Beschreibung: Die halbaufgesattelte, zapfwellengetriebene Maschine (Baujahr 1961) köpft und rodet eine Reihe, um das Erntegut sogleich auf einen nebenherfahrenden Wagen zu fördern. Hauptelemente sind: rotierende, mit Tastern gekoppelte Rodeschare, rotierende Drahttrommel zur Reinigung, Ladeelevator, Köpfer. Spurweite und Arbeitstiefe sind variabel, die Steuerung kann durch 1 mitfahrende AK zusätzlich fein reguliert werden. - Techn. Daten: Gesamtmasse: 1958 lb. (888,15 kg), Gesamtlänge in Arbeitsstellung: 11 ft. (335,5 cm), Gesamthöhe in Transportstellung: 12 ft. 1,5 in. (3695 mm), Reihenweite: 17-23 in. (431,8-584,2 mm), Förderhöhe des Elevators: 10 ft. 6 in. (3200 mm). - Prüfung und Beurteilung: In 66,5 Std. wurden unter 6 verschiedenen Bodenbedingungen 22,5 acres (8,9 ha) abgeerntet. Bei Zapfwellengeschwindigkeit von 420 und 450 U/min. und Arbeitsgeschwindigkeit von 2 - 2,5 miles/h (3,22 - 4,02 km/h) arbeitete die Maschine zufriedenstellend, der Reinigungsgrad des Erntegutes war auch bei feuchtem Boden ausgezeichnet. Bei sehr kleinen Rüben waren die Verluste rel. hoch, konnten aber durch Änderung des Drahtkorbes reduziert werden. Der Bedienungs- und Wartungsaufwand ist gering. W.Fleischmann. 5235f.

A n o n y m. Catchpole's latest "Cadet". (Der neueste "Cadet" von Catchpole.) - Farm Implement Machinery Rev. 89 (1963) Nr.1055. S.375. - 1 Abb. Aus: Dok.-Dienst ILT 1963 Nr.3.

Einreihige Zapfwellen-Aufsattelmaschine der Fa. Catchpole Engineering Co. für die Zuckerrübenernte mit vorderlastiger Anordnung der wichtigsten Baugruppen. Merkmale: als Rodeelemente "Oppel"-Rodescheiben, Regelung ihrer Arbeitstiefe durch selbsttätige hydraul. Steuerzylinder; vor den Rodescheiben Rübenblattschleuder; am Grunde des Sammelbunkers Kettenstab-Rollboden, der die Rüben dem Entnahmeelevator zuführt. Techn. Daten: Leistungsbedarf 50-60 PS; Fassungsvermögen des Rübenbunkers 2 t (Entleerung in 2 Min.); Flächenleistung 2 ha/Tag; Einmannbedienung. 5235f.

K ř i v o h l a v ý, Vlastislav; Čáslav, Oblastní Stanice. Nakládání cukrovky pomocí vidlových košů. (Zuckerrübenaufladen mit Hilfe der Gabelkörbe.) - Za vysokou úrodu 10 (1962) Nr.19. S.569-570. - 1 Abb. 5235h.

L e o n o v, I.P. (Leonow, I.P.); Krasnodar, Mikojan-Unions-Forsch.-Inst. für Tabak und Machorka. Pnevmatičeskij transporter dlja podbora list'ev tabaka pri mechanizirovannoj uborke urožaja. (Pneumatische Fördereinrichtung für die mechanisierte Tabakernte.) - Sbornik naučno-issledovatel'skich rabot. Vsesojuznyj naučno-issledovatel'skij institut tabaka i machorki imeni A.I. Mikojana "VITIM", Krasnodar 1961 Nr.152. S.141-156. - 5 Tab., 6 Abb., 2 Lit.

Es wird eine pneumatische Fördereinrichtung für die mech. Tabakernte beschrieben, die aus 2 Absaugmundstücken mit einer Eingangsöffnung von 400 x 250 mm, 2 Kanälen von 250 mm Dmr., 2 Rückhaltekammern mit einem Querschnitt von 1000 x 700 mm und einem zentral gelagerten Gebläse "VR Nr. 4" mit 1500 U/min. besteht. Diese Vorrichtung ist auf ein selbstfahrendes Chassis mit einer Bodenfreiheit von 1200 mm aufgebaut und garantiert einen dynamischen Druck von 10,9 mm WS in jedem Kanal und eine Geschwindigkeit von 13,3 m/s in den Kanälen bzw. von 1 m/s in den Rückhaltekammern. Die Blätter werden mittels eines vibrierenden Fingerapparates vom Stengel abgetrennt und angesaugt. Sollen sämtliche Blätter der Pflanzen an einem Tage geerntet werden, muß ein stärkeres Gebläse verwendet werden.

J.Merker. 5237.

L e o n o v, I.P. (Leonow, I.P.); Krasnodar, Mikojan-Unions-Forsch.-Inst. für Tabak und Machorka. Dviženie zelenych list'ev tabaka v vertikal'nom i naklonnom vozdušnych potokach. (Bewegung des grünen Tabakblattes im vertikalen und schrägen Luftstrom.) - Sbornik naučno-issledovatel'skich rabot. Vsesojuznyj naučno-issledovatel'skij institut tabaka i machorki imeni A.I. Mikojana "VITIM", Krasnodar 1961 Nr.152. S.157-169. - 10 Abb., 4 Lit.

Es wird über strömungsphysikal. Untersuchungen im Lab. zur Klärung der Bewegung von grünen Tabakblättern im vertikalen und schrägen Luftstrom berichtet. Danach wird eine ständige Bewegung der Blätter in den Kanälen bei einer Luftgeschwindigkeit von $>$ 15 m/s bis max. 20 m/s garantiert. Die aerodynamische Kraft, die die größenmäßig sehr unterschiedlichen Blätter der Sorten 'Trapezunt' und 'Ostrolist' in Bewegung setzt, ist fast gleich. Im vertikalen Luftstrom bewegen sich die Blätter längs der Strömungslinien. Die Angaben über die Geschwindigkeit der Bewegung der Tabakblätter im geneigten Luftstrom können zur Berechnung für die Geschwindigkeit des zuführenden Mechanismus des Blattablegers der Tabakerntemaschine verwendet werden.

J.Merker. 5237.

N o v i k o v, B.P. (Nowikow, B.P.); Krasnodar, Mikojan-Unions-Forsch.-Inst. für Tabak und Machorka. Gladkij vibracionnyj rabočij organ dlja uborki list'ev tabaka. (Vibrator als Arbeitsorgan für die Ernte des Tabakblattes.) - Sbornik naučno-issledovatel'skich rabot. Vsesojuznyj naučno-issledovatel'skij institut tabaka i machorki imeni A.I. Mikojana "VITIM", Krasnodar 1961 Nr.152. S.170-174. - 2 Abb., 3 Lit.

An Hand von Laborversuchen wird die Möglichkeit der Abtrennung der Blätter von den Stengeln der Tabakpflanzen mit Hilfe eines glatten Arbeitsorgans, das den Stengel von allen Seiten umfaßt, bestätigt. Der Apparat besteht aus 2 endlosen Riemen, die auf 4 Antriebsscheiben befestigt sind. Die Riemen drehen sich entgegengesetzt, wobei der obere Riemen mit Fingern ausgestattet ist. Je nach Stengelstärke können die durch die Finger und die beiden Riemen entstehenden Kammern verändert werden. Die Apparatur erhält im Arbeitsgang je nach der Zahl der zu erntenden Blätter je Pflanze eine mehr oder weniger starke Neigung. Der Spielraum zwischen den Arbeitsorganen und dem Tabakstengel darf 0,5 cm nicht übersteigen, wenn der Beschädigungsgrad der Blätter und Stengel möglichst niedrig gehalten werden soll.

J.Merker. 5237.

S u r i n, V. (Surin, W.) Rabota žatok i kombajnov na uborke gorocha. (Arbeit von Schwadmähern und Mähdreschern bei der Erbsenernte.) - Technika v sel'skom chozjajstve, Moskva 23 (1963) Nr.2. S.7-10. - 1 Zeichn., 2 Tab. Aus: Dok.-Dienst ILT 1963 Nr.3.

Bericht über Prüfungen der Mähmaschinen Typ "ŽBA-3,5" , "ŽNU-3,2" sowie "ŽNR-4,0" für Reis und der selbstfahrenden Mähdrescher "SK-3" und "SK-4" für Aufnahme und Drusch des Gutes. Prüfungsbedingungen und -verlauf. Beste Ergebnisse mit "ŽBA-3,5" (Feuchtigkeitsgehalt 18,4 %; Körnerverluste 2,76 %; durchschn. Schnitthöhe 8,2 cm; durchschn. Schwadstärke und -breite 55,9 bzw. 111 cm) und mit "SK-3" (Gesamtverluste 14,3 % des Ertrages; Druschverluste 3,6 % des Ertrages; Gesamte Körnerbeschädigungen 2,56 %). Konstruktive Mängel; Forderungen zu ihrer Behebung. 5240.

K o n i n g, K. de und L u m k e s, L.M.; Wageningen, Inst. Landbouwtechn. Rationalisatie, Proefstat. Akker- en Weidebouw. Het oogsten van riet in Nederland en elders. (Das Ernten von Rohr in den Niederlanden und anderwärts.) - Landbouwmechanisatie 13 (1962) Nr.10. S.884-890. - 7 Abb. Zus. in Engl.

Einer Mechanisierung der Rohrernte stehen folgende Schwierigkeiten entgegen: 1) der hohe Wassergehalt des Bodens; 2) die Plastizität des Bodens; die Erntemaschinen dürfen nur einen geringen Bodendruck/cm² ausüben, da Bodendruckschäden nicht wie auf dem Acker nachträglich durch entspr. Bodenbearbeitung ausgeglichen werden können; 3) die jungen Schößlinge (bes. im Nachwinter und Frühjahr) dürfen bei der Ernte nicht beschädigt werden. - Das Mähen mit einachsigem Motormäher und festem Auffangbehälter gestattet kein kontinuierliches Arbeiten. Der Einsatz von normalen Getreide-Mähbindern ist nur unter günstigen Umständen möglich. Gute Arbeit leistete der Spezial-Mähbinder von Seiga für lange Halmfrüchte als Frontaufbaugerät auf dem schweizer Raupenfahrzeug "Ratrac" (Bodendruck ca. 90 g/cm²), auch noch bei 50 cm Wasserstand. Mit dieser Kombination wurden 15-20 Bündel/Min. geerntet. Die Rohrbündel werden durch ein Förderband auf eine kippbare Plattform geführt, die ca. 200 Bündel aufnehmen kann. Der weitere Transport der Bündel bis auf festen Boden kann dann durch Raupenschlepper mit Schleppen erfolgen, die bei einer Fläche von 6 x 2 m ca. 2000 Bündel befördern können.

M.Lüpnitz. 5240.

V i t a l i, Giovanni. La raccolta meccanica delle olive. (Die mechanisierte Olivenernte.) - Italia agric. 92 (1962) Nr.2. S.161-182. - 19 Abb., 4 Tab., 14 Lit.

Vf. berichtet über Möglichkeiten zur mech. Ernte von Oliven. Die einfachsten Geräte sind sog. Handharken ("Mansalva", "Pettino Sol", "Pettine Salvadori" und "Manrapida"), die in der Regel hufeisenförmig gebogen und mit elastischen, platt gedrückten, etwas unterschiedlich langen Zinken versehen sind. Eine andere Gruppe von Geräten ist so konstruiert, daß sie die geschüttelten Oliven vom Erdboden aufzunehmen vermögen. Diese Geräte sind mit einer Sammelwalze, auf der feine Nadeln aufgebracht sind, ausgestattet.

Die Früchte werden in einem etwa 10 kg fassenden Behälter gesammelt. Eine letzte Gruppe von Geräten arbeitet mit Saugluft, d.h. die Oliven werden durch den Sog sowohl gepflückt als auch in einen Sammelbehälter gesaugt. Die Pflückleistung betrug mit der Hand etwa 11,5 kg/h, mit den Handharken im Durchschnitt 26,9 kg/h, während die Saugleistung bei den einzelnen Geräten zwischen 11 und 14 kg/h schwankte. G.Müller/Leipzig. 5240.

P r i c h o d ' k o, A.N. (Prichodko, A.N.); Taschkent, Staatl. Entwurfsbüro für Maschinen der Baumvollwirtsch. Novaja četyrechrjadnaja chlopkouboročnaja mašina "Pachtakor". (Die neue 4reihige Baumwollerntemaschine "Pachtakor".) - Chlopkovodstvo, Moskva 12 (1962) Nr.12. S.44-47. - 1 Abb. 5240.

B o y c e, D.S.; Mayaguez, Puerto Rico, Coll. Stat. Mechanising sugar cane harvesting. (Mechanisierung der Zuckerrohrernte.) - Wld. Crops 15 (1963) Nr.1. S.9-16. 27. - 11 Abb., 1 Schema, 14 Lit. 5240.

Anonym. Die Hülsenfrucht-Mähvorrichtung "PB-2,1". - Int. Z. Landwirtsch. 1962 Nr. 2. - S. 86-87. - 2 Abb.

Die Vorrichtung besteht aus einem Anbaumähwerk und schwadformendem Gitter. Der Normalschnitt-Mähbalken hat eine einfache Messerführung und ist mit bes. verkürzten, offenen Fingern versehen. An dem Fingerbalken sind mit Senkbolzen 27 Finger befestigt, davon sind 8 für die Anbringung der Stengelheber eingerichtet. Die Stengelheber mit konischen Kappen werden auf die Spitzen dieser Finger gestülpt und am Fingerbalken befestigt. Damit der bewegliche Teil der Stengelheber sich der Bodenoberfläche anpassen kann, ist er gefedert. Das schwadformende Gitter dreht das gemähte Gut in ein spiralförmiges Schwad, wobei es dieses nach links ablegt und dabei den gemähten Streifen für den nächsten Durchgang räumt. Das Feld wird in Abschnitte aufgeteilt und das Mähen erfolgt in Streifen von nicht weniger als 2 m Breite. Die Leistung beträgt 5-6 ha/Schicht, zur Bedienung genügt der Traktorist.

W.Fleischmann. 5240.

C a p s t i c k, Daniel F. Cost of harvesting hay in Western and Northwestern Arkansas. Fayetteville: Univ. of Arkansas. 1962. (21 S.) 8°. = University of Arkansas. Bulletin 659. (SR 800, 659)

K a l l j u s, Vjačeslav Jaroslavovič. Senouboročnye mašiny. Konstrukcija, rasčet i osnovy ėkspluatacii. (Heuwerbungsmaschinen.) Moskva: Gos. naučno-techn. izd. mašinostroitel'noj lit. 1961. (274 S.) 8°. (1962 A 1196)

O š m a k, Illarion Terent'evič. Mašiny dlja uborki i silosovanija zelenych kormov. (Maschinen zum Ernten und Silieren von Grünfutter.) Moskva; Kiev: Mašgiz. 1961. (106 S.) 8°. (1962 A 642)

O š k i n, Aleksandr Ivanovič. Kompleksnaja mechanizacija vozdelyvanija risa. (Die Vollmechanisierung des Reisanbaues.) Moskva: Sel'chozgiz. 1961. (111 S.) 8°. (1962 A 647)

D. ERNTEAUFBEREITUNG UND -LAGERUNG

S e g l e r, G. Fortschritte bei der Heubelüftung. - Dtsch. landwirtsch. Presse 85 (1962) Nr.29. S.301. 302. Nr.30. S.309-310. - 3 Abb., 6 Schemaskizzen, 3 Tab.

Vf. weist auf die entwickelten Geräte und Maschinen hin, die es gestatten, auch rel. feuchtes Gut zu bearbeiten. Früher wurde auf 35-45 % Wassergehalt vorgetrocknet. Heute ist man bemüht, diese Grenze auf 55 % und mehr auszuweiten. Dazu sind höhere Energieaufwendungen und stärkere Gebläse erforderlich. Die Trocknungskosten von 0,40-0,50 DM/dt dürften sich dann verdoppeln. Im Institut für Landtechnik, Hohenheim wird die Verbesserungsmöglichkeit des Kaltluftverfahrens und der Trocknung mit vorgewärmter Luft untersucht. Die Verwendung von Wärmeenergie erhöht die Trocknungskosten um das Mehrfache, erreicht aber noch nicht die Kosten der Warmlufttrocknung. Verbesserungen wurden am Lüfter, an der Luftführungseinrichtung und an der Schalteinrichtung erzielt. Es wurden Schalldämpfer zur Geräuschverminderung entwickelt. Vf. beschreibt eine mech. Entleerungsvorrichtung für Flachanlagen und eine Heubelüftungsanlage aus vorgefertigten Bauelementen.

G.Reumschüssel. 5310c.

A c k e r. Fehler bei der Unterdachtrocknung. Dtsch. landwirtsch. Presse 85 (1962) Nr.25. S.261-262. Nr.26. S.270. - 5 Abb., 1 Tab.

Neben anderen Voraussetzungen müssen folg. landtechn. Voraussetzungen erfüllt sein, wenn ein gutes Unterdachtrocknungsheu erzielt werden soll: 1. Zetter mit großer Flächenleistung einsetzen, dadurch gleichmäßige Vortrocknung des Futters auf der Wiese; 2. das Heu am 2. Tag einfahren, sofern es die Witterung zuläßt; 3. richtiger Einbau des Luftführungssystems der Unterdachtrocknungsanlage; 4. während bzw. sofort nach dem Einlagern des Heues den Lüfter einschalten; 5. nicht zu wenig lüften; 6. die Temp. des Heustockes dauernd kontrollieren bis 2 Wochen nach Beendigung der Einlagerung. Gleichmäßige und lockere Einlagerung des Futters verbessern die Trocknung.

W.Fleischmann. 5310c.

A a s, Kristian. Luftfordelingssystemer ved låvetørkeanlegg. (Luftverteilungssysteme für Heubelüftungsanlagen.) - Norsk Landbruk 1962 Nr.12. S.398-399. - 1 Abb., 3 Schemaskizzen.

Das Horizontalsystem mit Kanal und Trockenrost ist für Stapelhöhen bis 4,5 m vorgesehen. Die Stapelung der Heulagen erfolgt waagerecht übereinander.Beim Treppenkanal werden Kanal und Trockenroste kombiniert. Dieses System bietet eine günstige Lösung für lange und schmale Belüftungsräume, da sie sich leicht der Grundfläche anpassen lassen. Sie ergeben eine einfache und übersichtliche Luftverteilung, eignen sich aber weniger für große Stapelhöhen. - Bei Stapelhöhen über 5 m sind Vertikalsysteme mit senkrechtem Hauptkanal am vorteilhaftesten. Der Gegendruck wird hier entspr. niedrig gehalten. Der Hauptkanal (innerer Schacht) hat Klappenanordnung, so daß die Luft nur dann in die Heulagen eintritt, wenn Trocknung erforderlich ist.- Die kombinierten Systeme (Pfahlsystem) sind meistens eine Kombination von Horizontal- und Vertikalsystem. Je nachdem, wie das Beschicken vor sich geht, werden ein oder mehrere Pfähle (Pflöcke, Stangen, Stempel) durch den

Heustapel gezogen, so daß vertikale Kanäle entstehen. Messungen des landtechn. Inst. über die Luftverteilung haben bei allen Systemen eine ausreichend gleichmäßige Verteilung ergeben. E.Kahn. 5310o.

A n o n y m. Halmtørking med vifte ute på åkeren. (Kaltlufttrocknung von Stroh mittels Gebläse direkt auf dem Feld.) - Norsk Landbruk 1962 Nr.12. S.405. - 1 Abb.

Beschrieben werden Versuche zur Trocknung und Lagerung von Stroh unter freiem Himmel. Nach erfolgter Aufnahme des Strohs mit Pick-up-Presse werden die Ballen mit einem Wassergehalt von 25-47 % um einen 18 m langen Trocknungskanal zur Dieme geschichtet, an deren einem Ende ein 1-m-Gebläse mit 10 PS Motor angeordnet ist. Nach Fertigstellung erreicht das ganze Gebilde eine Länge von 25 m, eine Breite von 8 m und eine Höhe von 5 m. Das Stroh lag ohne Unterlage auf dem Boden und wurde auch nicht abgedeckt. Im Dezember wies das Stroh bei der Abfuhr einen Wassergehalt von 15-16 % auf; die Qualität war sehr gut, abgesehen von einigen oberen Lagen, die nachgedunkelt waren, aber keine Schimmelbildung aufwiesen. Das Gebläse wurde in den ersten Tagen kontinuierlich eingesetzt, später nur bei günstiger Witterung, stets aber nach einer Regenperiode. Insgesamt lief das Gebläse 700 Std. und der Stromverbrauch betrug 4519 kWh. Der Mehrverbrauch an Strom und der Ausfall der obersten Lagen erwiesen sich wirtschaftlicher als die Kosten für das Abdekkungsmaterial. E.Kahn. 5310o.

S e g l e r, Georg und S c h e u e r m a n n, Albert. Lärmverminderung bei Heubelüftungsanlagen. - Landtechnik 17 (1962) Nr.18. S.640. 642-644. 646-647. - 8 Abb., 5 Tab. Aus: Dok.-Dienst ILT 1962 Nr.10.

Versuche zur Verminderung des Lüftergeräusches und Entwicklung von Schalldämpfern für Heubelüftungsanlagen. Einflüsse auf das Lüftergeräusch üben aus: Ausbildung des Laufrades nach Schaufelform und -zahl, die Anordnung und Ausführung des Leitapparates, die Umfangsgeschwindigkeit, der Wirkungsgrad, die Durchflußmenge und der Druck sowie die Luftführung auf der Anström- und Abströmseite. Lüfter mit großer Schaufelzahl erzeugen unangenehme, hochfrequente Geräusche, bes. bei hohen Drehzahlen. Maßnahmen zur Geräuschverminderung sowie deren Ergebnisse werden in Tab. aufgezeigt. Die Versuche sind noch nicht abgeschlossen. 5310o.

H e s s, Heinz, S ü ß, Adalbert und W e n n e r, Heinz-Lothar. Untersuchung der Luftführung einer landwirtschaftlichen Belüftungsanlage. - Landtechnik 17 (1962) Nr.23. S.809-811. 814. - 7 Abb., 2 Tab., 3 Lit. Aus: Dok.-Dienst ILT 1962 Nr.12.

Untersuchung von Heu- und Getreide-Belüftungseinrichtungen, bes. die Luftführung mit Hilfe von radioaktivem Argon. Einbau von Zählrohren in Heuballen und Getreide an versch. Meßstellen. Die Zuführung des markierten Gases erfolgt über einen Zertrümmerungs- und Dosisbehälter in den Luftansaugkanal. Ergebnis: Beim versetzten Stapeln der Ballen gleichmäßige Luftmengendurchströmung; bei Getreide sehr gute Luftverteilung in der Lagerungsboxe und gute Trocknung. Der Einsatz von markiertem Argon ist gut geeignet für die Untersuchung von Belüftungsproblemen. 5310o.

L a g u t a, A.; Dubrowizy, Gebiet Moskau, Unions-Inst. für Tierzuchtforsch. Suška trav s pomošč'ju ustanovok lotkovogo tipa. (Grastrocknung in Schrägrostdarren.) - Moločnoe i mjasnoe skotovodstvo, Moskva 7 (1962) Nr.7. S.11 bis 15. - 3 Abb., 2 Tab.

Für die Heumehlbereitung bestimmtes Gras kann sowohl mit hohen Temp. in komplizierten Anlagen wie auch mit 90-95 °C in Darren getrocknet werden. Vf. beschreibt Versuche mit 2 parallel arbeitenden Schrägrostdarren von 6 m Länge, 2 m Breite und 0,8 m Höhe. Das Futter wird mit Plattenförderern in die Darren hineingebracht, durch sie nach Bedarf hindurchbefördert und ausgetragen. Auf den Darren wird das Trocknungsgut zusätzlich von Hand ausgebreitet. Die Warmluft wird mit einem Gebläse (45000 m^3/h) von dem Luftheizofen "TG-800" über Rohrleitungen unter die Darren geleitet. Bei einer Anfangsfeuchte von 70 % wurde auf 3-10,4 % herabgetrocknet. Das Karotin blieb mit mehr als 80 % erhalten. Leistung: 318 kg/h getrocknetes Gut; Brennölverbrauch: 150 kg/h; Trocknungsdauer für eine Füllung: 1 Std. 41 Min. - 1 Std. 15 Min. Das mit niedrigen Trocknungstemp. bereitete Heumehl wurde mit solchem verglichen, bei dessen Bereitung die Trocknungsanlage "STP-0,1" mit Trocknungstemp. von 500-560 °C verwendet worden war. In der Güte der Heumehle bestand kein Unterschied. Abschließend geht Vf. auf einige Nachteile der Hordentrocknung ein. W.Balkin. 5310d.

P e r s o n jun., N.K. und S o r e n s o n jun., J.W. Drying hay with infrared radiation. (Trocknung von Heu mit Infrarotstrahlung.) - J. agric. Engng. Res. 43 (1962) Nr.4. S.204-207. 226-227. - 11 Abb., 2 Tab., 4 Lit.

Es werden Untersuchungen beschrieben, bei denen Luzerne-Heu mit einem Feuchtigkeitsgehalt von ca. 63 % einer Infrarotbestrahlung ausgesetzt wird. Dabei werden Strahlungsquellen mit unterschiedlicher Wellenlänge verwendet und die Bestrahlungsdauer von 0 bis 240 Sek. variiert.Es zeigt sich, daß der Feuchtigkeitsabfall umso größer ist, je höher die Strahlungsintensität und je länger die Bestrahlungsdauer ist. Für einen bestimmten Zeitzuwachs ist der Feuchtigkeitsverlust bei jeder Strahlungsquelle für die höchste Intensität am größten. Die Trocknungsergebnisse bei gleicher Strahlungsintensität hängen weiterhin ab von der Wellenlänge der Strahlung. Die Strahlungsquelle, deren Höchstenergie bei einer Wellenlänge von 3 mm lag, erzielte bei gleicher Intensität gegenüber anderen Strahlungsquellen einen größeren Feuchtigkeitsabfall. G.Reumschüssel. 5310d.

S q u i r e, M.J.E. Stacking baled hay. (Stapeln von Heuballen.) - Agric. Gaz. New South Wales 73 (1962) Nr.8. S.393-395. - 1 Abb., 7 Diagr.

Da im Freien gelagerte Heuballen gegen Witterungseinflüsse sehr anfällig sind, kann man diesem Mißstand dadurch vorbeugen, daß man die möglichst fest gepreßten und gleichmäßig geformten Ballen so stapelt, daß die"Fugen" jeweils versetzt sind. Regenwasser dringt dann nicht so leicht ein.und die statistischen Eigenschaften des ganzen Stapels werden verbessert. Wichtig ist der Standort solcher Stapel; das Gelände sollte möglichst eben und nicht zu feucht sein. Rechteckige Stapelformen sind günstiger als quadratische, günstig ist auch ein dachförmiger Abschluß, zumal, wenn der Stapel mit Folien abgedeckt wird.Die Grundfläche spielt keine große Rolle, dagegen sollte die Höhe nicht zu groß sein. W.Fleischmann. 5310e.

W r i g h t, F.N. und S o u t h g a t e, B.J. The potential uses of plastics for storage with particular reference to rural Africa. (Der mögliche Einsatz von Plastmaterialien bei der Lagerhaltung unter besonderer Berücksichtigung der Landwirtschaft Afrikas.) - Trop. Sci. 4 (1962) Nr.2. S.74-81. - 4 Abb., 21 Lit.

In der afrikan. Landwirtschaft muß noch viel zur Verbesserung der Lagerhaltung von Ernteerzeugnissen getan werden, und zwar nicht nur hinsichtlich der Haltbarkeit der Erzeugnisse schlechthin bei der Lagerung, sondern auch gerade hinsichtlich der Einwirkung pilzlicher und tierischer Parasiten. Erste Ansätze zu einer wirklichen Verbesserung der Verhältnisse ergeben sich auch in den der modernen Entwicklung nicht so schnell zugänglichen Dörfern durch die Anwendung von leicht transportierbaren Plastikfolien (meist auf Polyvinylchlorid-Basis) zur Bespannung von Gerüstkonstruktionen, die z.B. zu kleinen Falthütten zusammengefügt werden, in denen Ernteerzeugnisse bei luftdichtem Abschluß begast werden können. Bei Sonnentrocknung auf der platten Erde dienen derartige Folien als Unterlage für das Schüttgut, auch Säcke aus diesen Folien werden dort verwendet. W.Fleischmann. 5310e.

K l e i n, Dietrich; Meißen, Hochschule für LPG, Inst. für Acker- und Pflanzenbau. Untersuchungen über die Maissilierung in LPG des MTS-Bereiches Taubenheim. - Wiss. Z. Hochschule LPG Meißen 5 (1962) Nr.1. S.93-103. - 2 Abb., 3 Tab., 27 Lit. Zus. in Russ., Engl.

Vf. prüfte in 14 LPG Maissilos und -silagen. Betonierte Durchfahrtsilos und Erdwallgruben ergaben Silagen von befriedigender Qualität. Über die Hälfte aller Futterstöcke war zu niedrig (unter 2 m). Die Erdbedeckung kann durch eine 30 cm starke Spreuschicht ersetzt werden. Die Entnahme läßt sich mit Frontladern und Kränen mechanisieren. Silagebeurteilungen durch die Sinnenprüfung ergaben schlechtere Werte als die chem. Qualitätsuntersuchung. Silageschauen und -wettbewerbe können gute Erfahrungen verallgemeinern und sollten deshalb überall durchgeführt werden.

W.Schmidt. 5310f.

G a l e n s a, F. Kunststoff-Folien eine wertvolle Hilfe bei der Gärfutterbereitung. - Techn. u. Landwirtsch. 14 (1962) Nr.1. S.10-12. 5310f.

A n o n y m. Plastic-Siloverschluß Patent Seeger - DLG-Prüfbericht. - DLG-Maschinenprüfber. Nr.786. Gr. 8k/1. (1962) S.1-4. Hersteller: Fritz Seeger, München.

A n o n y m. Spezialreiniger für Mähdruschgetreide. Landmaschinen-Markt 41 (1962) Nr. 19. S.1128. - 1 Abb. Aus: Dok.-Dienst ILT 1962 Nr.10.

Der Spezialreiniger für Mähdruschgetreide ist für eine Leistung von 5 t/h Schwergetreide mit normalem Besatz und bis zu 18 % Feuchtigkeit konstruiert. Er reinigt sämtliche Getreidearten, auch Mais. Beschickung der Maschine durch mechanische oder pneumatische Förderelemente; Reinigung des Getreides durch Sieb- und Steigsichtereinrichtung. Erzeugung des Luftstromes im Steigsichter durch beiderseitig ansaugendes Radialgebläse. 5315c.

H e i d t, Helwig. Vollmechanische Ernte und Trocknung von Körnermais.-Mitt. dtsch. Landwirtsch.-Ges. 77 (1962) Nr.42. S.1369-1374. - 4 Abb., 1 Schema.

Der Mähdrescher ist gut geeignet, doch bedingt er eine sofortige künstliche Trocknung. Für kleinere Betriebe ist die Bodenbelüftungstrocknung am günstigsten, für Großbetriebe die Warmluft-Satztrocknung. Vf. bespricht die Eignung verschiedener Anlagen für die Maistrocknung. W.Fleischmann. 5315f.

G r i m m, W. Luftanwärmung in der Getreidetrocknung. - Landmaschinen-Markt 41 (1962) Nr.16. S.980. 5315f.

H e n d e r s o n, S.M. und P a b i s, S.; Davis, Univ. of California, Dep. of Agric. Engng. Grain drying theory. I. Temperature effect on drying coefficient. (Theorie der Körnertrocknung. 1.Mitt. Die Auswirkungen der Temperatur auf den Trocknungskoeffizienten.) - J. agric. Engng. Res. 6 (1961) Nr.3. S.169. 5315f.

P a b i s, S. und H e n d e r s o n, S.M.; Davis, Univ. of California, Dep. of Agric. Engng. Grain drying theory. II. A critical analysis of the drying curve for shelled maize. (Theorie der Körnertrocknung. 2. Mitt. Eine kritische Analyse der Trocknungskurve von entlieschtem Mais.) - J. agric. Engng. Res. 6 (1961) Nr.4. S.272-277. - 5 Abb., 2 Tab., 6 Lit. 1. Mitt. vgl. vorst. Titel. 5315f.

P a b i s, S. und H e n d e r s o n, S.M.; Davis, Univ. of California, Dep. of Agric. Engng. Grain drying theory. III. The air/grain temperature relationship. (Theorie der Körnertrocknung. 3.Mitt. Die Verwandtschaft der Luft/Korn-Temperatur.) - J.agric.Engng.Res. 7 (1962) Nr.1. S.21-26. - 5 Abb., 2 Tab., 3 Lit. 2.Mitt. vgl. vorst. Titel.

Die Trocknungstemp. von Körnern betrachtete man in den vorhergehenden Untersuchungen stets vom Gesichtspunkt der Erhaltung der Keimfähigkeit aus. Die theoretische Behandlung der Körnertrocknung verlangt ein besseres Wissen von der Korntemp., da der Trocknungskoeff. von der Temp. des Materials abhängt. Vff. diskutieren den Temperaturfaktor in dünnen Schichten und stellen eine theoretische Gleichung für eine Temperaturkurve auf. Die Versuchswerte wurden mit Mais gewonnen. Die aufgestellten Gleichungen gelten für alle Körnerfrüchte. Es wird beschrieben, wie die Temp. in den Körnern gemessen wurde. Die Ableitung der Trocknungsgleichung ist ausführlich beschrieben. Die Höhe der Körnertemp. hängt in einer gegebenen Trocknungszeit u.a. vom Trocknungskoeff. ab, der wiederum eine Funktion der Körnertemp. ist.

G.Reumschüssel. 5315f.

H e n d e r s o n, S.M. und P a b i s, S.; Davis, Univ. of California, Dep. of Agric. Engng. Grain drying theory. IV. The effect of airflow rate on the drying index. (Theorie der Körnertrocknung. 4.Mitt. Die Auswirkung der Luftmenge auf den Trocknungsindex.) - J. agric. Engng. Res. 7 (1962) Nr.2. S.85-89. - 6 Abb., 2 Tab., 6 Lit. 3.Mitt. vgl. vorst. Ref.

Eine Änderung der Luftmenge beim Durchgang durch dünne Kornschichten beeinträchtigt im allg. nicht die Trocknungsdauer, da ein hoher innerer Widerstand der Feuchtigkeitsabgabe im Korn vorhanden ist. Vff. geben Beobachtungen der Auswirkung verschiedener Luftmengen bei dünnen Schichten an und leiten eine theoretische Gleichung ab. Das Variieren der Luftmengen ändert wenig den Feuchtigkeitsübertragungskoeffizienten, vor allem nach den ersten 2 Std. der Trocknung. Vff. sind der Meinung, daß die Auswirkung der Luftmengen auf das Temperaturdifferential wahrscheinlich von größerer Bedeutung ist als der Widerstandsfaktor der Oberflächenfeuchtigkeit auf Grund des langsamen Absinkens der Korntemperatur während des Trocknungsvorganges. Experimentelle Untersuchungen dieses Faktors wurden früher gemacht.

G.Reumschüssel. 5315f.

W a r n e r, M.G.R. und B r o w n e, D.A. Drying wheat 2 ft deep in a 50 ft^2 tray. (Trocknung von Weizen 2 Fuß tief in einem Behälter von 50 $Fuß^2$ Fläche.) - J. agric. Engng. Res. 7 (1962) Nr.2. S.112-127. - 9 Abb., 1 Tab., 8 Lit.

Vff. beschreiben eine Versuchsanordnung, mit der Trocknungskurven von

Weizen in einer 2 ft. starken Schicht aufgenommen wurden. Die Trocknung erfolgte bei Lufttemp. von 100, 120 und 140 °F und Luftströmen von 70 ft^3/min • ft^2. In 25 Fällen lag die ursprüngliche mittlere Feuchtigkeit zwischen 19 und 22 %, in 3 Fällen bei 17 %; die mittlere Feuchtigkeit am Ende der Trocknung lag zwischen 9 und 14 %. Die mittleren Trocknungskurven des gesamten Inhalts des Behälters wurden ohne Gewichtsbestimmung ermittelt. - Die Genauigkeit der Messungen wird diskutiert. G.Reumschüssel. 5315f.

H l a w i t s c h k a, E. Die Anwendung des Mollier-i,x-Diagramms in der Trocknungstechnik. - Dtsch. Agrartechn. 12 (1962) Nr.4. S.166-173. - 9 Abb., 2 Tab., 11 Lit.

Vf. erläutert die graphische Berechnung von Trocknungsvorgängen mit Hilfe des von Mollier entwickelten i,x-Diagramms für feuchte Luft. Er beschreibt kurz das Wesentliche beim Aufbau des i,x-Diagramms und führt verschiedene, in der Trocknungstechnik häufig vorkommende Rechenbeispiele aus. In Abb. sind die Erwärmung der Luft in Wärmetauschern, Mischen zweier Luftmengen, Temperaturveränderung der Luft bei gleichzeitiger Feuchtigkeitsaufnahme und die Trocknung mit Rauchgas-Luft-Gemischen dargestellt. Vf. bemühte sich, alles Erschwerende und Überflüssige beiseite zu lassen, um auch dem interessierten Praktiker die Benutzung des i,x-Diagramms zu ermöglichen.

G.Reumschüssel. 5315f.

R e u m s c h ü s s e l, G.; Dresden, KDT. Die Trocknung von Getreide mit Hilfe von Silikagel. - Dtsch. Agrartechn. 13 (1963) Nr.1. S.30-33. - 14 Abb., 7 Lit. Aus: Dok.-Dienst ILT 1963 Nr.1.

Neuartiges Verfahren, bei dem atmosphärische Luft durch einen Sorbenten vorgetrocknet wird. Bes. geeignet für Kulturpflanzen, die keine hohen Trocknungstemp. vertragen. Das sog. techn. Silikagel wird durch Ausfällen von Kieselsäure (SiO_2) aus Wasserglaslösungen hergestellt. Eigenschaft: S. kann große Mengen Feuchtigkeit in reinen Poren und Kapillaren binden. Regenerationsmöglichkeit. Nachweis, welcher Trocknungseffekt mit heißer atmosphärischer und vorgetrockneter Luft erzielt werden kann. Beispiele aus der Praxis.

5315f.

R i e m a n n, Udo. Mechanisierte Getreideförderung - aber wie? - Dtsch. landwirtsch. Presse 83 (1960) Nr.45. S.454-455. Nr.46. S.466. Nr.47. S.476. - 6 Abb., 1 Schemaskizze, 1 Tab.

Die bisherige Körnerförderung in Säcken und die Flachschüttung auf dem Boden wird immer mehr abgelöst durch die Silolagerung und durch die mech. Beschickung mittels Fördereinrichtungen. Für die Steil- und Senkrechtförderung sind hauptsächlich das Becherwerk, die Förderschnecke, das Körnergebläse und Kettenförderer in Anwendung. Die 3 Letztgenannten werden auch zum Horizontaltransport eingesetzt, ebenso wie Schwingförderrinne, Schüttelrinne und Förderband. Vf. beschreibt die einzelnen Förderer, gibt Einsatz- und Leistungsgrenzen an und vergleicht ihre Vor- und Nachteile. Ausführlich sind die verschiedenen Körnerfördergebläse angegeben und in einer Tab. hinsichtlich Rohrdurchmesser, Antriebsleistung, Förderweite und Injektor- oder Zellenradschleuse zusammengefaßt. Bei einer gut geplanten Speicher-oder Silobeschickungsanlage durch Gebläse ist keine Handarbeit erforderlich. Rohrleitungen aus Kunststoff zeigten bisher nicht den gewünschten Erfolg.

Schüttelrinnen gelten heute als die einfachsten, billigsten und zuverlässigsten Waagerechtförderer für Getreide. Man rechnet 40-50 DM je m Förderlänge, während beim Förderband 250-300 DM benötigt werden.

G.Reumschüssel. 5315h.

S t e v e n s, G.N. Performance tests on experimental auger conveyors. (Untersuchung der Leistung von Versuchsschneckenförderern.) - J.agric.Engng. Res. 7 (1962) Nr. 1. S. 47-60. - 13 Abb., 2 Tab., 14 Lit.

In einer Versuchsanordnung wurden Schneckenförderer von 5 1/2 und 3 in. Dmr. mit 3 verschiedenen Steigungen untersucht. Dabei wurde der Einfluß von Schneckengeschwindigkeit, Förderwinkel, Radialspiel zwischen Schnecke und Mantel sowie Feuchtigkeitsgehalt auf die Förderleistung bei der Förderung von Weizen ermittelt. Es wurde festgestellt, daß oberhalb bestimmter Schnekkengeschwindigkeiten der Leistungsbedarf im Vergleich zum Anwachsen der Fördermenge steil ansteigt. Die Fördermenge sinkt stetig mit der Zunahme des Radialspiels. Mit steigendem Feuchtigkeitsgehalt steigt der Leistungsbedarf an, die Förderleistung sinkt. G.Reumschüssel. 5315h.

H a r r i e s, G.O. Application of a radio-isotope to the determination of the annular thickness of grain in an auger conveyor. (Die Verwendung von Radio-Isotopen für die Bestimmung einer ringförmigen Schicht von Korn in einem senkrechten Schneckenförderer.) - J. agric. Engng. Res. 7 (1962) Nr.1. S.65-67. - 2 Abb.

Es wurde beobachtet, daß bei senkrechten Schneckenförderern von einer bestimmten Schneckendrehzahl ab die Kornmasse infolge der Zentrifugalkräfte nach außen an die Rohrwand wanderte und innen einen Hohlraum zurückließ. Da radioaktive Strahlen von verschieden starken Kornschichten unterschiedlich absorbiert werden, sah man hier eine Möglichkeit, mit Hilfe der Strahlung Schichtstärken zu messen. Vf. beschreibt die benutzten Isotopen und die Art ihrer Verwendung. Er gibt einen Überblick über die Vorbereitungsarbeiten, über die Absorptionsmessungen im Schneckenförderer während der Arbeit und zeigt die Apparatur und den Vorgang der Füllung, der, wie auch das Zählgerät bildlich dargestellt ist. G.Reumschüssel. 5315h.

A n o n y m. Praktische Winke für die Potato Chips-Industrie in Europa.- Kartoffelbau 13 (1962) Nr.11. S.240. 5320a.

M c B e a n, M.McG.; North Ryde, New South Wales, Div. Food Preservat. C.S.I.R.O. Instant mashed potatoes. (Kartoffelbrei zur Sofortbereitung.)- Food Preservat. Quart. 22 (1962) Nr.3. S.68-72. - 3 Abb., 5 Lit.

1961 wurden 40 % der USA-Kartoffelernte fabrikmäßig weiterbehandelt. Es wird bes. auf die Entwicklung von Kartoffeltrockenerzeugnissen eingegangen. Zur Herstellung von Kartoffelbrei zur Sofortbereitung werden gegenwärtig 2 Verfahren hauptsächlich benutzt. Bei der "Granulat"-Technik werden die gewaschenen und geschälten Kartoffeln geschnitten und in Dampf gekocht. Unter Hinzuführung von "Kreislauf"-Material erfolgt nach Zusatz von Chemikalien die Granulierung und Siebung sowie die anschließende Trocknung im pneumatischen Heißlufttrockner (Luftgeschwindigkeit 0,85-1,10 m/s, Temp. 150 °C) auf 10-12 % Wassergehalt und in einem Nachtrockner auf 4-6 %. Bei "Flocken"-Technik werden nach dem Waschen die Kartoffeln gründlicher als bei der "Granulat"-Technik geschält und ebenfalls leicht geschwefelt, um Farbänderungen zu vermeiden. Nach Vorkochen, Kühlen, Zerquetschen und

Zufügen weiterer Zusatzstoffe (Antioxydierer, Emulsierer, Geschmacksstoffe) wird über einen Walzentrockner ein dünner Film auf 4-6 % Feuchtigkeit getrocknet und in 12 mm Flocken gebrochen. Bei beiden Herstellungsarten ist die Verpackung von bes. Bedeutung; feuchtigkeitssichere Packungen sind notwendig. Die Aufbewahrung unter Schutzgas wird erwogen. Beim Vergleich der Verfahren ist die Aufbereitung und Verpackung bei Granulaten billiger, bei Flocken jedoch die Trocknung einfacher und die Kaufneigung größer. Für die Zukunft werden "Flakelets" mit einer Verpackungsdichte von 0,75 kg/dm³ (Flocken: 0,24 kg/dm³, Granulat: 0,90 kg/dm³) als aussichtsreich erachtet.

K.Baganz. 5320b.

A n o n y m. Prøver med Amazone potetsorterer. (Kartoffelsortierer "Amazone" - Prüfbericht Vollebekk.) - Landbrukstekn. Inst., Vollebekk, Meld. Nr.133. (1962) S.1-6. - 1 Abb., 3 Tab.

Hersteller: Amazonen-Werke H.Dreyer, Osnabrück. - Beschreibung: Der Kartoffelsortierer "Amazone" ist eine Rahmenkonstruktion aus Stahlrohr auf 4 Gummirädern mit Sortiertisch. Der Antrieb erfolgt durch einen 1,1-PS-Elektromotor. - Techn. Daten: Sortiersieb: Länge 112 cm, Breite 60 cm, Neigung 9°; Sortiertisch: Länge 157 cm, Breite 74 cm. - Prüfungsergebnisse: Die Sortiermaschine wurde zum Sortieren von Pflanz- und Konsumkartoffeln eingesetzt. Die geringsten Fehlsortierungen wurden bei normaler Siebneigung und einer Drehzahl von 210 U/min erzielt. Die Beschädigung der Kartoffeln durch den Sortiervorgang bei normalem Durchgang ist gering, sie stieg bei Unterbelastung etwas an. Die Sortierleistung lag zwischen 2270 und 4910 kg/h.

M.Lüpnitz. 5320d.

W i l s o n, A.R., T w i s s, P.T.G. und L e s s e l l s, W.J.; Invergowrie, Dundee, Scott. Horticult.Res.Inst., Larkfield, Kent, Witton Lab., Harpenden, Herts., Statistical Dep. Weight loss and sprouting of bulk-stored main-crop potatoes in England. (Gewichtsverlust und Keimung lose gelagerter Spätkartoffeln in England.) - Europ. Potato J. 5 (1962) Nr.2. S.147-165. - 7 Abb., 5 Tab. Zus. in Franz., Dtsch.

Durch Proben, die in weitmaschigen Säcken in konventionellen engl. Lagerhäusern und Erdmieten an verschiedenen Stellen eingelagert wurden, sind Gewichtsverluste und Keimung während der Lagerperiode und in Abhängigkeit vom Auslagerzeitpunkt bestimmt worden. Im Mittel der Versuche (9 Lagerhäuser, 24 Erdmieten) ergaben sich für die Sorte "King Edward" im Lagerhaus 5,2 % Gewichtsverlust und 0,4 % Keime, in der Erdmiete 3,4 % Gewichtsverlust und und 0,6 % Keime. (Fäulnis wurde bei den Untersuchungen nicht berücksichtigt). Für Lagerhäuser unter engl. Verhältnissen wird nach der Abkühlung auf die Lagerhaustemperatur eine geringe Belüftung empfohlen.

K.Baganz. 5320h.

B a g e r t, Karl. Die Belüftung von Zuckerrübenmieten. - Diss. Univ. Bonn, Landwirtsch. Fak. 1960. (103 S.)

VI. TIERISCHE PRODUKTION

B. TIERHALTUNG

P a p p r i t z, Carl Ludwig v. Interessante Maschinen und Geräte für die Tierhaltung und -fütterung. - Tierzüchter 14 (1962) Nr.13. S.499-502.
Als abs. Neuentwicklung wird ein Säugeapparat für Ferkel genannt und kurz beschrieben. Ferner wird auf elektrische Stall-Bodenheizung, Stallklimaanlage, Milchkühlung, ein Viehputzgerät, Desinfektion-Sprühgerät, auf Schubstangen-Entmistung, Silo-Unten- und -Obenentnahmefräse, Hammermühlen und Futtermischer, Hühnerstall, Futterkette und Eierband sowie Kotschlitten für Hühnerstall eingegangen und deren Funktionsprinzip kurz erläutert.
F.Schenk. 6105.

B o o n m a n, D.C.M. Stalbouw en bedrijfsorganisatie. (Stallbauten und Betriebsorganisation.) - Landbouwmechanisatie 13 (1962) Nr.12. S.1017-1025. - 9 Abb. Zus. in Engl.
Eine Analyse der Beziehungen zwischen den Betriebsgebäuden, insbes. dem Rindviehstall, und der Betriebsorganisation führt zu Vorschlägen zur Erleichterung der Arbeit und Verkürzung der Arbeitszeit in der Tierhaltung. Als Vorteile der Laufstallhaltung werden die Möglichkeiten der Vorrats- und Selbstfütterung und der Benutzung von Melkständen (Fischgrätenmelkstand mit 16 Ständen, eine AK kann 45 Kühe/Std. melken) sowie geringer Strohverbrauch herausgestellt. Der Arbeitsaufwand für das Entmisten kann durch die Aufstallung auf Lattenrostfußböden wesentlich verringert werden. - Melken: Bei Milchviehhaltung in Anbindeställen wird bei Vorhandensein eines Weidemelkstandes vorgeschlagen, diesen auch im Winter zu verwenden. Notwendig sind hierfür einfache An- und Abbindevorrichtungen. Um hohe Investitionen durch den Einbau starrer Leitungen für Rohrmelkanlagen zu vermeiden, sollten fahrbare Milchtanks für Anbindeställe konstruiert werden. - Füttern: Vor- und Nachteile des Futtertransportes mit festeingebauten Förderanlagen und selbstentladenden Futterwagen (A) werden für den Holländischen Anbindestall dargestellt. Breite und Höhe des zentralen Futterganges müssen dem Futterwagen angepaßt sein. Das Öffnen der Türen sollte automatisch (ohne daß der Schlepperfahrer absteigt) erfolgen können. Eine Automatisierung der Silagefütterung ist mit dem Harvestore-System möglich.
M.Lüpnitz. 6110a.

H u i s m a n, L.; Wageningen, Holland. Der Bau moderner Anbindeställe. - Bauen auf d. Lande 13 (1962) Nr.11. S.276-277. - 1 Tab.
Neben geringen Baukosten bietet der Offenlaufstall mit Melkstand arbeitswirtschaftliche Vorteile, bes. wenn Vorrats- oder Selbstfütterung möglich ist. Da vielfach dem Anbindestall der Vorzug gegeben wird, wurde nach Möglichkeiten gesucht, in diesem gleich hohe oder höhere Arbeitsleistungen als im Laufstall zu erbringen. Während im Anbindestall das Melken bereits mechanisiert ist und es für eine automatische Entmistung verschiedene Lösungen gibt, können durch eine günstige Mechanisierung der Fütterung weitere Arbeitseinsparungen erreicht werden. Mit Erfolg wurden für den Silagetransport Schubstangenanlagen, Kettenförderer, Transportbänder, För-

derschnecken und Selbstentladewagen benutzt. Auch eine Vorratsfütterung von Heu aus großen Heuraufen ist im Anbindestall möglich. So wurde für einen Grünlandbetrieb ein Anbindestall mit Rohrmelkanlage, automatischer Entmistung und mechanischem Futtertransport aus einer dahinter liegenden Scheune mit Gärfuttersilo und Heulager sowie Kraftfutter-Dosierungsanlage geplant, der 80 Standplätze für Milchvieh mit Nachzucht aufweist. Gegenüber anderen Stallarten unterschiedlichen und ungünstigeren Mechanisierungsgrades ergab sich für diesen Stall ein kalkulierter AK-Bedarf von 45 AKh/GV und Jahr. Es wird festgestellt, daß im Anbindestall auf diese Weise eine zweckmäßige Arbeitsrationalisierung möglich ist. J.Strecke. 6110a.

H v i d s t e n, Harald. Die Haltung von Milchkühen im Offenstall im Vergleich zum Massiv-Anbindestall. - Z. Tierphysiol., Tierernährung Futtermittelkunde 17 (1962) Nr.4. S.223-235. - 1 Abb., 1 Diagr., 1 Schema, 2 Tab., 21 Lit.

In 4 Versuchen mit insgesamt 76 Kühen wurden Leistung, Gewichtsveränderung, Futterverbrauch, Milchqualität und Gesundheitszustand von im wärmegedämmten Anbindestall auf 1,60-1,65 m langen und 1,20 m breiten Kurzständen aufgestallten Tieren denen im nichtisolierten Offenstall gehaltenen gegenübergestellt. Die Temp. im Anbindestall betrugen 12-15 °C, während im 60 m^2 großen Liegeraum der Offenstallanlage die Temp. 4-5 °C über den Außenwerten lagen. Im 210 m^2 großen Auslauf der Offenstallanlage, der durch eine Öffnung vom Liegeraum aus zu erreichen ist, wird gleichzeitig Rauhfutter verabreicht. Zur Gesamtanlage gehören ferner ein 38 m^2 großer Fütterungs- und Sammlungsraum und ein 30 m^2 großer Melkraum, der ebenso wie die Kälberställe und die Wirtschaftsräume heizbar sind. Folg. Unterschiede wurden ermittelt: Im Mittel der 4 Versuche lieferten die Offenstallkühe 3 % weniger Milch. Jedoch ließ sich dieser Unterschied nicht statistisch sichern. Bezogen auf 100 FE war die Milcherzeugung im Offenstall ebenfalls um 3 % geringer. Für den Erhaltungsbedarf wurde ein 8 % höherer Futterverbrauch ermittelt. Obwohl im Offenlaufstall mit einer verringerten Leistung und Futterausnutzung gerechnet werden muß, wird das untersuchte Offenlaufstallsystem als brauchbare Alternative gegenüber dem wärmegedämmten Anbindestall unter norwegischen Verhältnissen angesehen. J.Strecke. 6110a.

L a k o z a, I.I. und L e v i n, A.B. (Lakosa, I.I. und Lewin, A.B.) Opyt soderžanija moločnogo skota v uslovijach mechanizirovannych ferm. (Der Versuch der Milchviehhaltung in mechanisierten Farmen.) - Izvestija Timirjazevskoj sel'skochozjajstvennoj akademii, Moskva 1962 Nr.2. S.57-67. - 5 Abb., 2 Tab., 1 Lit. Zus. in Engl.

Die Steigerung der Arbeitsproduktivität in den Milchfarmen der UdSSR erfolgte bes. durch Erhöhung der Milchleistung der Kühe. Durch intensive Züchtung und Verbesserung der Futtergrundlage wird es möglich, den Milchertrag weiter zu erhöhen. In der weiteren Perspektive wird Hauptmittel zur Steigerung der Arbeitsproduktivität und Senkung der Selbstkosten die Mechanisierung sein. Bei der heute verbreiteten Aufstallung ist die Mechanisierung des Entmistens schwierig. Die größere Perspektive hat die Unterbringung der Rinder im Boxen-Liegestall. Hierbei wird die höchste Arbeitsproduktivität erreicht, es ergeben sich die besten Bedingungen für den Einsatz der modernen Technik. Es werden weniger Mittel für den Bau der Stallungen benötigt. Die Rinder befinden sich unter normalen hygienischen Bedingungen, und es fällt viel Stalldung hoher Qualität an. H.Beyer. 6110a.

A n d r u s e v i č, E. und B r o d s k i j, V. (Andrussewitsch, Je. und Brodski, W.); Sibir. Zweigstelle des Unions-Forsch.-Inst. für Ökonomie der Landwirtsch.; Jarkowo, Versuchs-Betriebswirtsch. des Sibir. Inst. für Tierzuchtforsch. Soveršenstvuem besprivjaznoe soderžanie skota v Sibiri. (Vervollkommnung der Laufstallhaltung der Rinder in Sibirien.) - Moločnoe i mjasnoe skotovodstvo, Moskva 7 (1962) Nr.9. S.28-33. - 3 Abb., 1 Schema.
Vorteilhaft ist die Einrichtung eines Boxenliegestalles mit getrenntem Freß- und Liegeplatz. Streustrohbedarf 1,0-1,5 kg/Tag und Tier bei tägl. Ausmisten. Die Kühe werden nach der Milchleistung in 3 Gruppen eingeordnet. Als beste Kennzeichnungsmethode der Kühe erweist sich der Brand (auf der rechten Kreuzseite werden Nummern von 70 mm Länge und 7 mm Breite eingebrannt). Die in Schichten arbeitenden Melker und Viehpfleger werden nach dem Gruppenleistungslohn in Abhängigkeit vom Endprodukt vergütet.
R.Ihssen. 6110a.

P e t r o v, Boris (Petrow, Boris) Mechanizacijata navliza i v kravarskite fermi. (Maschineneinsatz in Rinderfarmen.) - Životnovŭdstvo, Sofija 16 (1962) Nr.1. S.8-12. - 2 Abb.
In der LPG Elin Pelin wurden in der Tierhaltung folg. Arbeitsgänge mechanisiert: Melken im Fischgrätenmelkstand, Entmistung durch Kettenförderer und elektr. angetriebene Schleppschaufel, Futteraufbereitung (Strohvergärung nach Melassezusatz, fahrbare Futtertische). Vf. berichtet über die Auswirkung dieser Mechanisierungsmaßnahmen. G.Grosew. 6110a.

Anonym. Beef at a profit. (Rindfleischproduktion mit Gewinn.) - Farm Mechanizat. 15 (1963) Nr.162. S.52-53. - 2 Skizzen. Aus: Dok.-Dienst ILT 1963 Nr.3.
Beschreibung einer engl. Großmastanlage für 600 Rinder oder 800 Schweine bzw. 8000 Puten, wobei durch abwechselnden Besatz mit verschiedenen Tierarten die Anlage das ganze Jahr über genutzt wird. Während der Rindermast werden gleichzeitig 100-200 Schweine mitgemästet. Mech. Einrichtungen: 3 Hochbehälter für Kartoffeln mit Schnitzelvorrichtung vor den Auslaufstutzen; je 1 Silo für Gerstenmehl eigener Produktion und für von außerhalb zugeliefertes Kraftfutter; Futterverteilwagen mit Mischvorrichtung und Ausbringförderer (3-4 t werden in 10 Min. ausgebracht); geplante, aber noch nicht ausgeführte Transportbahn für Strohballen (Tiefstreuhaltung). Allg. Voraussetzungen für den rentablen Betrieb einer solchen Großmastanlage.
6110a.

P h e l p s, Anthony. Pipeline production. (Rohrleitung in der Schweineproduktion.) - Pig Farming 10 (1962) Nr.6. S.28-29.
Die Rohrleitung wird für die Fütterung, Reinigung und das Entmisten verwendet. Die Mastschweine sind in Hütten untergebracht. Vor den Hütten liegen Dungplatz und Futtertrog. In einem zylindrischen Gefäß wird das Futter durch ein Rührwerk gemischt und danach durch die Rohrleitung in die Tröge gedrückt. Der Dung wird weggespült. W.Heinig. 6110a.

K i s e l e v, O.K. (Kisseljow, O.K.); Grosny, Versuchsstat. für Meliorat. Opyt perevoda fontanirujuščich skvažin na reguliruemuju ėkspluataciju. (Versuche mit der Regelung der Wasserentnahme aus artesischen Brunnen.) - Gidrotechnika i melioracija, Moskva 14 (1962) Nr.8. S.34-41. - 5 Abb., 1 Tab., 1 Lit.

An 9 artesischen Brunnen mit Wasserspenden von 7 bis 24 l/s, statischen Drücken von 4 bis 32,5 m WS und wasserführenden Schichten in 113 bis 480 m Tiefe wurden Regelarmaturen angebracht, die eine gleichmäßigere Wasserentnahme ohne Zwischenschaltung von Hochbehältern mit Pumpen ermöglichen. In 4 Schemaskizzen werden Anlagen für die Trink- und Weidetränkwasserversorgung gezeigt und genau beschrieben. Bei ausreichendem natürlichen Druck kann das Wasser über die Regelanlagen sofort in die Leitungen eingespeist werden und wird bei Nichtabnahme am Ende in einem hochliegenden Sammelbehälter aufgefangen. Bei Brunnen mit hohem Druck und geringer Schüttung wird der Hochbehälter vor der Einleitung ins Verteilernetz gefüllt.

R.Teipel. 6110b.

K o n s t a n t i n o v, L. (Konstantinow, L.) Opitŭt ot stroitelstvoto i izpolzuvaneto na edrite mechanizirani pticefermi v NR Bŭlgarija. (Erfahrungen im Bau und in der Nutzung der vollmechanisierten Geflügelgroßfarmen in der VR Bulgarien.) - Meždunarodno selskostopansko spisanie, Sofija 5 (1961) Nr.4. S.127-136. - 4 Abb.

Die Vollmech. der Arbeitsprozesse in Geflügelgroßfarmen hat sich sehr günstig auf die Arbeitsproduktivität, auf die Senkung der Produktionsselbstkosten sowie auf die durchschnittl. Tages- und Jahresleistung je AK ausgewirkt. Der Selbstkostenpreis von 1 Ei konnte auf 0,65 bis 0,70 Lewa reduziert werden dank der Senkung des Arbeitsaufwandes und der Erhöhung der Legeleistung des Geflügels. Vf. geht auf den neuen technol. Prozeß bei der Pflege des Geflügels in den mech. Geflügelfarmen des Typs "N" und auf die hierbei eingesetzten Maschinen ein. Die Mech. erfaßt die Prozesse der Futterzubereitung und -zuführung, des Tränkens sowie des Ausfahrens des Stalldungs, der Desinfektion der Räume und des Transportes. Im System der Futterzubereitungsmaschinen ist als wichtigste die kombinierte Maschine "SKF-25" zu nennen, die saft- und vitaminhaltiges Futter zerkleinert und mit Kraftfuttermischungen mischt. Das fertige Futter wird auf Förderbändern transportiert. Es werden auch Selbstfütterer benutzt, die von einem außerhalb des Geflügelstalls liegenden Bunker aus gefüllt werden. Als Tränken werden automatische Tränken mit Anschluß an die Wasserleitung benutzt. Die Eier werden, ohne daß man in die Geflügelräume hineinzugehen braucht, aus den Nestern gesammelt. Der Stalldung wird 1-2mal im Jahr mit Traktor-Bulldozerschaufeln entfernt. Auch der Transport in den Farmen selbst ist mechanisiert. Man benutzt Dreiradkarren mit Gummireifen und einem Plattformanhänger für die Eierkisten. Abschließend werden kurz auch 2 andere Typen von Geflügelfarmen - der sog. rechteckige Typ und der U-Form-Typ - beschrieben, die in Bulgarien eingeführt sind.

N.Stanischew. 6111a.

D o r n, P.; Bayern, Kleintiergesundheitsdienst. Bruthygiene. - Dtsch. Geflügelwirtsch. 14 (1962) Nr.6. S.73-76. - 7 Abb.

Die wichtigsten Einzelheiten der Bruthygiene werden besprochen. Als beste Desinfektionsmöglichkeit der Bruteier wird die Begasung der Eier mit Formalin hervorgehoben. Die Begasung erfolgt in Begasungskammern oder direkt im

Brutapparat. Je m^3 Rauminhalt werden 25 g $KMnO_4$ mit 35 cm^3 Formalin übergossen. Befinden sich mehr als 20000 Eier im Schrank, wird das Gemisch verringert auf 15 g : 20 cm^3. Die Begasung kann mit Ausnahme des 2.-4. Bruttages jederzeit erfolgen. Während der Begasung sind die Schränke luftdicht zu verschließen. Die Heizung ist sofort und der Ventilator nach 3-5 Min. abzustellen, Einwirkungsdauer 30 Min. Die rel. Luftfeuchtigkeit soll zwischen 50 und 60 % liegen, die Temp. der Bruttemp. entsprechen. Brutabfälle wie Schiereier, Schalen, tote Küken nur an Schweine verfüttern, wenn diese abs. getrennt vom Geflügel gehalten werden. Waschwasser darf weder in Hühner- noch in Schweineausläufe geleitet werden. Schlupfbrüter sollten nach der Reinigung begast werden. Das Bruthaus ist in Vorbrut- und Schlupfbruträume zu trennen, diese müssen gut lüftbar und mit Abwasserschächten versehen sein. Geschlüpfte Küken dürfen nicht im Brutraum aufbewahrt werden. Kükenkartons sind möglichst nur einmal zu verwenden, vor erneuter Verwendung sollen sie begast werden. H.Sommerfeld. 6111a.

M ü l l e r, H. und S c h n e i d e r, K.-H.; Leipzig, Karl-Marx-Univ., Inst. für Kleintierzucht. Voraussetzungen für eine erfolgreiche Broilermast.- Tierzucht 16 (1962) Nr.9. S.396-399. - 2 Abb., 5 Tab.

In drei 1961 durchgeführten Broiler-Mastversuchen gelangten gleichaltrige unsortierte Küken und zwar reine Leghorn und Gebrauchskreuzungstiere aus White-Rock-Hahn x Leghornhenne sowie Cornish-Hahn x White-Rock-Henne zur Mast. Die Ergebnisse zeigten, daß die Mast mit 10 Wochen abgeschlossen sein muß. Die Kreuzungstiere schnitten besser ab als reine Leghorn, männliche Broiler wiesen bessere Gewichtszunahmen auf, bei der züchterischen Selektion muß die Ausgeglichenheit beachtet werden. Stall und Inneneinrichtung waren arbeitssparend eingerichtet, z.B. durch Verwendung von Alleinfutter, Tränkrinnen und übersichtlicher Anbringung der Heizschlangen an einer Längsseite des Stalles. Der Zeitaufwand für die laufenden Haltungs- und Pflegearbeiten wurde für 1000 Broiler auf 1,5 Std. errechnet. Bei Stallungen mit 10 m Breite und mehr ist der Einbau von Ventilatoren unerläßlich. Bei Automatenfütterung werden je Eintagsküken bis zu 14 Tagen 0,5-1,0 cm und von diesem Zeitpunkt an bis Mastende 1,5-2 cm benötigt. Bei Auftreten der ersten Symptome von Kokzidiose ist ein Antikokzidiosemittel zu verwenden. Eine Mastanlage kann 4mal im Jahr besetzt werden. U.Hofmann. 6111a.

H ü b n e r, B. Zu einigen Fragen der Organisation und Auslastung von Gemeinschaftseinrichtungen zur Herstellung von Futtergemischen. - Z. Agrarökon. 5 (1962) Nr.11. S.343-347. - 1 Abb., 2 Tab., 4 Lit. 6115a.

A n o n y m. Žom i sylos zbagačujte azotom. (Zuckerschnitzel und Silomasse mit Stickstoff anreichern.) - Socialistyčne tvarynnyctvo, Kyiv 34 (1962) Nr.9. S.27-30. - 1 Abb., 3 Tab. Orig.: ukrain.

Für die mech. Beimischung des Ammoniaks zu Zuckerschnitzeln und Silomasse ist der Futtermischer "KUT-3,0" geeignet. Der Maschine wird ein Dosator mit Zerstäuber angebaut, der das Ammoniakwasser in den Bunker gibt, wo das Futter angefeuchtet wird. Das Mischen geschieht mit Hilfe eines Ketten-Leisten-Transporteurs. Das Futter gerät in den Mischer mit Hilfe eines Laders oder Transporteurs durch die obere Öffnung oder die Seitenluke. Der Futtermischer kann auch als Futterverteiler verwendet werden. Für mit Ammoniakwasser Beschäftigte sind die Schutz- und Sicherheitsmaßregeln streng zu beachten. Der Transport und die Aufbewahrung geschehen in bes. Gefäßen mit hermetischem Verschluß und sind weiß zu streichen.

K.Neumann. 6115b.

S a g a č, M.F. (Sagatsch, M.F.) Universal'nyj podribnjuvač kormiv "IKB-1". (Universal-Futterzerkleinerer "IKB-1".) - Socialistyčne tvarynnyctvo, Kyïv 34 (1962) Nr.6. S.58-60. - 1 Abb. Orig.: ukrain.

Zum Zerkleinern von Kraft-, Rau- und Saftfutter stellt die Industrie den von Karnazki entwickelten Universal-Futterzerkleinerer "Belaruś-IKB-1" her. Mit der Maschine können Maiskolben, Wurzelfrüchte und Grünfutter sowohl einzeln, als auch zusammen mit Kraftfutter zerkleinert und Gemische aus verschiedenen Komponenten hergestellt werden. Der Zerkleinerer ist 2280 mm lang, 1090 mm breit und 1090 mm hoch und hat eine Masse von 650 kg. Vf. gibt eine Beschreibung der einzelnen Bauteile. Auswechselbare Fräsen und Messer ermöglichen das Häckseln des Futters und Zerkleinern zu Mus. Der Antrieb kann durch einen Elektromotor, einen Traktor oder einen Verbrennungsmotor erfolgen. An einzelnen Beispielen zeigt Vf. die Verwendungsmöglichkeiten der Maschine und ihre Einstellung je nach Fruchtart und Häcksellänge. Die Maschine wird gewöhnlich von 1 AK bedient. Die Leistung der Maschine schwankt zwischen 0,9 und 1,5 t/Std. je nach Fruchtart und Häcksellänge.

J.Reich. 6115e.

C h a z a n e t, L. (Chasanet, L.); Staatl. Konstrukt.-Büro für Landwirtsch. Maschinen des Kiewer Volkswirtschaftsrates. Rezak silosa RS-200. (Silage-Motorsäge "RS-200".) - Technika v sel'skom chozjajstve, Moskva 22 (1962) Nr.11. S.47-48. - 2 Abb. Aus: Dok.-Dienst IL/T 1962 Nr.12.

Beschreibung dieses Silageschneiders, einer Weiterentwicklung der Motorkettensäge vom Typ "Družba-60". Charakteristische Merkmale, Konstruktion und Leistungswerte, Hinweise für prakt. Einsatz. 6115h.

A n o n y m. Automation minskar maskinkostnaderna! (Automation verringert Maschinenkosten!) - Traktor J.[Stockholm] 7 (1962) Nr.11. S.704-707. - 6 Abb.

Das South Dakota College hebt hervor, daß in der Tierhaltung die bisherigen Mechanisierungsmethoden zu kostspielig sind. Mit Hilfe von Standardteilen und Kleinmotoren zur Automation überzugehen, ist die einzige Möglichkeit, um auf diesem Gebiet zu einer wirtschaftlichen Mechanisierung zu kommen. Die Ausführungen beziehen sich auf die automat. Fütterung, wobei anstelle einer zentralen großen Kraftquelle verschiedene Kleinmotoren verwendet werden und die verschiedenen Einheiten wie in einer Telefonzentrale sich koppeln lassen. Die Zeit der Arbeitsleistung wird automat. mittels Uhren geregelt. Die Vorteile einer solchen Anlage werden in 9 Punkten zusammengefaßt.

E.Kahn. 6120c.

G u d e v, R. (Gudew, R.) Obosnovka na sŭorŭženijata, mjastoto i načina za podnasjane na koncentriranija furaž vŭv fermite za svobodno otgleždane na kravi za mljako. (Vorrichtungen des Futterplatzes zur Verabreichung von Kraftfutter bei der Offenlaufstallhaltung von Milchkühen in den Tierzucht-Farmen.) - Izvestija na Instituta po mechanizacija i elektrifikacija na selskoto stopanstvo, Sofija 2 (1962) S.105-120. - 6 Abb., 3 Tab. Zus. in Russ., Engl.

Es wurden 3 Arten der Kraftfutterverabreichung für Milchvieh in Offenställen untersucht: Fütterung in: 1) bes. Räumen, 2) in den Melkräumen und 3) in den Futtertrögen. Die Ergebnisse zeigen bei der Fütterung mit Kraftfutter in bes. Räumen eine Erhöhung der Baukosten. Die Fütterung mit Kraftfutter in den Melkräumen zeigt auch gewisse Nachteile, bes. wenn nicht überall genügende Mengen Kraftfutter vorhanden sind. Diese Fütterung kann erst eingeführt werden, wenn die Erzeugung dieser Futtermittel erhöht wird. Die Futterverabreichung in gemeinsamen Futtertrögen wird unter den jetzigen Verhältnissen für die günstigste gehalten. A.Kalojanow. 6120c.

D i m o v, S. und Š e r i e v, I. (Dimow, S. und Scheriew, I.) Proučvane i obosnovka na načinite i săoråženijata za chranene na kravite pri svobodno otgleždane. (Untersuchung und Begründung der Fütterungsart und -einrichtungen bei Offenlaufstallhaltung der Kühe.) - Izvestija na Instituta po mechanizacija i elektrifikacija na selskoto stopanstvo, Sofija 2 (1962) S.149 bis 164. - 8 Abb., 6 Tab. Zus. in Russ., Engl.

Zur Rationalisierung der Rationsfütterung wurde in einer einjährigen Untersuchung bei 2 Milchviehfarmen in den Dörfern Bregowo, Kreis Widin und Suworowo, Kreis Warna, die Möglichkeit verschiedener Fütterungsarten im Anbinde- und Laufstall untersucht. Die Analyse der Untersuchungsergebnisse über Arbeitsaufwand und andere Aufwendungen zeigt, daß die Rationsfütterung nur im Anbindestall möglich ist. Auf dieser Grundlage setzen Vff. die Futtertrogabmessungen, den Platz sowie die erforderlichen Einrichtungen und Maschinen zur Mechanisierung der Fütterungsvorgänge fest: Futteraufladen, -beschickung und -verteilung. Es wird die Einführung eines bes. Futterverteilwagens empfohlen, dessen Abmessungen nach dem im Zentralen Forschungsinstitut für Landtechnik entworfenen Versuchsmuster festgesetzt werden. Es wird auch die Benutzung von Dosierungseinrichtungen vorgeschlagen, deren Ausführungen ebenfalls beschrieben werden. Bei der erprobten Technologie und den Anbindeeinrichtungen zur genormten Anbindestallfütterung wird der Arbeitsaufwand auf 35 % des Gesamtarbeitsaufwandes der Laufstallfütterung herabgesetzt. N.Stanischew. 6120c.

R u n o v, B. (Runow, B.) Avtomatizirovannye sistemy razdači kormov na fermach SŠA. (Automatisierte Futterverteilungssysteme in den Tierzuchtbetrieben der USA.) - Technika v sel'skom chozjajstve, Moskva 22 (1962) Nr.11. S.90-92. - 5 Abb. Aus: Dok.-Dienst ILT 1962 Nr. 12.

Übersicht über die in den USA gebräuchlichsten Fördermittel, ihre Ausführung und ihren Einsatz für versch. Förderungsprozesse. Weiterhin Entladevorrichtungen für Körner- und Silofutter sowie Vorrichtungen zur Messung der Futtermenge und Kontrolle der Futterverteilung. 6120c.

A n o n y m. Harvestore: Man sollte ruhig darüber sprechen! - Mitt. dtsch. Landwirtsch.-Ges. 77 (1962) Nr.47. S.1548-1550. - 2 Abb., 1 Schema.

Das Harvestore-System soll in der Rinderhaltung den Einmannbetrieb ermöglichen und neben der vollmechanisierten Fütterung die Wettbewerbsfähigkeit gegenüber anderen Betriebszweigen gewährleisten. Jedoch verlangen diese Vorteile einen hohen Einsatz an Investitionskosten, 1 Silo einschließlich Fundament und Montage erfordert 55 000 - 65 000 DM. Eine Rindermasteinheit, bestehend aus 1 Harvestore mit Futterschnecke und einem Mehrraumlaufstall, kostet 100 000 DM. Wird diese Einheit zur Milchviehhaltung benutzt, sind 30 000 - 40 000 DM für einen Fischgrätenmelkstand hinzuzurechnen. Zur Füllung eines Silos werden 15 ha Futterfläche benötigt. Das Futter selbst muß vor der Beschickung bis auf 50 % Wassergehalt vorgetrocknet sein und auf

2 cm Länge gehäckselt werden. Infolge des hohen Kapitaleinsatzes ist die Anlage ganzjährig voll zu nutzen, wobei die Behälter mindestens 2x zu füllen und zu entleeren sind, um einen hohen Umsatz zu erreichen. Ausfall der Fütterungseinrichtung, hoher Arbeitsbedarf bei der Futterernte, die Vortrocknung des Futters und die einseitige Fütterung werden als Nachteile des Systems angesehen. In Westdeutschland gab es bis Mitte Oktober 1962 161 Harvestore. Sie standen in 53 Betrieben bei Anbindeställen und in 81 Betrieben bei Laufställen. J.Strecke. 6120c.

H e i n r i c h, S. Futterautomaten für Schweine. - Dtsch. landtechn. Z. 13 (1962) Nr.9. S.480. 486. - 4 Abb., 1 Tab. Aus: Dok.-Dienst ILT 1962 Nr.10.
Übersicht über die in Westdeutschland angebotenen Futterautomaten. 2 Grundtypen: kastenförmige und zylindrische Automaten. Kurze Beschreibung von 3 interessanten Systemen: 1) engl. System "Mc Master" (Über dem Futtertrog liegt eine Schiene für den Futterwagen mit Bolzen, die eine gleichmäßige Füllung des Trogs bewirken. Schweine werden im Dunkeln gehalten). 2) Schwed. System "Hasomatic" (Füllung der Futterkästen durch Gliederkette. Zur Fütterung Öffnen der Kästen durch Stellhebel, wodurch Futter in die Tröge fällt). 3) System "Hölz" (Futterbrei aus Kartoffeln, Rüben, Silage, Kraftfutter usw. wird in die Tröge gepumpt). 6120c.

G ö t z, Willi. Stall-Entmistungs-Anlagen. - Techn. u. Landwirtsch. 14 (1962) Nr.15. S.354-356. - 9 Abb.
Das Angebot an Entmistungsanlagen auf der DLG-Schau in München war mit 24 Fa. sehr vielseitig. Nach wie vor war unter den zahlreichen Systemen das Prinzip der Schubstangenentmistung am stärksten vertreten. Der Nachteil dieses Prinzips, daß der Dung nicht seitlich verteilt werden konnte, ist dadurch behoben, daß einige Fa. (Alfa, Suevia, Schwanse, Aschenbrenner) ihre Anlagen mit neuen oder verbesserten, schwenkbaren und in der Höhe verstellbaren Hochförderanlagen ausgerüstet haben, so daß die Handarbeit der Verteilung auf der Dungstätte weitgehend entfallen kann. Die Tendenz, in der Praxis mehr und mehr zu versuchen, das Stroh überhaupt nicht mehr über den Umweg durch den Stall zu leiten, sondern es auf dem Feld zu belassen, drückte sich im "Vormarsch" des Prinzips der Schwemmentmistung aus, das allein 10 Fa. vorstellten. W.Fleischmann. 6130b.

S t e i n m e t z, H. Mittel zur Mechanisierung der Stapeldungkette. - Landmaschinen-Rdsch. 14 (1962) Nr.10. S.282-290. - 17 Abb. Aus: Dok.-Dienst ILT 1962 Nr.11.
1) Die mech. Stallentmistung: Laufkatzen-Stallentmistung mit automatischem Mistschieber; Mistschieber mit Seilzug; Frontlader; vollautomatische Stallentmistung im Kettenzugsystem; Schubstangensystem; Raupenbandsystem. - 2) Geräte zum Dungladen: Hydraulikladen auf Fahrgestell für Traktorenanhängung; ortsfester Dungdrehkran mit Zweiseil-Selbstgreifer; Traktoren-Heckladen zum Dreipunkt-Anbau; Frontlader und Aufbaulader. - 3) Die mech. Stalldungstreuer: Schmal- und Breitstreuer in den verschiedensten Ausführungen. - 4) Schwemmentmistung: Pumpensysteme, Rührwerke, Gitterroste, Spaltböden und Bodenbelag. 6130b.

A n o n y m. Automatisk utgjødsling et alternativ til spaltegolv. (Automatische Entmistung als Alternative zum Spaltfußboden.) - Norsk Landbruk 1962 Nr.22. S.726. - 2 Abb., 1 Schema.

Aus den Untersuchungen der norwegischen Landwirtschaftshochschule geht hervor, daß in Schweineställen dem durchgehenden Fußboden gegenüber dem Spaltfußboden der Vorzug zu geben ist. Als Grund werden geringere Futterausnutzung und auftretende Knochenschäden bei den Läufern angeführt. Bei halbem Spaltfußboden wurden 5 FE und bei ganzem 11 FE mehr verbraucht. Als Alternative zum Spaltfußboden behielt das Inst. für Tierzucht beim Umbau eines größeren Schweinestalles den durchgehenden Fußboden bei und baute in die Dungrinne eine automat. Schubstangenentmistung ein, wobei die Kratzer aus Plastmaterial bestehen und der Dung einem Keller zugeführt wird. Die Luke zum Keller wurde in 10-12 cm Höhe mit einer Stahlplatte abgedeckt, so daß die Kratzer ungehindert darunter geführt werden können.

E.Kahn. 6130b.

S c h u l z e B e r t e l s b e c k, Ernst. Die Hüttenhaltung von Zucht- und Mastschweinen im Vergleich mit der Stallhaltung. Literaturstudien und Ergebnisse eigener Untersuchungen. Diss. Univ. Bonn, Landwirtsch. Fak. 1960. (93 S.) 4° = Forsch. u. Berat., R.A H. 9. S.149-154.

B o w e r s, Wendell. Pasture, hay, and silage for dairy cattle, beef cattle, sheep and hogs. Urbana: Univ. of Illinois. 1962. (15 S.) 4° = Circular experiment-station agricultural 845. (SR 86,845)

C o o l m a n, F. Mechanization of poultry keeping. Geneva: ECE. 1962. (getr. Pag.) 4° = Economic commission for Europe. AGRI/WP. 2/70. (SR 3023, 2/70)

S l a v i n, Radij Michajlovič und G a n e l i n, Aleksandr Moiseevič. Avtomatizacija vodosnabženija životnovodčeskich ferm. (Automatisierung der Wasserversorgung der Viehhaltungsfarmen.) Moskva: Izd. Minist. sel'skogo choz. RSFSR. 1961. (95 S.) 8°. (1962 A 646)

P r e u s c h e n, R. und R ü p r i c h, W. Untersuchungen an Pumpen und Vorrichtungen zur Zerkleinerung, zum Aufrühren und zum Fördern von Schwemmmist in bäuerlichen Betrieben. Forsch.-Auftr. Ministerium für Ernähr., Landwirtsch. und Forsten des Landes Nordrhein-Westfalen; Bad Kreuznach, Max-Planck-Inst. für Landarb. und Landtechn. 1961.

C. GEWINNUNG UND AUFBEREITUNG TIERISCHER PRODUKTE

G r e e n, J.H.; New South Wales, Univ., Dep. of Nuclear and Radiation Chem. Radioactivity of milk. (Radioaktivität der Milch.) - Austral. J. Dairy Technol. 17 (1962) Nr.3. S.157-159. - 6 Tab., 7 Lit. 6120a.

W e s t r a, P. und P o s t m a, G. Werktijdverkorting in de veehouderij. (Arbeitszeitverkürzung in der Tierhaltung.) - Inst. Landbouwtechn. Rationalisatie, Wageningen, Publ. 1962 Nr.65. S.1-119. - 25 Abb., 25 Diagr., 30 Tab.

Auf Weidebetrieben in Südwest-Friesland mit vorwiegend Milchviehhaltung wurde durch intensive Betriebsberatung versucht, die Arbeitszeit in der Tierhaltung von ca. 60 auf 48 Std./Woche zu senken - ohne zusätzlichen Kapitalaufwand bzw. Einsatz von Lohnunternehmen und bei gleichem Betriebseinkommen. Dieses Ziel wurde nahezu in allen Betrieben erreicht, und zwar hauptsächlich durch eine bessere Arbeitsorganisation und die Anwendung neuer Arbeitsmethoden. Der Melkbeginn wurde von März bis Juni auf 5^{30} und 17^{30}, im Juli und Aug. auf 6^{00} und 17^{30} und von Sept. bis Febr. auf 6^{30} und 17^{30} Uhr festgelegt. Viel Arbeitszeit konnte durch maschinelles Nachmelken eingespart werden. Jedoch ist erforderlich, die Technik der Milchkontrolle in den Molkereien zu verändern, da dort sonst bei dem verkürzten Tages-Melkintervall ein um ca. 40 % höherer Aufwand erforderlich ist, dessen Kosten bei ca. 1 Gulden/Kuh liegen. M.Lüpnitz. 6210a.

M i e l k e, H., K l e i n k e, G. und T r ö g e r, F. Die laktationsphysiologischen Grundlagen der maschinellen Milchgewinnung. - Dtsch. Milchwirtsch. 9 (1962) Nr.11. S.322-328. - 1 Schema, 1 Tab., 26 Lit.

Es wird ein Überblick über die Physiologie der Laktation gegeben, wobei eine enge Verbindung zu den Erfordernissen der praktischen Melkarbeit hergestellt wird. Nach Ausführungen über Milchsekretion und Milchspeicherung, bei denen die Möglichkeit einer Speicherung der Milch im Zisternenteil des Euters betont wird, werden die Probleme des Milchentzuges behandelt. Entscheidenden Einfluß auf den ökonomischen Erfolg des Melkens hat die Eutervorbereitung. Sie ist ein komplexer Vorgang, der das Abmelken der ersten Milch, die Reinigung und die Massage des Euters umfaßt, 50-60 Sek. dauert und an den sich unmittelbar das Aufsetzen der Melkbecher anschließen soll. Eine Beeinflussung des Milchentzuges ist beim maschinellen Melken nur in dieser einen Min. möglich. Die sinnvolle Ausnutzung dieser Zeit verhindert eine fraktionierte Oxytocinausschüttung und damit unerwünscht große Nachgemelke. R.Held. 6210b.

Untersuchungen zur Eignung der Pulsfrequenzmethode zur Prüfung der Arbeit verschiedener Melkmaschinentypen. - Berlin, Institut für Milchwirtschaft der Humboldt-Univ. 1960 26 S. Plan-Nr.: 2151 37/1 - 01/9/Z. Abschlußber. - 1 Anlage.

Wegen geringer Betriebssicherheit des Pulszählers führten die Pulsfrequenzmessungen während des Melkvorganges bei den Kühen zu keinem Erfolg. Die Untersuchungen über den Einfluß der Umstellung auf Offenstallhaltung, Einfluß der Melkarbeit im Fischgrätenmelkstand und der engen Körperberührung der Tiere in dem Stand zeigten keine negativen Einflüsse auf die Milchleistung der Kühe, wenn ausreichende Futterrationen gesichert waren. Die Eutergesundheit der Milchtiere wurde durch das größere Melkvermögen der Anlage (Zentralpulsator) nicht negativ beeinflußt, da in der Umstellungsperiode auf sorgfältige Ausführung der Melkarbeit geachtet wurde. Es werden Beobachtungen "Zur Verhaltensforschung in Rinderoffenställen und im Fischgräten-Melkstand" bekanntgegeben. 6210b.

W h i t t l e s t o n e, W.G. Improving the action of the milking machine. (Die Erhöhung der Leistungsfähigkeit der Melkmaschine.) - Milk Board J. 13 (1962) Nr.9. S.17-20. - 4 Abb., 1 Diagr., 5 Lit.

Versuche in dem Univ.-Gut Camden ergaben, daß der Einfluß der Pulsatortätigkeit auf die Zitzen wesentlich größer, komplizierter ist, als man bisher annahm. Ein Drosseln des Pulsators, daß das Einsetzen der Druckphase sanfter wurde, führt zu einer Steigerung des Melkeffektes und, was sehr wesentlich ist, zu einer Minderung Infektionen der Zitze begünstigender Faktoren. Um diesen Effekt bei jedem normalen Pulsator zu erreichen, wurde ein kleiner Kolbenpulsator aus Plastik konstruiert, der an die kurzen Vakuumschläuche vom Verteilerstück zu den Melkbechern zwischengesteckt wird. Die Pulsgeschwindigkeit muß zwischen 40 und 50 liegen, die Anteile von Druck und Sog sollen 30 und 70 betragen. H. Senger. 6210b.

P a l i š k i n, D. (Palischkin, D.); Stawropol, Landwirtsch. Inst. Ulučšit' ispol'zovanie doil'nych ploščadok tipa "eločka". (Fischgräten-Melkstände besser nutzen.) - Technika v sel'skom chozjajstve, Moskva 22 (1962) Nr. 11. S. 22-25. - 3 Abb. Aus: Dok.-Dienst ILT 1962 Nr. 12.

Ökonomische Berechnungen der Leistung eines Melkstandes unter Berücksichtigung der Anzahl der Durchgänge je Std., der Anzahl der Kühe im 2seitigen Melkstand und der Dauer eines Durchganges. Feststellung: Völlige Auslastung einer Melkerin bei 6-8 Kühen. Ergebnisse von Zeitmessungen in Nomogramm dargestellt. Zahlreiche Formeln sind beigefügt. 6210b.

Š a p o v a l o v, K. (Schapowalow, K.); Sibir. Forsch.-Inst. für Landwirtsch. Doil'nye ustanovki tipa "omička". (Melkanlagen vom Typ "Omitschka".) - Technika v sel'skom chozjajstve, Moskva 23 (1963) Nr. 2. S. 19-22. - 5 Zeichn. Aus: Dok.-Dienst ILT 1963 Nr. 3.

Konstruktionsbeschreibung von 2 Karussellmelkanlagen Typ "Omicka" ("KDUE-16" und "KDUE-24") für 16 bzw. 24 Kühe. Einsatz in landwirtsch. Betrieben mit Bestand von 450-600 Kühen. Karusseldurchmesser 8 bzw. 13,47 m. Die wichtigsten Baugruppen, wie Antrieb, Kraftfutterverteilung, Milchleitung werden beschrieben. Ökonomische Einschätzung dieser Melkanlage. 6210b.

Z a b a v a, V. (Sabawa, W.) Sibirskaja "Karusel'". (Sibirische Karusselmelkanlage.) - Technika v sel'skom chozjajstve, Moskva 23 (1963) Nr. 2. S. 23-25. - Aus: Dok.-Dienst ILT 1963 Nr.3.

Funktionsweise der Melkkarussells und Besonderheiten ihrer Bedienung. Ökonomische Vergleichsbetrachtungen dieser Anlagen ("KDUE-16" und "KDUE-24") und des Fischgrätenmelkstandes "Eločka". 6210b.

A n o n y m. Machinaal melken en namelken met melkleiding en 3 melkstellen. (Melken und Nachmelken mit Rohrmelkanlage und 3 Maschinen.) - Inst. Landbouwtechn. Rationalisatie, Wageningen, Werkvolgorde, Aanwijzingen 3 (1962) Nr. 25. 3 S. - 4 Schemata, 1 Tab.

Arbeitsanleitung für das Maschinenmelken im Fischgrätenmelkstand mit 6 Ständen und Rohrmelkanlage durch 1 AK mit 3 Maschinen. Das Nachmelken geschieht maschinell. Für die Warteräume vor und hinter dem Melkstand werden 1,5 m^2/Kuh benötigt. Der Antrieb der Vakuumpumpe erfolgt durch einen 1,5- bis 2-PS-Elektromotor. Es wird der Arbeitsablauf beim Melken für Milchleistungen über 8 kg/Kuh und für Milchleistungen von 4-8 kg/Kuh dargelegt. Die Arbeitszeitnormen je Kuh betragen bei einer Milchleistung von 4 kg 1,7, bei 6 kg 2, bei 8 kg 1,6, bei 10 kg 1,8, bei 12 kg 2,1 AKmin.
L.Machler. 6210b.

A n o n y m. Machinaal melken en namelken met melkleiding en 4 melkstellen. (Melken und Nachmelken mit Rohrmelkanlage und 4 Maschinen.) - Inst. Landbouwtechn. Rationalisatie, Wageningen, Werkvolgorde, Aanwijzingen 3 (1962) Nr. 26. 3 S. - 5 Schemata, 2 Tab.

Arbeitsanleitung für das Maschinenmelken im Fischgrätenmelkstand mit 8 Ständen, Rohrmelkanlage und Kraftfutterautomaten durch 1 AK mit 4 Maschinen. Das Nachmelken geschieht maschinell. Für die Warteräume vor und hinter dem Melkstand werden 1,5 m^2/Kuh benötigt. Der Antrieb der Vakuumpumpe erfolgt durch einen Elektromotor von 1,5 - 2 PS. Der Arbeitsablauf beim Melken wird für Milchleistungen von 12-14 kg/Kuh und 8-10 kg/Kuh dargelegt. Die Arbeitszeitnormen je Kuh betragen bei einer Milchleistung von 14 kg 2,1, bei 12 kg 1,8, bei 10 kg 1,8, bei 8 kg 1,7 AKmin. Für einen Melkgang werden bei einer durchschnittlichen Leistung von 12 kg/Kuh bei 30 Kühen 0,9, bei 40 Kühen 1,2, bei 50 Kühen 1,5 AKh benötigt. L.Machler. 6210b.

A n o n y m. A spate of novelties for the dairy farmer. (Eine Fülle Neuheiten für den Milchviehfarmer.) - Farm Implement Machinery Rev. 88 (1962) Nr. 1050. S. 1377-1380. - 4 Abb., 1 Zeichn. Aus: Dok.-Dienst ILT 1962 Nr.10.
Neben anderen Geräten und Hilfsmitteln für die Milchproduktion und Fütterung der Tiere wird ein Anschlußadapter für Leitungsmelkanlage "V.M.P." der Fa. Simplex Dairy Equipment Co. erwähnt. Merkmale: Pulsatoranschluß und Anschluß für Milchleitungen sind in einem Teil vereinigt (für pneumatische und elektr. Pulsatoren geeignet), bequeme Reinigung; Klemme zum Anschluß der Milchleitung an Vakuumleitung und Gehänge für Melkbecher sind vorhanden. Vorteile: Anschluß der Melkbecher an Pulssystem und an Milchleitung ist vereinfacht; Milch tritt oben in Milchleitung ein, was dazu beiträgt, daß Melkbecher nicht vom Euter abfallen. 6210b.

A n o n y m. Mjölkkylare för lantgårdar, Kylo 3. (Milchkühler "Kylo 3" für Landwirtschaftsbetriebe.)- Staatlicher Maschinenprüfbericht Ultuna.) - Statens Maskinprovningar, Medd. Nr. 1618. (1962) S. 1-4. - 1 Abb., 1 Diagr.
Hersteller: AB Ragnar Ljunggrens Metallfabrik, Reftele. Bei diesem Rührkühler mit Kannenberieselung (40 oder 50 l Inhalt) bewegt das zufließende Wasser gleichzeitig einen Milchrührer, der als Kühlelement ausgebildet ist. Das Element hat 7 Kühlrohre aus Aluminium, von denen eins zentral und die anderen um dieses herum angeordnet sind. Das Turbinenrad ist im Oberteil des ringförmigen Gehäuses gelagert. Der axiale Druck wird von einem rostfreien Kugellager, der radiale von einem Gleitlager aus Nylon oder Messing aufgenommen. 3 Befestigungsleisten halten den Kühler zentriert im Hals der Kanne fest. Masse 6,1 kg, Höhe 730 mm, Kühlfläche ca. 0,23 m^2. Leistung: Mit dem Kühler können 40 l Milch in einer Leichtmetallkanne in 8 Min. auf 3 °C über der Eingangstemperatur des Kühlwassers gekühlt werden. Der Kühlwasserverbrauch beträgt hierbei 150 bzw. 340 l. Bei Verwendung von Plastkannen sind für die Kühlung 18 Min. erforderlich. Die Reinigung des Kühlers ist etwas umständlich. E.Kahn. 6210c.

P a p p r i t z, v.; Essen. So arbeitet eine Milchkühlanlage. - Tierzüchter 14 (1962) Nr. 17. S. 632-633. 6210c.

N e e d h am, K. Water cooling towers - for cooling milk in the dairy farm. (Wasserkühltürme zur Milchkühlung in der Farm.) - J. Agric. Western Australia /4/ 3 (1962) Nr. 11. S. 890-893. - 3 Abb., 1 Zeichng.
In Gegenden mit genügender Wasserversorgung hat sich die Tieferkühlung des Wassers für die Milchkühlung nach der Waschbrettmethode sehr bewährt. Unter Ausnutzung der Verdunstungskälte läßt man das Wasser durch Türme, die mit Holzkohlestückchen gefüllt sind, rieseln. Zur Verhinderung der Bildung von Algenschleim wird dem Wasser Natriumhypochlorit oder Hyamin 1622 zugesetzt. 3 versch. Kühlturmkonstruktionen werden in Abb. gezeigt. Mit derart tiefergekühltem Kühlwasser konnte Milch von 80 °-98 °F Einlauftemperatur auf 40 °F abgekühlt werden. H.Senger. 6210c.

VII. H A U S W I R T S C H A F T E I N S C H L I E S S L I C H G E M E I N S C H A F T L I C H E W I R T S C H A F T S - E I N R I C H T U N G E N

A. ALLGEMEINES

A n o n y m. Anthropometric design. (Anthropometrie bei Entwürfen.)-Engineering 194 (1962) Nr.5039. S.660. - 2 Schemata.

Bei Entwürfen für Haushaltsgegenstände und -einrichtungen soll auch die Zusammensetzung der Bevölkerung berücksichtigt werden. Insbesondere ist zu beachten, daß im Haushalt vielfach ältere Personen tätig sind, denen überflüssige Wege und Handgriffe erspart werden sollen. Darüber hinaus verhindern "maßgerechte" Entwürfe die Entwicklung von typischen Hausfrauenleiden, vor allem Schädigungen in den Ellenbogen- und Kniegelenken. - Bei Raumplanungen ist Zentral- oder Fußbodenheizung vorzusehen. Um jedoch "Unbehaglichkeits-Empfindungen" zu vermeiden, soll die Fußbodentemp. nicht höher als 70 °F (ca. 21 °C) sein. Bei kalten Fußböden sind Maßnahmen gegen Zugluft in Höhe der Füße und Beine vorzusehen. - Von subjektiver Bedeutung kann eine s i c h t b a r e Heizquelle sein, bei Kindern ist jedoch offenes Feuer (Gas oder Öl) zu vermeiden. - Als Maße für Möbel werden für den Küchengebrauch vorgeschlagen: Sitzhöhe 17 in. (ca. 45 cm) und damit Schoßhöhe ca. 26 in. (ca. 58 cm); Arbeitsplatzhöhe beim Sitzen 27,5 in. (ca. 63 cm), beim Stehen 33 in. (ca. 85 cm); Höhe von Küchengeräten über dem Fußboden 37,9 in. (ca. 90 cm); Tiefe von freien Arbeitsplatten unter Regalen 14 in. (ca. 37 cm); Abstellregale über der Arbeitsfläche (mittlere Höhe bzw. Hauptfach) über dem Fußboden ca. 54 in. (ca. 140 cm). F.Lipnitz. 7005.

B. VERSORGUNGSEINRICHTUNGEN

R e i n s c h, Hans H. Die zentrale Warmwasserversorgung des Bauernhofes.- Haustechn. Rdsch. 61 (1962) Nr.11. S.270-272

Vf. geht in seinem als prakt. Ratschlag gedachten Beitrag vom Warmwasserbedarf im Bauernhof aus (abhängig von der Größe der Familie, des Hofes und des Viehbestandes), charakterisiert den bisherigen Zustand auf westdeutschen Höfen, um sodann folgende Punkte zu besprechen: Wahl des richtigen Heizmittels, Planung der zentralen Anlage, Wahl des Wassererhitzers und Kostenbilanz. Bei der Wahl des Heizmittels gilt es neben der Berücksichtigung der örtlichen Versorgungslage (z.B. Waldbestand oder Nähe von Kohlengruben) den Heizwert zugrundezulegen. So beträgt der Heizwert von 1 kg Holz nur 3000 kcal, der von 1 kg Kohle 7600 kcal, aber der von 1 kg Heizöl 10200 kcal; am günstigsten sind jedoch Elektro-Warmwasserbereiter zu beurteilen, denn für 10 l Wasser mit 85 °C Endtemp. werden nur 1 kWh verbraucht. Die Planung von Anlagen hat sich weitgehend danach zu richten, ob sie in Alt- oder Neubauten installiert werden sollen; Grundsatz sollte in jedem Fall sein, daß die Leitungswege vom Erhitzer zur Zapfstelle möglichst kurz sind.

W.Fleischmann. 7111.

B o r s t e l m a n n, P.: Essen. Tendenzen der elektrischen Heißwasserbereitung.-Elektrizität 12 (1962) Nr.12. S.304-305. 7111.

S c h w a r z, J. und P ü t t m a n n, H. Elektrische Heißwasserbereitung. Elektrizität 12 (1962) Nr.12. S.306-311. - 6 Abb., 1 Diagr., 10 Schemata.
Heißwasserbedarf, Geräteaufbau, Planungsbeispiele und Betriebskosten werden erörtert. Die heute gebräuchlichen Lösungen für die Heißwasserversorgung reichen von der gemeinsamen Versorgung aller Zapfstellen im Schwerpunkt des Verbrauches über die gemeinsame Versorgung von Zapfstellengruppen aus je einem Gerät bis zur Einzelversorgung jeder Zapfstelle aus einem eigenen Gerät. Aus den 3 Gerätearten Speicher, Boiler und Durchlauferhitzer wurden Kombinationen entwickelt. So werden z.B. Durchlauferhitzer mit hydraulischer Steuerung und geringstem Wasservolumen als Einkreis-Durchlauferhitzer oder mit thermischer Steuerung als Durchlaufspeicher geliefert. - Die angeführten Planungsbeispiele sind für Wohnungen vorgesehen, bei denen der Wohnteil vom Schlafteil getrennt ist und Bad und WC in verschiedenen Räumen untergebracht und dem Schlafteil zugeordnet sind. Bei der Berechnung der Wirtschaftlichkeit wird nachgewiesen, daß die Elektrizität bei der Heißwasserbereitung mit dem Gas konkurrieren kann. L.Machler. 7111.

A n o n y m. Water heating and toilet aids. (Warmwasserbereiter.)-Electr. Rev. 171 (1962) Nr.15. Suppl. S.27-29. - 11 Abb.
Von der Sadia Water Heaters Ltd. wurden mehrere neue Typen von Warmwasserbereitern entwickelt. Ein Speicher mit 20 gal. (ca. 90 l) Inhalt enthält in seinem oberen Teil eine getrennte Heizeinrichtung mit 1 kW Aufnahme, die ca. 7 gal. (ca. 32 l) Wasser dauernd auf die gewünschte Temp. hält. Der Rest des Wassers wird im unteren Teil von einem 2-kW-Aggregat erwärmt, wenn größere Mengen benötigt werden. Das Sadia-50N-Modell enthält 50 gal. (ca. 227 l) Wasser. Der Speicher ist 75 in. (ca. 1,9 m) hoch und hat einen Dmr. von 20 in. (ca. 0,5 m). Das Heizaggregat nimmt 2,5 kW auf, der Speicherinhalt wird in ca. 7,5 Std. auf 52 °C erwärmt. Diese Sadia-Geräte sind bes. für den Betrieb mit Nachtstrom geeignet. - Der "Kent"-Warmwasserbereiter der I.C.G. Ltd. ist 7,75 in. hoch, 5 in. breit und 2,75 in. tief (ca. 20 x 13 x 7 cm), er nimmt 3-4 kW auf und gibt über ein Spezial-Regelventil 150 °F (ca. 65 °C) heißes Wasser ab. F.Lüpnitz. 7111.

S c h n e i d e r, Ursula. Energiewirtschaftliche Bedarfszahlen. Teil 2. Elektrizität im landwirtschaftlichen Haushalt.-Ber.Landtechn. 1962 Nr.73. S.1-74. - 23 Tab./Zus. in Engl., Franz.
An Hand von Lit.-Werten, von Messungen verschiedener Forschungsinst. und Elektrizitätsversorgungs-Unternehmen wurden Energie- und Leistungsbedarf der für Arbeiten im landwirtschaftl. Haushalt zu verwendenden Elektro-Geräte zusammengestellt. Erfaßt wurden folgende Gebiete: Ernährung mit Vorbereiten, Garen und Frischhalten von Lebensmitteln, Geschirreinigung, Fußbodenreinigung und -pflege, Wäschereinigung und -aufbereitung, ferner Beleuchtung, Radio usw. Mit Hilfe der vorliegenden Daten ist es möglich, den elektrischen Energiebedarf im landwirtsch. Haushalt bei unterschiedlicher Größe und Ausstattung sowie bei verschiedenen Arbeitsverfahren zu ermitteln. Die Bedarfswerte stellen somit eine wesentliche Grundlage für die Kostenkalkulation des Haushaltes und

für die Gesamtkalkulation des Betriebes dar. Einige Energiebedarfswerte in kWh: für das Sterilisieren im Backofen je 1 Einmachgut: bei 1,5-1-Gläsern: Obst und Gurken o,22; Gemüse und Fleisch o,29-o,33; entsprechende Werte für das Sterilisieren im Einkochkessel o,17-o,2o; o,37-o,41. - Absorber-Kühlschränke benötigen wesentlich mehr Energie als Kompressor-Geräte. Ein Vergleich des Energieverbrauches von Gefriertruhen und -schränken in den Größen von 3oo-4oo l Bruttoinhalt ergab, daß der spezifische Energieverbrauch je loo l Bruttoinhalt bei den Schränken etwa um o,3 kWh höher liegt als bei Truhen.
M.Lüpnitz. 7120.

A n o n y m. Sicherheitssteckdose für 25 A.-Elektro-Anz., Ausg. Handel Installationstech. 15 (1962) Nr.11. S.185. - 4 Abb.
Zum Anschluß größerer Geräte (mehr als 3,3 kW Nennleistung) an Zweileiter-Kreise wurde eine 25-A-Steckvorrichtung entwickelt. Diese Einrichtung gestattet den auswechselbaren Anschluß der Geräte, wenn ihr Betriebszustand aus der Stellung eines handbetätigten Schalters erkennbar ist. Daneben ist es auch möglich, das Gerät mit Hilfe eines Thermostaten zu schalten. - Bei einer verschließbaren Ausführung der Vorrichtung ist anstelle des Schaltknebels ein Sicherheitsschloß eingebaut, das sich nur mit dem passenden Schlüssel bedienen läßt, und somit die Stromentnahme durch Unbefugte verhindert. Der Schlüssel kann in jeder Schaltstellung abgezogen werden, die Schaltstellung wird durch eine Signal-Glimmlampe angezeigt. Diese Steckvorrichtung ist für Installation in Waschküchen oder anderen Gemeinschaftsräumen geeignet.
F.Lüpnitz. 7120.

L o m m a t z s c h, R.E. Ist Gas für den Landhaushalt interessant?-Mitt.dtsch. Landwirtsch.-Ges. 77 (1962) Nr.45. Reich der Landfrau S.362-363.
Im Gebiet der DBR stehen für die Gasbeheizung Stadt-, Fern-, Erd- und Flaschengas zur Verfügung. Alle Sorten sind sowohl vom techn. als auch vom wirtschaftlichen Standpunkt her für den Landhaushalt zu verwenden, jedoch soll beachtet werden, daß möglichst die in der Nähe anfallenden Produkte benutzt werden. - Im bayerischen Raum läßt sich bes. vorteilhaft Erdgas verwenden. Die Wohnraumheizung erfolgt mit Einzelöfen, die bei Außenwandanschluß keinen zusätzlichen Schornstein benötigen. Warmwasser wird mit Durchlauferhitzern bereitet, die bei einer Leistung von 13 l/min innerhalb von 10 Min. ein Vollbad bereiten. Bei einem Preis von 0,21 DM/m^3 Erdgas (mit 10000 WE) kostet die Erwärmung von 100 l auf 60 °C 0,103 DM. - Die Anlagen für den Betrieb mit Flaschengas (Propan) sind die gleichen wie bei Erdgas, bei einem Preis von ca.0,55 DM/kg Propan kostet die Bereitung von 100 l Warmwasser (60 °C) ca. 0,60 DM.
F.Lüpnitz. 7125.

B u c h h o l z, H. Der Ölheizofen, Größenwahl und Raumheizvermögen.-Haustechn. Rdsch. 61 (1962) Nr.9. S.221-223. - 2 Diagr., 2 Tab.
Bei Berechnung, Dimensionierung und Konstruktion von Raumheizöfen ist zu beachten, daß die Heizleistung von Öfen in kcal/h, die Raumgröße jedoch in m^3 gekennzeichnet ist. Um diese beiden Größen in Einklang zu bringen, wird für praktische Belange als Leistungswert für Öfen das "Raumheizvermögen" angegeben. Dieser Wert ist jedoch nicht als Konstante anzusehen, sondern verändert sich mit der Heizbarkeit der Räume. Dabei ist zu beachten, daß sich zwar die

Raumgröße mit der Kubikmeterzahl ändert, der Wärmebedarf aber von der Wandfläche (und ihren thermischen Daten) abhängt. - Zur Ermittlung von Wärmebedarf bzw. Heizleistung wird ein Bewertungsschema für die Bestimmung des spez. Wärmebedarfes in kcal/h m^3 angegeben. Dabei werden Lage, Windeinfall, Höhe über dem Meeresspiegel, Benutzungsart und Bausituation von Räumen berücksichtigt.

F. Lüpnitz. 7130.

G r i f f i t h s, Miriam V. Off-peak floor heating. (Hochleistungs-Fußbodenheizung.)-Electr. Rev. 172 (1963) Nr.8 S.316-317. - 1 Abb., 1 Diagr.
Für die Bestimmung der optimalen Leistung einer elektrischen Fußbodenheizung wurden folgende Faktoren berücksichtigt: Begrenzung der Temp. auf medizinisch vorgeschriebene Werte; Hitzeverlust im Erdboden und von den äußeren Kanten der Fußbodenplatten; der isolierende Effekt von Teppichen und ähnlichen Fußbodenbedeckungen. - Die durchschnittliche Temp. soll nicht höher sein als 77 °F (25 °C). Berechnungen für den Wärmeverlust werden angegeben. Der Wärmeverlust eines Raumes darf nicht größer sein als 7 W/sq.ft. (7 W/0,65 m^2) der Fußbodenfläche. Ist der Wärmeverlust größer wie z.B. in Bungalows, muß der Verlust durch Wärmeisolation der Wände gesenkt werden. Die Quantität der gespeicherten Wärme wird beeinflußt u.a. durch die Dicke des Betons, die durchschnittliche Temp. des Betons und die Wärmeisolation. Die Betondicke über den Heizleitern soll 3 in. (ca. 76 mm), die Isolation 2 in.(ca. 51 mm) betragen. Teppiche und andere isolierende Fußbodenbedeckungen erhöhen die Wärmespeicherung des Betons.-Thermostaten zur Kontrolle der Fußbodenheizung werden besprochen.

U. Bergner. 7130.

D ö r h ö f e r und K r a i l l i n g. Raumkühlung im Eigenheim.- Haustechn. Rdsch. 61 (1962) Nr.11 S.269-270. - 3 Schemata.
Eine Raumkühlung im zentralgeheizten Eigenheim kann rel. einfach durch Einbeziehung der Zentralheizungsanlage selbst herbeigeführt werden. Ein entsprechendes Beispiel wird an Hand des Grundrisses eines unterkellerten Flachbaues gezeigt, in dem eine Einrohr-Warmwasser-Zentralheizung installiert ist. Neben dem im Keller aufgestellten Wechselbrandkessel mit Durchlauferhitzer ist ein an die Kaltwasserleitung angeschlossenes Druckgefäß mit eingebauter Rohrschlange aufgestellt und derart mit der Heizungsanlage verbunden, daß das Heizungswasser durch die Umwälzpumpe, entweder durch den Zentralheizungskessel und dort erwärmt oder durch das Druckgefäß und dort gekühlt, den Radiatoren zugeführt werden kann. Der Wärmebedarf wurde durch Wärmeverlustberechnung nach DIN 4701 für den Temp.-Unterschied von 40 ° (+20 °C Raumluft und 20 °C Außenluft) errechnet. Danach beträgt der Wärmebedarf für das Wohnzimmer 3600 kcal/h, für die Heizung sind 2 Radiatoren mit zusammen 8,2 m^2 Heizfläche in die Fensternischen eingebaut. Pro Std. müssen ca. 120 l Wasser veranschlagt werden. Das Beispiel wird auf Grund der westdeutschen Preisverhältnisse bilanziert.

W. Fleischmann. 7135.

C. VORBEREITUNG UND ZUBEREITUNG DER NAHRUNG EINSCHLIESSLICH REINIGUNG DER KÜCHENGERÄTE

A n o n y m. Domestic kitchen appliances. (Geräte für die Haushaltsküche.)-

Electr. Rev. 172 (1963) Nr.3 S.3-12 - 12 Schemata, 11 Tab.
Überblick über Küchenmaschinen, Kaffeemaschinen, Brotröster, Wasserkessel und Teebereiter, die zur Zeit auf dem britischen Markt erscheinen.- Die konventionellen "Mixer" sind zum größten Teil zu ausbaufähigen Küchen-"Maschinen" erweitert worden. Alle Geräte, sowohl die mit Spritz-Metall-Körper als auch die aus Plastik-Material, erscheinen in moderner Formgebung und oft mehrfarbiger Oberfläche. Die Boschgeräte können mit mehr als 15 verschiedenen Zusatzgeräten (Kaffee-Mühle, Zitrusfrüchte-Entsafter, Kartoffelschäler - außer den üblichen Teilen) ausgerüstet werden. Neben diesen rel. großen und schweren Maschinen, die standortgebunden sind, wurden auch leichtere und zugleich ausbaufähige Geräte entwickelt, die während der Arbeit in der Hand gehalten werden. - Kaffeemühlen fassen 1 - 4 oz. (ca. 30 - 115 g) Bohnenkaffee, sie sind zumeist mit Sicherheitsschaltern versehen. F.Lüpnitz. 7205.

A n o n y m. Cooking. (Kochgeräte.)-Electr. Rev. 171 (1962) Nr. 15. Suppl. S. 2. 5-8. 11-12. 15. - 21 Abb.
Von bes. Interesse sind Aggregate, die als "Einbau-Einheiten" verwendet werden können. Daher wurden die Maße der Elektroherde weitgehend denen der Küchenmöbel angepaßt. Da sich viele Einrichtungen, die bisher als "Luxus-Zubehör" nur zusätzlich eingebaut wurden, in der Praxis bewährt haben, werden sie auch serienmässig mitgeliefert. - Das Modell "Duet" der Tricity Cookers Ltd. stellt eine Kombination von Kühlschrank (ca. 1,6 cu.ft. - ca. 45 l) und Kochherd dar. Über dem Kühlschrank, der mit einer Polyesterharz-behandelten Holztür geschlossen wird, befinden sich zwei 7-in.-Strahlplatten (ca. 18 cm) mit je 2 kW Aufnahme. Sie können bei Nichtgebrauch wie ein Schubkasten in das Aggregat hineingeschoben werden. Darüber ist in Augenhöhe eine Thermostaten-gesteuerte Grillröhre mit 2,2 kW Aufnahme installiert. Sie ist 10,5 x 11,5 x 12,5 in. (ca. 26 x 30 x 31 cm) groß. - Von der Moffats Ltd. wurde die "Rossense"-Temperaturmeß-Einrichtung entwickelt. Sie ist mit einem Einstechthermometer versehen und zeigt die Temp. im Inneren des Kochgutes elektrisch an.
F.Lüpnitz. 7205.

A n o n y m. Meal time. (Bereitung der Mahlzeiten.)-Engineering 194 (1962) Nr.5023. S. 128. - 3 Abb.

Die "Dico-Ovenette" der Fa. R.S.Stokvis and Sons Ltd., Walton-on-Thames, besteht aus einem Bodenteil mit 750-W-Heizelement zum Backen und Rösten, einem Heizring mit 1000 W zum Grillen, einer Abdeckhaube aus wärmefestem Glas und einem Uhrwerk-getriebenem Röstspieß. Das Gerät besteht aus Al, ist 12 in. hoch (ca. 30 cm) mit einem Dmr. von 14 in. (ca. 35 cm). Die Temp. von 350 °F (ca. 177 °C) wird in 8 Min., 450 °F mm (ca. 280 °C) in 15 Min. erreicht. Nach dem 10-minütigen Anheizen können 1 lb. Fleisch (ca. 450 g) in 13 Min., und 1 lb. Geflügel in 12 Min. gegart werden. - Im automatischen Eierkocher "Oprim" der Improved Appliances and General Engineering Comp., Ltd., Edgware, können 4 Eier zugleich unter thermostatischer bzw. Zeituhrkontrolle aufbereitet werden. Das Gerät ist 7 x 9 x 8,5 in.groß (ca. 18 x 23 x 21 cm).
F.Lüpnitz. 7205.

A n o n y m. Pa-KÜ-Zentralheizungsherd "Hydroped" mit 16 000 WE/h - DLG-Prüfbericht.-DLG-Maschinenprüfber. Nr.748. Gr. 13b/10. (1962) S.1-6. - 1 Abb.
Hersteller: Pa-KÜ-Werk Emil Künzel, Pinneberg bei Hamburg. - Beschreibung: der Herd ist zur Wärmeerzeugung für die Zentralheizung und zum Kochen bestimmt. Die Feuerung erfolgt mit festen Brennstoffen. Der Rost (0,68 m^2) läßt sich stufenlos in der Höhe verstellen. - Tech. Daten: Masse 230 kg; Breite 580, Höhe 850, Tiefe 600 mm; Kochplatte 460 x 500 mm. - Prüfungsergebnisse: Die Nennleistung von 16 000 kcal/h wurde bereits bei einer Zugstärke (Kaminzug) von 2 mm WS um 600 kcal überschritten. Der feuertechn. Wirkungsgrad lag im oberen Lastbereich bei ca. 77 % und stieg bei fallender Belastung auf ca. 87 % an. Der Kochwirkungsgrad bei 55 % Kochflächenbesetzung beträgt nur ca. 17 %, kann aber, da der Herd in erster Linie Heizungsherd ist, als ausreichend angesehen werden. Die Heizleistung reicht aus, um 4 Räume mit 159 m^3 Rauminhalt zu beheizen. Der Brennstoffverbrauch betrug bei Außentemp. von 0 - +3 °C an Koks 0,72 kg/h und an Eierkohlen 0,57 kg/h. - Der Herd ist für den Landhaushalt geeignet und wird "DLG-anerkannt". M.Lüpnitz. 7205.

B r ä u n e r, Kurt; Schalksmühle/Westf. Neuzeitliches Elektroherdgeschirr. Elektro-Anz., Ausg. Handel Installationstechn. 15 (1962) Nr.11. S.171-175. - 10 Abb.
Für den Elektroherd sind Kochgeräte aus emailliertem Stahlblech, rostfreiem Stahl, Aluminium, Glas und Porzellan verwendbar. Gemeinsam ist allen Geräten ein bes. starker und - im Interesse eines guten Wärmeüberganges von den Massekochplatten - auch planer Boden. Dieser Boden kann, soweit es beim Emaille-Geschirr notwendig ist, auch gegen Rost geschützt sein. Zur weiteren Einsparung von Arbeitsgängen wurde die traditionelle Form der metallenen "Kochtöpfe" aufgegeben. Sie wurde durch Formen ersetzt, die es gestattet, die Kochgeräte auch für den Eßtisch zu verwenden: die wärmefesten Griffe bestehen aus Plastik, zum sicheren Ausgießen ist ein Schüttrand vorgesehen, der das tropffreie Entleeren ermöglicht. - Die höchstmögliche Energieausnutzung ist mit den "Schnellkochtöpfen" möglich, deren luftdichter Verschluß den unerwünschten Zutritt von Sauerstoff zum Kochgut verhindert. F.Lüpnitz. 7205.

S t r e c k e r, Ewald. Neuere Entwicklungen bei Geschirrspülmaschinen.- Elektro-Anz., Ausg. Handel Installationstechn. 15 (1962) Nr.12. S.211-214. - 9 Abb., 2 Schemata.
Für den Reinigungseffekt von Geschirrspülmaschinen sind Spülmechanik, Ablauf des thermischen Prozesses, Waschlauge und Kontaktzeitung massgebend. Es wurden Spülsysteme entwickelt, die eine gründliche Reinigung auch von Töpfen und stark verschmutztem Geschirr ermöglichen. Dementsprechend wurde die Größe des Spülraumes bemessen. Wasserenthärtungsanlagen mit guter Weichmacherwirkung und einfacher Regenerierung (Kochsalzlösung) erhöhen die Wirksamkeit der Spülmittel. Der Ablauf des Reinigungsprozesses wird bei den meisten Maschinen durch Programmschaltungen gesteuert. Die Reinigungswirkung der Geschirrspüler ist auch von dem spülgerechten Einbringen des Geschirres abhängig. Zwar sorgen vielfach Spezialeinsatzkörbe für die richtige Lage des eingebrachten Gutes, doch wird empfohlen, die Hausfrauen durch ausführliche Arbeitsanleitungen mit der Arbeitstechnik vertraut zu machen.
L.Machler. 7205.

D. KONSERVIERUNG UND LAGERUNG DER NAHRUNGSMITTEL

F i n k e l s t e i n, Beatrice. Current research for space travel: nutrition and food technology. (Forschungen über die Raumfahrt: Ernährung und Technologie der Nahrungsmittel.)- J. Home Econ. 54 (1962) Nr.9. S.755-759. - 2 Abb., 13 Lit.

Ausgehend von den bisherigen experimentellen und praktischen Erfahrungen werden Forderungen für die Aufbereitung und Konservierung von Nahrungsmitteln aufgestellt, die auch für den allg. Gebrauch von Bedeutung sind: aufbereitete bzw. konservierte Nahrungsmittel sollen in leichten, flexiblen Verpackungen angeboten werden. Diese Behälter sollen nicht nur für die Lagerung der Lebensmittel geeignet sein, sondern auch das Aufweichen von dehydriertem Gut und gegebenenfalls auch das Erwärmen gestatten. Als Verpackungsmaterial hat sich ein geschichteter Film von Hydroxypropylmethyl-Cellulose-Gelatine, gegebenenfalls mit einem Überzug von Bienenwachs, bewährt. F.Lüpnitz. 7305.

A n o n y m. Refrigeration. (Kühlmöbel.)-Electr. Rev. 171 (1962) Nr.15. Suppl S. 15-18. - 13 Abb.

Bei den Kühlmöbeln hat sich die gradlinige, eckige Form durchgesetzt. Wenn auch einzelne Modelle noch gewisse äußere Luxus-Gestaltung zeigen, wie der "Perfect Host" von Morphy-Richards, der mit poliertem Holz verkleidet wurde, so wird im allgemeinen mehr Augenmerk auf die innere Gestaltung gelegt. Bei der Frigidaire-"Sheerlook" -Serie wurde der Nutzraum bis zu äußersten Grenze der techn. Möglichkeiten vergrößert. - Das Modell "Foodarama" (K 961 N) der Kelvinator Ltd. hat einen Nutzraum von 18 cu.ft. (ca. 509 l); es enthält ein 6-cu.ft. - Tiefkühlfach. Das "No-frost"-System verhütet den Eisansatz an den Fächern, Wänden und an der Beschickung. Kleinere Modelle dieser Fa. sind "K 50 M" mit 5 cu.ft. Inhalt (ca. 142 l) und "K 761 N", das ein 3-cu.ft.-Tiefkühlfach (ca. 84 l) enthält. - Der "Fridgemaster Duofreeze" der Denham u. Morley Ltd. stellt eine Kombination von Kühlschrank (ca. 5 cu.ft., ca. 142 l) und Tiefkühlfach mit 0,7 cu.ft. (ca. 20 l) dar. Das Tiefkühlfach ist von oben zugänglich, so daß nicht die Schranktür geöffnet zu werden braucht.

F.Lüpnitz. 7305.

A n o n y m. Refrigerators. (Kühlschränke.)-Electr. Rev. 170 (1962) Nr.18. Suppl. S.3-30. - 25 Abb., 11 Tab.

Auf dem engl. Markt befinden sich Kühlschränke in der Größe zwischen 1,5 und 10 cu.ft. (ca. 42 - 283 l) Inhalt. Bevorzugt wird die kantige Form, deren Türen sich innerhalb der Schrankbreite öffnen. Die Türen werden bevorzugt mit dem schloßlosen Magnetverschluß ausgestattet. Gegenüber den Vorjahren wurde der Raum für das Tiefkühlfach bei fast allen Geräten vergrößert. Beim "Kenwood f 402 + 502" ist ein Tiefkühlschrank mit einem normalen Schrank (je ca. 4 - 5 cu.ft. - 113- 142 l Inhalt) zu einem einheitlichen Möbel vereinigt. Der "Dinercold" von Tricity Cookers Ltd. London, ist ein 1,6 cu.ft. (ca. 45 l) Absorber, der außen mit Edelholz verkleidet ist und auf Rollen läuft. - Eine Übersicht stellt ca. 130 Modelle zusammen, die von ca. 30 Firmen auf den Markt gebracht werden. F.Lüpnitz. 7305.

E. WASCHEN UND KLEIDERPFLEGE

A n o n y m. Home laundry. (Haushalts-Waschgeräte.)-Electr. Rev. 171 (1962) Nr.15. Suppl. S.18.21-24. - 15 Abb.

Bei den Waschgeräten kann mit Hilfe der Elektrizität menschliche Arbeitskraft erspart werden. Von bes. Interesse sind neuerdings die Geräte mit Trommeltrocknung. - Die A.E.I.-Hotpoints ("Supermatic"-Maschine arbeitet vollautomatisch, ihre Waschflotte wird mit Hilfe eines Filters von Flusen gereinigt. Das Modell "Empress" nimmt 7,9 lb. (ca. 3,5 kg) Wäsche auf. - Das Modell "Sunbreeze" von Acme wird für verschiedene Raumgrößen in 2 verschiedenen Größen gebaut, in beiden ist ein "Ozonifier" zur Ozon-Bahandlung der Wäsche eingebaut. - Neben den Trockeneinrichtungen, bei denen die Wäsche geschleudert oder innerhalb einer Trommel mit Heißluft behandelt wird, wurde von der Lamb Hingley u.Co.Ltd. der "Electrapex", ein Trockenschrank entwickelt, der mit 1250 W beheizt wird. Er ist 36,5 x 21 x 15 in. (ca. 92 x 53 x 38 cm) groß und paßt sich in seiner Formgebung dem modernen Küchenstil an. F.Lüpnitz. 7405.

H. HAUSWIRTSCHAFT/AUSSTELLUNGEN, TAGUNGEN,

VORFÜHRUNGEN, REISEN, ÜBERSICHTEN

S e x a u e r. Kölner Herbstmesse 1962.-Kältetechnik 14 (1962) Nr.11. S.366-371. - 21 Abb., 1 Tab.

Bei den Kühlmöbeln wurden keine konstruktiven Neuheiten gezeigt, Veränderungen bezogen sich neben kleineren techn. Verfeinerungen zur Benutzungserleichterung zumeist auf die äußere Formgebung. Die meisten Modelle zeigen gerade, kantige Formen, die sich bes. leicht reinigen lassen. - Hauptsächliche techn. Weiterentwicklungen sind: Magnetband-Türverschluß, der durch leichten Druck zu öffnen ist, automatisch gesteuerte Abtaueinrichtungen, Vergrößerung des Nutzraumes durch Verwendung neuer Isolierstoffe. - Von der Fa. Eisfink wurde ein Gemeinschaftskühlschrank mit 8 verschließbaren Fächern gezeigt, von der Fa. Alaska Absorber-Schränke bis 180 l Inhalt, die mit Flaschengas betrieben werden. Der Gasverbrauch beträgt bei 180 l Inhalt ca. 18 l/Tag bei einem Heizwert des Propan-Butan-Gemisches von 23000 kcal/Nm^3. F.Lüpnitz. 7705.

A n o n y m. De idee 1962. (Die "Idee 1962".)-Landbouwmechanisatie 13 (1962) Nr.12. S.1101-1106. - 11 Abb.

Bericht über die Ausstellung "Idee 1962" im Okt. in Amsterdam. Die Fa. Philip zeigte eine neue automatische und eine neue halbautomatische Trommelwaschmaschine. Auffallend waren die geringen Abmessungen: 83 x 40 x 60 cm, so daß nur eine Stellfläche von 40 x 60 cm benötigt wird. Beide Maschinen sind für 4 kg Trockenwäsche vorgesehen. Beim Waschautomat von Hoover erfolgt die Bedienung mit einem Programmschlüssel nach dem Hollerithsystem. Beim 2.Waschsystem wird zusätzlich zur Trommeldrehung ein Pulsator eingeschaltet.-Die automatische Trommelwaschmaschine "Rotomatik" der Fa. Edy, Dieren, für 4 - 5 kg Trockenwäsche mit einer angebauten Schleuder versehen, deren Drehzahl 2800 U/min beträgt. Von den ausgestellten Kühlmöbeln werden u.a. erwähnt: der Wandkühlschrank von Bosch mit 155 l Inhalt und einem 14 l Tiefgefrierfach und der kombinierte Kühl- und Gefrierschrank von Philip mit 210 l Kühl- und 130 l Gefrierraum (bzw. 155 und 170 l) für eine Stellfläche von nur 60 x 60 cm.

M.Lüpnitz. 7705.

A n o n y m. Europäische Elektrogeräte.- Elektro-Anz., Ausg. Handel Installationstechn. 15 (1962) Nr.11. S.178-182. - 20 Abb.

An Beispielen wird der derzeitige Stand der Elektro-Haushaltsgeräte erörtert. Neben international nahezu standardisierten Formen sind auch Bestrebungen der einzelnen Hersteller zu erkennen, durch konstruktive Verbesserungen stetig den Gebrauchswert der Geräte zu erhöhen. - Das Handrührgerät von Krups kann in einem Ständer abgestellt werden, in dem auch die Zubehörteile ihren Platz finden. Das Gerät von Braun ist mit Rührbesen, 2 Knethaken, Passierstab, Reinigungsbürste und Wandhalter ausgerüstet. Im Klopfsauger von Hoover wird über einen Gummiriemen eine Walze angetrieben, die in der breiten Saugöffnung rotiert und mit spiraligen Borstenreihen besetzt ist; dadurch wird neben der Saugwirkung auch ein Bürsten bewirkt. Das Gerät besitzt eine Einstellmöglichkeit für hochflorige Teppiche. F.Lüpnitz. 7715.

H a m s o n, John; London. Elektrische Haushaltgeräte aus Großbritannien. Elektro-Anz., Ausg. Handel Installationstechn. 15 (1962) Nr.11. S.175-178. - 15 Abb.

Die Trommelwaschmaschine "Liberator Tumble-Wash" ist 62 cm breit und läßt sich unter einem 90-cm-hohen Tisch abstellen. Sie ist vollautomatisch und liefert bügeltrockene Wäsche. Die Wassertemp. lassen sich für jede Gewebeart bzw. entsprechend dem Verschmutzungsgrad einstellen. Der Vollautomat "Keymatic" von Hoover trägt auf einem bes. Einstellmechanismus Symbole des Blindenalphabetes, so daß er auch von Sehbehinderten bedient werden kann. - Der Kühlschrank "Slimline Junior" hat eine magnetische Verschlußeinrichtung, die einen lautlosen Verschluß der Tür ermöglicht. - Der Abfallvertilger der English Electric wird unter dem Spülbecken angebracht. Er zerkleinert die Küchenabfälle zu einem feinen Brei, der durch das Abflußrohr fortgespült wird. F.Lüpnitz. 7715.

A n o n y m. Nyare elapparater för lanthushållet. (Neue Elektrogeräte für den Landhaushalt.)- Jordbrukarens elektr.Bl. 1961 Nr.4. S.9-11. - 6 Abb., 1 Schema.

Die modernen Elektroherde von Elektrohelios sind in ihren Ausmaßen den Anbaumöbeln angepaßt und mit Heizautomatik, Hochleistungsplatten sowie zusätzlichen Grillgeräten (3000 W) ausgerüstet. Ein großes Fenster in der Back- und Bratröhre gestattet es, den Vorgang des Garens zu beobachten. Der neue Kompressor-Kühlschrank von Hakanssons Ind. mit 160 l Inhalt kann als freistehendes Modell und auch als Einbauschrank geliefert werden. Durch Verwendung von Kunststoffen zur Isolierung konnten die äußeren Abmessungen geringer gehalten werden. Beide Typen sind mit einem 20-l-Tiefgefrierfach versehen, das freistehende Modell besitzt eine automatische Defrosteranlage. Für beschränkte Raumverhältnisse eignet sich eine Trommelwaschmaschine von Siemens für 3 kg Trockenwäsche. Die Höhe der Maschine beträgt nur 62 cm. Der Warmwasserspeicher der Frico AB, Göteborg mit 12 l Inhalt und 1200 W. Aufnahme ist für die Installation unter dem Abwaschbecken vorgesehen. M.Lüpnitz. 7715.

Literatur über elektrische Fußboden- und Teppichreinigungsgeräte. Hrsg.Instn.: Zentrallaboratorium Elektrogeräte.Abt.Dok.u.Inf. Leipzig. (Lit.-Nr.23/62, Titelanzahl: 223.Ber.-Zeit.1953-62.)

IX. G A R T E N B A U

E I N S C H L I E ß L I C H O B S T - U N D W E I N B A U

F. GARTENBAU/ENERGIE, KRAFTMASCHINEN UND SCHLEPPER

P o p o v, V. (Popow, W.), Za lozjata - traktor Bolgar TL-30. (Für den Weinbau - der Schlepper "Bolgar TL-30".) - Mechanizacija i elektrifikacija na selskoto stopanstvo, Sofija 12 (1962) Nr.3. S. 26. - 1 Abb.

Es werden die techn. Angaben über den bulg. Schlepper "Bolgar TL-30", der für Weinbau mit Zeilenabstand von 1,60 - 1,80 m geeignet ist, gegeben. Die Vorteile sind: der geringe spezifische Bodendruck, d.h. geringe Bodenverdichtung um die Rebstöcke, die Standfestigkeit des Schleppers beim Einsatz auf Hängen und seine sichere Steuerung. Als Nachteile wurden bei der Prüfung festgestellt: großer Kraftstoffverbrauch, Unzulänglichkeiten an der Hauptkupplung, der Lenkkupplungen, des Schaltgetriebe , des hydraulischen Kraftheber u.a. Nicht zufriedenstellend sind auch die Brennstoffpumpe. und die Brennstoffeinspritzdüsen des Motors. Nach Beseitigung dieser Nachteile wird der Schlepper eine bedeutende Hilfe dem mechanisierten Weinbau leisten.

N.Staniśev. 9265d.

H. GARTENARBEITEN - AUSSCHLIEßLICH ERNTE

K l i n g e r, G.; Leipzig, VEB BBG. Neue Geräte für den Obstbau. - Dtsch. Gärtnerpost 13 (1961) Nr. 32. Neue dtsch. Obstbau 7 Nr.8. S.137-138. - 4 Abb., 5 Lit.

Vf. geht auf einige Neuentwicklungen des VEB Bodenbearbeitungsgeräte Leipzig für den Obstbau ein. Die Pflanzmaschine "A 821" ist für Junggehölze in Baumschulen verwendbar. Pflanzen und Anhäufeln erfolgen in einem Arbeitsgang. Die Pflanzleistung beträgt 30 Pflanzen/AKmin entspr. 5400 Pflanzen/h. Das Gerät arbeitet dreireihig, auch beim Erdbeerpflanzen hat es sich bewährt. - Der Erdbeerrankenschneider "P 930" wird in Verbindung mit dem Anbauvielfachgerät "P 316" verwendet. Schneidscheiben trennen die Ranken von der Mutterpflanze, Winkelmesser lösen die zwischen den Reihen verwurzelten Ausläufer. Das Gerät ist auch bei starkem Unkrautwuchs einsatzfähig. Arbeitsleistung 0,6 - 1,0 ha/h. Arbeitsgeschwindigkeit 2,0 - 3,5 km/h. - Ein einachsiger Tiefladeanhänger mit einer Torsionsstabfederung und einer Tragkraft von 1,5 t wurde entwickelt. Auf der Plattform von 1,25 x 3,25 m haben 4 Paletten 80 x 120 cm Platz. Die Plattformhöhe beträgt 0,5 m. - Der Reisigholzhacker "B 900" zerkleinert das Reisigholz und bläst es durch ein mit einem um 360° schwenkbaren Krümmer versehenes Rohr. Die Leistung beträgt 1,7 - 2,0 m^3/h, die Schnittlänge ist für 2 Größen einstellbar: 12 cm hacken oder 1,5 cm häckseln. Äste sind bis zu einem Dmr. von 80 mm verarbeitbar.

W.Blasse. 9405d.

B o s c h m a, K.; Amsterdam, Rijkstuinbouwconsulentschap. Drainage en onderbemaling. (Dränung und Vorflut.) - Fruitteelt 51 (1961) Nr.47. S.1302-1303. - 3 Abb.

Im Obstbau Hollands ist die Dränung vieler Flächen erforderlich. Auf schweren Böden beträgt der Sammlerabstand im Obstbau 6-8 m, auf gut durchlässigen Böden 20-25 m. Die Tiefe der Dränage richtet sich nach der durchwurzelten Schicht und beträgt 70-80 cm. Neue Plastikrohre, 4 cm Dmr., 6 m lang, mit Löchern in der Längsseite, bewährten sich im versuchsmäßigen Einsatz. Durch die Löcher tritt das Wasser in die Plastikrohre ein. Das Bedecken der Rohre erfolgt mit Torfmull (1 Ballen auf 60 lfdm), neuerdings auch mit Glaswolle, die sich bei diesen Plastikrohren besonders bewährt hat.

W.Blasse. 9410c.

W i ß k i r c h e n, P.W.; Bodenbearbeitung vor der Pflanzung von Obstbäumen. - Rhein.Mschr. Gemüse-, Obst- u. Gartenbau 50 (1962) Nr. 1. S.9-10. - 4 Abb.

Obstbäume und Beerenobststräucher benötigen einen tief gelockerten, gut durchlüfteten Boden. Vor der Pflanzung geschlossener Obstanlagen wird der Boden mit einem Pflug mit Tiefenlockerungsscharen rigolt. Beschrieben wird der am Max-Planck-Inst. für Landarbeit und Landtechn. entwickelte Rigolpflug, der einen normalen Wendekörper und zwei Untergrund-Lockerungsschare besitzt. Der max. Tiefgang liegt bei 60-70 cm. Durch den Aufbau eines Gebläses kann Mineraldünger in die gelockerte Bodenschicht eingeblasen werden. Für diesen Rigolpflug wird eine Raupe von 55-60 PS benötigt. Bei größeren Pflanzabständen (Hochstammanlagen) und bei hartem oder leicht kiesigem Boden hat sich das Sprengen der Pflanzgruben mit Sicherheitssprengstoff bewährt. Durch die zerreißende Wirkung der Pulvergase wird der Untergrund gut gelockert. Erläutert wird die Arbeitsweise des Sprengens.

R.Höhn. 9415a.

Anonym. Motorhacka Hakorette. (Motorhacke "Hakorette". - Staatlicher Maschinenprüfbericht Ultuna.) - Statens Maskinprovningar, Medd. Nr.1598. (1962) S.1-3.

Hersteller: Hans Koch & Sohn, Bad Oldesloe. - Beschreibung: Die Motorhacke wird in 2 Typen gebaut: "Hakorette" und "Hakorette" mit "Hakomatik". Sie ist ausgerüstet mit einem "ILO"-1-Zylinder-2-Takt-Ottomotor. Das Arbeitsorgan besteht aus einer rotierenden Messerwelle. Die Bearbeitungsintensität kann durch die Drehzahl der Messerwelle und durch die Arbeitsgeschwindigkeit geregelt werden. Die Messerwelle ist gegen einen Einscharpflug auswechselbar. - Techn. Daten: Masse (mit Variator) mit 70 cm breiter Messerwelle 73 kg, mit Pflug 138 kg; Arbeitsbreite je nach Zahl der Messersterne 45 bzw. 65 cm. - Prüfungsergebnisse: Die Motorhacke arbeitete mit Motordrehzahlen zwischen 3000 und 4500 U/min. Bei normaler Motordrehzahl und einer Arbeitsbreite von 65 cm wurde eine Arbeitsgeschwindigkeit von 22 m/min erreicht. Die max. Motorleistung lag bei 3,7 PS (4500 U/min). Der Kraftstoffverbrauch betrug 2,1 l/h.

M.Lüpnitz. 9415f.

W i ß k i r c h e n, P.; Düngung der Obstbäume. - Landarbeit 13 (1962) Nr.2. S.14-15. - 2 Abb., 1 Tab.

Eine ausreichende Humus- und Nährstoffversorgung der Böden ist für das Erreichen hoher Erträge im Obstbau und für eine gute Neutriebbildung notwendig. Maschinen und Geräte zum Ausbringen von Stalldung, Kompost und Mineraldünger werden beschrieben. Hingewiesen wird auf die Düngung über das Blatt in Verbindung mit der Schädlingsbekämpfung. Es folgt eine Zusammenstellung über Arbeitsaufwand und Kosten je ha Obstfläche bei verschiedenen Düngungsverfahren.

R.Höhn. 9420c.

K a v e n, E.; Wieselburg/Erlauf, Niederösterreich, Bundesversuchs- und Prüfungsanst. für Landwirtsch. Maschinen und Geräte. Versuche und Erfahrungen mit Jiffy-Töpfen im Blumen- und Gemüsebau. - Dtsch. Gartenbauwirtsch. 10 (1962) Nr.5. S.100-101. - 3 Abb., 2 Diagr., 3 Tab.

Bei der Jungpflanzenanzucht von Tomaten, Paprika, Buschbohnen (unter Glas), Salat, Gurken, Edelnelken, Chrysanthemen, Cyclamen und Dahlien wurde der "Jiffy-Pot" mit gutem Erfolg verwendet. Der Platzbedarf des Jiffy-Topfes gegenüber den üblichen Verfahren ist geringer, auch können einzelne Arbeitsgänge weggelassen werden. Die Transportmasse beträgt für 1000 Pflanzen beim Jiffy-Topf 140 kg, beim Tontopf 1078 kg. Für die Jungpflanzenanzucht im Jiffy-Topf wurden für 1000 Chrysanthemen 6,642 AKmin, im Tontopf 8698 AKmin aufgewendet. K.Krüger. 9430f.

B u s c h, W.; Hannover, TH, Inst. für Gärtn. Betriebslehre und Marktforsch. Arbeitsgestaltung beim Pikieren in den Multitopf. - Gartenbauwirtschaft /Wien/ 1961 Nr.11. S.234-237. - 13 Abb.

Zum Beginn wird die Multitopf-Platte in eine leicht geneigte Holzvorrichtung gesetzt und mit Erde gefüllt. Entweder wendet man die üblichen Pikierhölzer oder das Pikieren mit einer Lochvorrichtung - Lochplatte oder Multilocher - an. Beim Multilocher aus Holz werden mit einem Druck alle Pikierlöcher vorgestanzt. Die Multitopf-Pikierweise gestattet die Einführung der Fließbandarbeit, wofür ein Schema gegeben wird.

W.Blasse. 9430e.

Anonym. Plastic sleeve plant pots for the horticolturist. (Kunststoff-Pflanztöpfe für den Gärtner.) - Farm Implement Machinery Rev. 87 (1961) Nr.1040. S.1629. - 2 Abb. Aus: Dok.-Dienst ILT 1962 Nr.2.

Pflanztöpfe aus Folien der Fa. British Cellophane Ltd. London, werden beschrieben. Ihre Vorzüge sind: gegen Feuchtigkeit und Fäulnis widerstandsfähiges, haltbares und chemisch träges Material; Begünstigung eines kräftigen Wurzelwachstums durch Festhalten der Feuchtigkeit im Kompost; kein Kühleffekt, da keine Verdunstung durch den Topf erfolgt; volle Ausnutzung des Düngers; einfache Bewässerung mit Hilfe von "BCL"-Rohren. Vf. macht Angaben über verfügbare Topfgrößen. 9430f.

M e š a l k i n, I. (Meschalkin, I.); Elektromotyga ĖM-12. (Elektrisches Hackgerät "ĖM-12".) - Technika v sel'skom chozjajstve, Moskva 21 (1961) Nr.11. S.49. - 1 Schema. Aus: Dok.-Dienst ILT 1961 Nr. 12.

Dieses durch einen Elektromotor angetriebene Gerät mit rotierenden Hackmessern kann besonders im Obst- und Gartenbau verwendet werden und dient zur Flächen- und Reihenbearbeitung, Unkrautentfernung, Düngung und Bodenlockerung bis zu 10 cm Tiefe. Techn. Daten: Länge 1500 mm, Breite 135 mm, Höhe 220 mm; Masse 7 kg. Zubehör: Zwei in tragbarem Schrank eingebaute Spannungsreduktoren mit 0,5 kW Leistung; 75 m Kabel. Motorspeisung: mit 1-Phasen-Wechselstrom, 220 V. Arbeitskennziffern: Leistung 200 m^2/h; 3,3-fache Steigerung der Arbeitsproduktivität gegenüber Handarbeit; Senkung der Direktkosten auf 64 %. 9440c.

Anonym. AMJ's short guide to grass cutting machinery. (AMJ's kurzer Führer durch Grasmähmaschinen.) - Agric.Machinery J. 15 (1961) Nr.1. S.49. 51. 53. 55. - 14 Abb.

Für 16 verschiedene Grasmäh- bzw. Grasmulchgeräte, die gegenwärtig auf dem Markt sind, werden kurze Beschreibungen gegeben. Den Ausführungen ist die Herstellerfirma, Verwendungsmöglichkeit, System, Energiequelle, technische Besonderheiten und der Preis zu entnehmen. Das Sortiment reicht vom motorgetriebenen Handrasenmäher über die an den Einachsschlepper angebauten Mulchgeräte bis zum schleppergezogenen Mähaggregat. Bis auf 2 Elektromäher sind alle Geräte mit gesondertem Motor-Aggregat oder mit Zapfwellenanschluß ausgestattet. Bei den handgesteuerten Kleingeräten dominiert das Propellersystem. W.Blasse. 94401.

K o l e f f, N., S h e t s c h e w a, S., M i c h o f f, A. und B y t s c h w a r o f f, S., Die Gemüsesaatguterzeugung. Sofija: Zemizdat. 1961. (373 S.)

S m e e t s, L. und B r a a k, J.P. Das Ventilationssystem der Klimagewächshäuser im Phytotron des Instituts für gärtnerische Pflanzenzüchtung Wageningen, Niederlande. Wageningen: Inst. voor de veredeling van tuinbouwgewassen. 1962. (11 S.) 8° = Mededeling instituut veredeling tuinbouwgewassen 181. (SR 23, 181)

I. FRÜHBEETE UND GEWÄCHSHÄUSER

B u c l o n, Francis; Les caractéristiques des matériaux plastiques utilisés dans le forçage ou le semi-forçage des cultures. (Die Merkmale einiger Kunststoffe, die für Kulturen verwendet werden.) - Advances horticult. Sci. 1 (1961) S. 244-257. - 8 Abb., 1 Tab.

Vf. beschreibt die Eigenschaften: geringes Gewicht, große Lebensdauer, Durchsichtigkeit, Wärmeisolierung, Aussehen, Verarbeitung und Gasdurchlässigkeit, folgender Kunststoffe: Polyäthylen, plastisches PVC, Rilsan, Copolymer Styren Acrylonitril, Methylpolymethacrylat, Polyester. Polyäthylen und plastisches PVC können für Abdeckungen und Gewächshäuser verwendet werden. Die Untersuchungen über Rilsan sind noch nicht abgeschlossen, durch seine halbsteife Beschaffenheit ist es für die gleichen Zwecke brauchbar. Die 3 letzten Kunststoffe sind steif und können wie Glas verwendet werden. I.Förtsch . 9510bg.

E m m e r t, E.M. Plastics for horticultural use. (Die Verwendung von Plastikstoffen im Gartenbau.) - Advances horticult. Sci. 1 (1961) S. 236-243. - 4 Abb.

An der Universität von Kentucky wurden Möglichkeiten zur Anwendung von Plastikstoffen erprobt. Die für Gewächshäuser empfehlenswertesten Arten sind: Polyäthylen, Vinyl, Tenit und Mylar. Die Vorteile bei ihrer Anwendung bestehen darin, daß sie doppelt verwendet werden können und dann zwischen 2 Plastikhäuten eine isolierende Luftschicht besteht, wodurch die Heizkosten herabgesetzt werden. Außerdem ergeben sich Kosteneinsparungen, da anstelle des Fundamentes nur leichte Auflager nötig sind. Plastikstoffe lassen sich weiterhin als Bodenbedeckung (dünne Plastikfilme mit Zusatz von C oder Al), als Überdachung für Frühbeetkulturen, als zeitweiliger Schutz gegen Frost (doppelte Plastikstärke), als Überdachung für nur vorübergehend benötigte Gewächshäuser, als Heizrohre, als Kompostbehälter (zum Dämpfen) und als Töpfe und Schalen verwenden. I.Förtsch. 9510bg.

R e n a r d, W. Kunststoffe im Gartenbau. - Advances horticult. Sci. 1 (1961) S. 258-267. - 5 Abb.

Die Strahlungsdurchlässigkeit der Folien unterscheidet sich nur wenig von der des Glases. Das gilt nur für neue, saubere Folien. Messungen an Folien, die längere Zeit im Freien der Witterung ausgesetzt waren, zeigten Werte, die bis 50 % unter denen lagen, die an sauberer Folie gemessen wurden. Der tröpfchenförmige Niederschlag an der Innenseite der Folie ergibt eine Lichtminderung bis 20 %. Ein Anstrich, der die Tröpfchenbildung verhindern sollte, erwies sich als nicht genügend haltbar. Ein Ausweg ist der Bau von Dächern mit einem Neigungswinkel von über 30°. - Kunststoffolien besitzen eine größere Durchlässigkeit für UV- und UR-Strahlen als Glas (bes. hoch bei Polyäthylen). Sie haben eine niedrigere Wärmeleitfähigkeit als Glas oder Metall, trotzdem ist der Wärmebedarf unter Folie nicht geringer, da für die Wärmedurchgangszahl k in erster Linie die Wärmeübergangszahl an der Außen- und Innenfläche der Hülle bestimmend ist. Der k-Wert bleibt 6-6,5. Wenn Folie als Isoliermaterial hinter eine Glaswand gespannt ist, sinkt der k-Wert auf 3,5-4. PVC ist hier günstiger als Polyäthylen. - Außenfolien sollen mindestens 0,15 mm, Innfolien 0,04 mm stark sein. Die Haltbarkeit beträgt 1-2 Jahre (7 Jahre sind erwünscht). - Die Eignung von Polyäthylenrohren zur Bodenheizung wird untersucht. I.Förtsch. 9510bg.

G a n i n, V. (Ganin, W.), Teplicy iz železobetonnych panelej. (Gewächshäuser aus Eisenbetonfachwerk.) - Kartofel' i ovošči, Moskva 6 (1961) Nr.11. S. 59-60. - 1 Abb.

In den vom Inst. für Projektier. von Industriegebäuden und Landwirtsch. Anlagen neu ausgearbeiteten Konstruktionen für Gewächshäuser aus Eisenbetonfertigteilen sind niedrige Baukosten mit einem geringen Prozentsatz der Beschattung und Einfachheit der Montage miteinander kombiniert. Die Gewächshäuser dieser Typen werden mittels Autokran aus vier Hauptbauelementen zusammengesetzt. Die Einzelteile sind so projektiert, daß sie nicht nur von den Eisenbetonwerken angefertigt werden können, sondern daß sie sich auch an Ort und Stelle anfertigen lassen. Die Nutzfläche eines solchen Gewächshauses beträgt 686,9 m^2, die Voranschlagkosten 24,7 Rbl./m^2 überbaute Fläche. E.Kahn. 9520.

K o r o l ' k o v, E. (Korolkow, Je.), Gidroteplicy. (Hydrogewächshäuser.) - Kartofel' i ovošči, Moskva 6 (1961) Nr. 11. S. 37-38. - 1 Abb., 1 Schema.

Im Jahre 1933 hatte W.A. Uspenski die Berieselung von Gewächshausdächern mit 25-30° C warmem Wasser zur Beheizung des Innenraumes vorgeschlagen. Beim Inst. für Projektier. von Industriegebäuden und Landwirtsch. Anlagen liegt ein Projekt für Hydrogewächshäuser aus Fertigeisenbetonteilen aus dem Jahre 1953 vor, das eine überbaute Fläche von 432 m^2 vorsieht (Kosten: 20 Rbl./m^3, Länge 48 m, Breite 9 m und Höhe 3,65 m). Das Projekt ist für -32°C Außentemperatur, eine Innentemperatur von +20° C, Bodentemperatur von +22°C, Temperatur des Wärmeträgers von 30-35° C und einen Wärmeverbrauch von 27350 kcal/h berechnet. Der Verbrauch des Wärmeträgers beträgt 140 m^3/h für ein Gewächshaus bzw. 3500 m^3/ha. Das Haus eignet sich deshalb überall dort als Kühlanlage, wo große Mengen an rückzukühlenden Abwärmeträgern auftreten. - Die Gemüseversuchsstation der Timirjasew Landwirtsch.-Akad. hat nunmehr einen neuen Hydrogewächshaustyp entwickelt, der ein flaches Dach aufweist und nur noch 25-35° C warmes Abwasser benötigt. Auf dem horizontalen Dach steht eine warme Wasserschicht von 5-7 cm, die im Sommer als Filter dient, so daß die Temperatur auch bei intensiver Sonneneinstrahlung nicht über 33° C steigt. Der Bedarf an Wärmeträger beträgt 40 bis 80 l/m^2·h; die Größe der Häuser kann 0,5-1 ha betragen; eine Ventilation ist nicht erforderlich. E.Kahn. 9520.

W i e j a, Klaus; Berlin, VEB Typenprojektier. Komplexplanung von Gewächshauswirtschaften mit Gewächshausanlagen von 0,6 und 1,2 ha bebauter Grundfläche. - Bauzeitung 16 (1962) Nr. 13. S. 356-359. - 7 Zeichn.
Typenprojekte für Gewächshauswirtschaften müssen sinnvoll zu Komplexanlagen zusammengefaßt werden. Mittelpunkt ist die Gewächshausanlage. Die Typengrundeinheit hat eine Größenordnung von 0,6 ha und kann zu Anlagen von 1,2; 1,8; 2,4; 3,0 oder 3,6 ha gruppiert werden. In enger Verbindung damit stehen das Heizwerk und die Frühbeetkastenanlage. Die Gewächshausanlage sollte bevorzugt mit der Firstrichtung Nord-Süd, das Heizhaus an der windabgewandten Seite der Anlage gebaut werden. Die Gesamtbaukosten einer Gewächshauswirtschaft betragen für eine 0,6-ha-Anlage 1.412.400 DM und für eine 1,2-ha-Anlage 2.344.800 DM. In Beispiellageplänen wurden als Gesamtfläche für die 0,6-ha-Anlage 2,89 ha und für die 1,2-ha-Anlage 5,35 ha ermittelt. An Typen- und WV-Projekten stehen zur Verfügung bzw. werden in diesem Jahr bearbeitet: 4 Gewächshausanlagen, 4 Heizhäuser, 2 Sozial- und Werkstattgebäude sowie 1 Lagerhalle für Frühbeetfenster und Töpfe.
W.Gratz. 9520.

A k o p j a n, R. Gidroščetka dlja očistki krovli teplic. (Eine hydraulische Bürste für die Reinigung der Gewächshausdächer.) - Kartofel' i ovošči, Moskva 6 (1961) Nr.11. S. 61-62. - 1 Abb.
Die vom Hauptkonstruktionsbüro für Mech. des Gemüsebaues entwickelte hydraulische Bürste kann entweder an eine Wasserleitung oder an eine andere beliebige Pumpanlage von mindestens 2 atm Druck angeschlossen werden. Ihr Arbeitswerkzeug besteht aus zwei vertikal angeordneten runden Plastscheiben von 210 mm Dmr. Das Gehäuse der Bürste besteht aus Duraluminium und ruht auf drei Rädern. Die Bürste ist mit einem in der Länge verstellbaren Stangenrohr verbunden und kann um 180° gewendet werden. Die Arbeitsbreite beträgt 0,45 m und das Gewicht (ohne Stange) 1,5 kg. Für die Bedienung reicht 1 AK aus, die Leistung beträgt 200 m^2/h. E.Kahn. 9525.

R o e r, P. und L o s, G.J.; Wageningen, Inst. voor Tuinbouwtechn. Luchtbeweging in kassen. (Luftbewegung im Gewächshaus.) - Meded. Directeur Tuinbouw /s-Gravenhage/ 24 (1961) Nr.5. S. 318-324. - 2 Abb., 5 Diagr., 5 Lit.

In der Zeit vom 15. 10 bis 27. 12. 1959 wurden in Gewächshäusern Luftbewegungs-, Temperatur- und Lichtmessungen durchgeführt. Vier verschiedene Gewächshaustypen (2, 4 und 8 schiffig) mit gleicher Grundfläche (23 x 26 m) wurden ohne Bepflanzung vergleichsweise gegenübergestellt. Die Luftströmung wurde durch kalten Rauch sichtbar gemacht und mit einem speziell angefertigten thermo-elektrischen Anemometer gemessen. Ein deutlicher Zusammenhang ergab sich zwischen der Temperaturdifferenz innen und außen und der Luftbewegung im Haus. Die größte Luftbewegung konnte dicht über der Bodenoberfläche ermittelt werden. Die Erhöhung der Luftbewegung bei zunehmenden Temperaturdifferenzen ist am größten in der Bodennähe und im Bereich der Glasscheiben. Das Luftbewegungsniveau lag bei 5 bis 15 cm/sec. Die größte Luftbewegung wurde in Häusern mit hohem First (zweischiffiger Block) ermittelt. In niedrigen Häusern ließ sich eine horizontale Luftbewegung feststellen, die größer ist als die vertikale. Ein Einfluß der Windbewegung außerhalb des Gewächshauses auf die Luftbewegung im Haus konnte mit der verwendeten Apparatur nicht erfaßt werden.

W.Blasse. 9530.

D o d i l l e t, H.-J. Betrachtungen über die künstliche Beleuchtung von Pflanzen in Gewächshäusern. - Dtsch. Gartenbauwirtsch. 10 (1962) Nr. 1. S.18-20. - 3 Abb., 3 Diagr.

Behandelt wird die Phyto-Lichttechnik, die den unmittelbaren Vergleich von Lampentypen, von verschiedenen Beleuchtungsanlagen und der zu erwartenden Jahreskosten auf der Grundlage gleichen Wuchserfolges bei der Beleuchtung von Pflanzen ermöglicht. In einer Tab. werden lichttechnische und phytolichttechnische Daten mehrerer Lampentypen gegenübergestellt. Die Lebensdauer der Leuchten wird durch verschiedene aufgezählte Umweltbedingungen stark herabgesetzt. Reflektoren sind nicht erwünscht, da durch sie ein großer Teil des Tageslichtes verlorengeht. Man kann Leuchtstofflampen mit Reflexschicht verwenden. Beleuchtungsanlagen können durch Dämmerungsschalter und Schaltuhren gesteuert werden. Funktion und Aufbau werden beschrieben.

R.Höhn. 9530.

B a r r o w, V.L. Ventilation of growing houses. Part 2. (Ventilation von Kulturräumen. 2. Mitt.) - MGA /Mushroom Growers' Assoc./ Bull. 1961 Nr. 143. S. 476-481. - 5 Abb. 1. Mitt. vgl. LZ. Abt. I 9 (1963) Nr.1. S. 93.

Durch Verbesserung der Champignon-Kulturräume in klimatischer Hinsicht werden Ertragssteigerungen von 25-30 % bei gleichzeitigem Qualitätsanstieg der Produkte erzielt. Ausschlaggebend für ein gutes Pilzwachstum erwies sich eine ausreichende Luftumwälzung, die durch verschiedene technische Einrichtungen erreicht werden kann. Folienumhüllungen der Substratkistenstapel zur besseren Luftführung bewährten sich gut. Der Luftwechsel wird beeinflußt durch die Stapelverhältnisse, Substratstärke und die CO_2-Konzentration. Zur Analyse des CO_2-Gehaltes im Substrat und in der Atmosphäre bewährte sich der "Draeger Gas Detector".

W.Blasse. 9530.

R e n a r d, W. und S t e i n, J.; Hannover, TH, Inst. für Techn. im Gartenbau. Zur Verdunstungskühlung in Gewächshäusern. Konstruktive Einzelheiten. Dtsch. Gartenbauwirtsch. 10 (1961) Nr.11. S. 234-236.; (1962) Nr. 4. S. 69 -73. - 9 Abb., 2 Lit.

Die Untersuchungen über die Kühlung von Gewächshäusern sind noch nicht abgeschlossen. Demzufolge kann auch zum gegenwärtigen Zeitpunkt noch nicht entschieden werden, ob sich der zusätzliche Aufwand in einem höheren Ertrag der Gewächshäuser niederschlägt. - Für nicht schattierte Schnittblumenhäuser mit Mattenkühlung ist ein Luftwechsel von 50/h angemessen. Bei leicht schattierten Häusern kann er bis auf 35/h vermindert werden. Man rechnet theoretisch 1 m^2 Mattenfläche für 38 m^2 Gewächshausgrundfläche. Über Kühlmatten unter 15 m Gesamtlänge legt man ein Rohr von 1 1/2 " Dmr., das im Abstand von 15 cm Bohrungen von 2 mm Dmr. besitzt. Bei Kunststoffrohren empfiehlt sich, in die Bohrlöcher Kupferhohlnieten einzusetzen. Die Kühlmatten sind an der Gewächshausseite zu installieren, die zu Zeiten des höchsten Kühlbedarfs vom Wind getroffen wird. - Für die Nebelkühlung im Gewächshaus ist salzarmes und sauberes Wasser Voraussetzung. Für die Erzeugung des Nebels empfehlen sich Ölbrennerdüsen mit einer Bohrung von 0,15-0,20 mm Dmr. Sie sollen bei 40 atü 4-6 l/h vernebeln. Düsen mit größerem Sprühkegel sind zu bevorzugen. Je 10 m^2 rechnet man eine Düse. Außerdem werden Ausführungen über die Befeuchtungen der Frischluft außerhalb des Gewächshauses, die Kombination von Heizung, Lüftung und Kühlung sowie über Anlage- und Betriebskosten gemacht. W.Blasse. 9531.

P i č a k, V.A. (Pitschak, W.A.). Vyraščivanie rassady pri iskusstvennom osveščenii. (Pflanzenanzucht bei künstlicher Beleuchtung.) - Naučnye trudy. Élektrifikacija sel'skogo chozjajstva. Vsesojuznyj naučno-issledovatel'skij institut ėlektrifikacii sel'skogo chozjajstva (VIESCh), Moskva 8 (1961) S. 53-67. - 2 Abb., 2 Diagr., 5 Schemata, 6 Tab.

1954-1956 wurden von der Saporoshjer Filiale des Unions-Forsch.-Inst. für Elektrifizier. der Landwirtsch. Versuche mit zusätzlicher künstlicher Beleuchtung von Tomaten- und Gurkenpflanzen für die südlichen Bezirke der UdSSR durchgeführt. Als Lichtquelle dienten Leuchtstoffröhren. Die Leistung betrug 250 W/m^2, die tägliche Beleuchtungsdauer 18 Stunden. Die Reflektoren der Leuchten hielten das natürliche Tageslicht fast vollständig zurück. 1955 wurde daher ein Gewächshaus ohne Glaseindeckung gebaut, um die Möglichkeit der Aufzucht von Setzlingen nur bei Kunstlicht zu untersuchen. Es ergab sich aus den Versuchen in diesem Haus, daß die Temperatur und Feuchtigkeit der Luft keinen merklichen Einfluß auf die Pflanzen ausüben und die Beleuchtung ausschlaggebend ist. Durch Steigerung der Stärke und Dauer der Beleuchtung erhöhen sich Chlorophyllgehalt sowie Gewicht der Pflanze und Dicke der Stengel, während die Stengellänge zurückgeht. Die günstigsten Ergebnisse wurden bei 250-300 W/m^2 und 18 h/Tag Beleuchtungsdauer erzielt. Güte der Pflanzen und Ertrag waren nicht schlechter als bei der Anzucht in glasgedeckten Gewächshäusern mit zusätzlicher gleicher Leuchtstoffröhrenbeleuchtung. W.Balkin. 9533.

J o r d a n o v, D. und P o p o v a, D. (Jordanow, D. und Popowa, D.) Otopljavane na počvata na otkriti plošti črez para. (Dampfeinsatz zur Bodenerwärmung im Freien.) - Izvestija na Centralnija naučnoizsledovatelski institut po mechanizacija i elektrifikacija na selskoto stopanstvo, Sofija 1 (1961) S. 177-187. - 6 Abb., 2 Tab., 6 Lit. Zus. in Russ., Dtsch.

Es wurden Versuche mit dem Ziel angestellt, die Parameter der Wärmeanlage zu bestimmen und die Wärmeauswirkung auf den Boden in Bezug auf die Frühreife und Erträge einiger bedeutender Gemüsekulturen festzustellen. Aus den Versuchsergebnissen geht hervor, daß die Bodenerwärmung mit Hilfe der angebotenen Anlage zur Förderung der Frühreife bei Paprika, Eierfrüchten und Tomaten beiträgt. Die Paprika- und Eierfruchterträge werden gesteigert. Die Bodenerwärmung im Freiland kann dort durchgeführt werden, wo billiger Abdampf vorhanden ist. D.Sredkow. 9545b.

Z a c h a r o v, N.G. (Sacharow, N.G.) Ėffektivnost' techničeskich sposobov obogreva parnikov pri vyraščivanii rannich ovoščnych kul'tur. (Über die Wirksamkeit technischer Verfahren der Frühbeetheizung beim Frühgemüseanbau.) - Bjulleten naučno-techničeskoj informacii po agronomičeskoj fizike. Agrofizičeskij naučno-issledovatel'skij institut, Leningrad 1960 Nr. 7. S. 59-64. - 2 Diagr., 3 Tab., 5 Lit.

Vf. berichtet über Versuche, durch die die Zweckmäßigkeit des Ersatzes der biologischen Frühbeeterwärmung durch technische Vorrichtungen (Warmwasserheizung und Elektroheizung), die Kosten der Umstellung, das wirtschaftlichste Verfahren geklärt werden sollten. - Es wurden 2 Frühbeete mit elektrischer Heizung, 3 mit Warmwasserheizung und 1 mit biologischer Erwärmung betrieben, wobei die Bodenfeuchtigkeit in Tiefen von 0-7 und 7-15 cm, die Bodendichte in 0-10 und 10-20 cm Tiefe, die Bodentemp. auf der Oberfläche und in Tiefen von 7 und 15 cm sowie die Lufttemperatur 7 cm über der Oberfläche gemessen wurden. In 2 Diagr. veranschaulicht Vf. die sich bei den verschiedenen Beheizungsarten ergebenden mittleren Temp. für die Monate April und Mai und den Tagesverlauf der Temp. für den 7. und 8. Mai. Die Ergebnisse zeigen eine direkte Abhängigkeit der Pflanzenentwicklung von der Lufttemp. Je weniger die Temp. schwankte, um so besser entwickelten sich die Pflanzen. Neben verschiedenen Versuchsergebnissen bringt Vf. in Tab. Angaben über den Ertrag von Gemüse und Gurken und die Kosten des Gemüseanbaus in den untersuchten Frühbeeten. Abschließend faßt er die Vorteile der techn. Beheizung gegenüber der biologischen Erwärmung zusammen. W.Balkin. 9545b.

R a v e s t e i n, J. Verwarming in plastic kassen. (Heizung in Plastik-Gewächshäusern.) - Vakbl. Bloemisterij 16 (1961) Nr. 32. S. 505. -

Die Heizung kann sowohl als Warmwasser- oder Dampfheizung als auch in Form einer Luftheizung installiert werden. Die Dünnrohrheizung, berechnet wie für ein Glashaus, gab im gesamten Gewächshaus eine gleichmäßige, gut ausgeglichene Temp. auch im Winter bei stärkerem Wind. Eine gute ölgeheizte Warmluftheizung hat große Vorteile; um eine gute Wärmeverteilung zu erreichen, muß die Warmluft aber von mehreren Stellen aus eingeblasen werden. Eine Heizkosteneinsparung von 15-20 % ist durch Doppelwandigkeit der Plastikhäuser zu erreichen. A.Lauenstein. 9545b.

B u d z i n s k i, A.; Bonn, Landwirtschaftskammer Rheinland. Wirtschaftliche Rohrdimensionen bei Gewächshausheizungen. - Rhein. Mschr. Gemüse-, Obst- u. Gartenbau 50 (1962) Nr.1. S. 15-16. - 2 Abb., 4 Tab.

Auf der Grundlage eines Betriebes von 1 ha Größe wird der Wärmebedarf für eine 1.500 m^2 große Gewächshausfläche, die durch Warmwasserrohre geheizt wird, errechnet. Günstig sind Heizrohre mit kleinen Dimensionen und geringem Wasserinhalt. Es folgt ein Überblick über die häufig verwendeten Rohrgrößen, Rohr- und Wassergewichte, sowie Heizflächen und Installationspreise. Der Einbau von Pumpen ist in jedem Fall zweckmäßig und wirtschaftlich. Errechnet werden die Wärmemengen verschiedener Heizrohrdimensionen.

R.Höhn. 9545d.

A s t a f ' e v, N.N. (Astafjew, N.N.) Avtomatizacija ėlektroobogreva kul'tivacionnych pomeščenij. (Automatisierung der Elektrobeheizung von Warmhäusern.) - Naučnye trudy. Ėlektrifikacija sel'skogo chozjajstva. Vsesojuznyj naučno-issledovatel'skij institut ėlektrifikacii sel'skogo chozjajstva (VIĖSCh), Moskva 8 (1961) S. 68-78. - 2 Abb., 3 Diagr., 2 Schemata, 1 Lit.

Die Saporoshjer Filiale des Unions-Forsch-Inst. für Elektrifizier. der Landwirtschaft hat eine Schaltung für die Temperaturregelung in elektrisch beheizten Gewächshäusern entwickelt. Vf. bespricht die Schaltung sowie die Ausführung und Berechnung des Thermorelais, das sowohl die Lufttemperatur als auch die Bodentemperatur regeln soll. Es besitzt als Meßgeber einen Zylinder, der über ein Röhrchen mit einem Wellrohr verbunden und mit Paraffinöl gefüllt ist. Durch Längenänderung des Wellrohres werden die die Heizelemente ein- und ausschaltenden Kontakte betätigt. Abschließend bringt Vf. theoretische Überlegungen und macht Angaben über die Eichung und Kontrolle der Zuverlässigkeit des Relais, bei der sich eine Temperaturungenauigkeit von $\pm$ 0,4° C ergab. Bei der Bodenbeheizung sparte man durch Verwendung des Relais 25 % Energie ein.

W.Balkin. 9545f.

S t u r m a k, D. (Schturmak, D.) Na teplovych otchodach ėlektrostancii. (Mit Abwärme betriebene Gewächshauskombinate.) - Kartofel'i ovošči, Moskva 6 (1961) Nr.11. S. 34-36. - 2 Abb.

Ein Kolchos, 1 km von dem Kraftwerk der Stadt Shitomir entfernt gelegen, errichtete ein Gewächshauskombinat mit 2460 m^2 Gewächshausfläche (8 Häuser) und 2450 Frühbeetfenstern, das mit der Abwärme des E-Werkes beheizt wird. Die Gewächshäuser werden das ganze Jahr über genutzt, wobei auf 75 % der Fläche Gurken stehen. Die Treibgemüseerträge betragen 36-38 kg/m^2, davon 18-20 kg/m^2 Gurken und 10-12 kg/m^2 Tomaten. Die beim Anbau der Gurken angewendete Agrotechnik wird beschrieben.

E.Kahn. 9545g.

S t i c k l e r, P.; Stuttgart-Botnang. Bewässerungsmethoden unter Glas. Gartenwelt 62 (1962) Nr.4. S. 73-76. - 6 Abb.

Es wird ein Überblick über den Stand der Bewässerungsmethoden unter Glas und deren Durchführungsmöglichkeiten gegeben. Die Tröpfchenbewässerung hat sich auf Grund vieler Nachteile nicht durchgesetzt. Auch die auf dem Markt befindlichen Sprühschläuche sind für die Bewässerung unter Glas nicht geeignet. Bei der Bewässerung mit Düsenrohren ist bei bestimmten Kulturen die Bewässerung von unten günstiger. Die Düsenrohre werden in oder an den Beeten auf den Boden gelegt oder leicht erhöht angebracht. Die Metallrohre sollten durch Kunststoffrohre ersetzt werden. PVC-Rohre sind dafür besser geeignet als Polyäthylen-Rohre. Der "Wasserkuli" wird vom "Kulimat" von Fa. Ernst Fellach verdrängt, da eine größere Arbeitsersparnis und die Möglichkeit, das ganze Gewächshaus an heißen Tagen in kürzester Zeit durchspritzen zu können, erreicht wird. Bei der Sprühnebelkultur werden verschiedene Steuergeräte aufgezählt. Für Topfpflanzenbetriebe ist die Anstaubewässerung von Bedeutung. R.Höhn. 9550.

K. GARTENBAU/ERNTE

K r ö d e l, F. Der Einsatz von Erntemaschinen im Feldgemüsebau. - Dtsch. Gartenbauwirtsch. 10 (1962) Nr. 5. S. 102-104. - 7 Abb.
Importierte Bohnenpflückmaschinen aus den USA, Holland und England befriedigten nicht. So betrugen die Ernteverluste bei der amerikanischen Maschine 5-20 %. Es wird von zwei deutschen Neuentwicklungen berichtet. Diese Maschinen arbeiten einreihig bei üblichem Reihenabstand. Es werden ferner anbaumethodische Hinweise für den Bohnenanbau im Hinblick auf eine maschinelle Ernte gegeben. - Für die Erbsenernte, die durch den Einsatz von stationären bzw. fahrbaren Grünerbsendreschmaschinen voll mechanisiert werden kann, wurde auch eine englische Maschine erprobt, die das angewelkte Erbsenkraut auf dem Feld aus dem Schwad drischt. Das ausgedroschene Erbsenkraut wird zerkleinert und auf das Feld gestreut.-Eine amerikanische Spinatvollerntemaschine hat sich gut bewährt, während bei der Möhrenernte der Einsatz der Vollerntemaschinen von der Sorte abhängig ist. Es werden entsprechende Maschinen beschrieben. - Bei der Sellerieernte erfolgt der Einsatz von Rübenvollerntemaschinen bzw. des Kartoffelroders. - Bei der Blumenkohlernte wurden vereinzelt Transportwagen und auch Transportbänder verwendet.
K.Krüger. 9555b.

B ü t t n e r, R. und S e i d e l, E.; Bernburg, Inst. für Agrarökon. Neue Erfahrungen bei der Mechanisierung der Gemüseernte. - Wiss.-techn. Fortschr.Landwirtsch. 2 (1961) Nr.8. S. 365-368. - 4 Abb., 1 Tab., 6 Lit.
Es wird zusammenfassend über den derzeitigen Stand der Mechanisierung der Gemüseernte berichtet. Im einzelnen wird auf die Blumenkohl-, Rosenkohl-, Zwiebel-, Gurken-, Tomaten-, Erbsen-, Spinat-, Möhren-, Schwarzwurzel- und Sellerieernte eingegangen. Das Schwergewicht der Ausführungen liegt auf dem Einsatz der in der DDR vorhandenen Technik, wie Gemüseerntewagen "T 010", Kohlernte-Förderband, Siebkettenvorratsroder, Zwiebelrode-Geräte und andere Anbaugeräte zum "RS 09". W. Blasse. 9555b.

L o r e t i, Filiberto; Pisa, Univ., Ist. di Coltivazioni Arboree. La raccolta meccanica dei prodotti in frutticoltura, olivicoltura e viticoltura. (Die mechanische Ernte der Produkte im Obst-, Oliven- und Weinbau.) Frutticoltura 24 (1962) Nr.6/7. S. 473-486. - 25 Abb., 1 Schema.
Bei der Olivenernte kann eine U-förmige Erntezange verwendet werden. Die Kunststoffzähne dieser Zange lassen die Triebe hindurchgleiten und die Oliven fallen ab. Rationeller ist das Aufsammeln der abgefallenen Oliven. Die Sammelgeräte sind entweder mit Gummifingern auf gegeneinander rotierenden Wellen (Antrieb durch einen 3-PS-Motor) oder mit einem Saugrüssel versehen, der von Hand bewegt wird. In 8 Stunden können 215 bis 355 kg, in

günstigen Fällen sogar 450 kg geerntet werden. Die Kosten betragen nur 43 % im Vergleich zur Handarbeit. Andere Anbaugeräte zum Traktor ermöglichen das Aufsammeln von Mandeln, Wal- und Haselnüssen nach dem Prinzip der rotierenden Gummifinger. Bevor die Früchte in die vom Traktor gezogenen Großkisten fallen, werden sie von Fremdsubstanzen getrennt. - Bei trockenen Früchten werden die Bäume durch Rüttler abgeerntet. Äpfel, Birnen und Pflaumen werden durch schiefe Ebene so aufgefangen, daß durch Verwendung von Transportbändern die Früchte in die Sammelbehälter (Großkisten) gefördert werden. Die Schwingungsweite der Rüttler beträgt 11 cm bei 400-1200 Schwingungen pro Minute. Ein Baum kann in 62 Sekunden geerntet werden. Die Erntekosten vermindern sich um 50 %. Zur Ernte von Tafelobst werden verschiedene Plattformen eingesetzt, die den Pflücker in günstige Stellung zu den abzuerntenden Früchten bringen. Die einfachste Form ist der Ernteschlitten, andere Plattformen werden am Traktor angebaut und hydraulisch oder elektrisch betrieben. Die Hubhöhe liegt bei den meisten Konstruktionen zwischen 1,5 und 5,5 m. Die Einsparung gegenüber üblichen Ernteverfahren liegt zwischen 20 und 40 %. Eine spezielle Plattform stellt der traktorgezogene Erntewagen dar. Für die maschinelle Ernte der Reben wird eine Spaliererziehung vorgenommen, die ein maschinelles Abschneiden und Einsammeln der Trauben gestattet. Die Ernte von Himbeeren erfolgt von einem Portalwagen, der ebenfalls mit einer Serie von Gummifingerwalzen versehen ist. Die Früchte werden abgesaugt und durch Gebläse von Fremdkörpern gereinigt.

S.Kramer. 9570a.

J o n k e r s, H.; Wageningen. Vereenvoudiging der aardbeipluk; een Italiaans idee. (<u>Vereinfachung des Pflückens von Erdbeeren; ein Vorschlag aus Italien.</u>) - Fruitteelt <u>51</u> (1961) Nr. 39. S. 1107. - 2 Abb., 2 Tab.

Der Pflücker sitzt dicht über dem Boden auf einem 3rädrigen Fahrgestell (Fahrradräder) und schiebt sich rückwärts über die Reihe. Vor dem Pflücker hängen die Pflückkörbe. Die Leistungssteigerung betrug 17 - 39 %. Das Gerät ist patentiert.

R.Schuricht. 9570b.

L. GARTENBAU/ERNTE-AUFBEREITUNG UND -LAGERUNG

W i l k i n g, E. <u>Transportfluß und Arbeitsplatzgestaltung bei gemeinsamer Obstaufbereitung.</u> - Erwerbsobstbau <u>3</u> (1961) Nr. 12. S. 230-232. - 3 Schemata, 3 Lit.

Bei der Obstaufbereitung ist gradliniger und weitgehend horizontal ausgerichteter Transport anzustreben, wobei die Schwerkraft auszunutzen ist. Das Leergut soll senkrecht oder in entgegengesetzter Richtung zur Bewegung des Obstes zugeführt werden. Drei mögliche Anordnungen werden diskutiert: 1) Sortiermaschine mit beiderseitigen Auslauffächern; die vollen Kisten werden auf Rollbahnen gebracht, die hufeisenförmig den Kalibrierteil der Sortiermaschine umfassen. 2) Sortiermaschinen mit einseitigen Auslauffächern: Die vollen Kisten werden auf kurze Rollbahnen unterhalb des Abfüllschachtes gestellt und weitergeleitet. 3) Sortiermaschinen mit einseitigen Auslauffächern: Jedes Auslauffach ist mit einer Rollbahn verbunden. Durch fächerförmige Staffelung der Länge dieser Transportbahnen wird ein reibungsloser Arbeitsablauf gesichert. Verfahren 3 wird als besonders empfehlenswert herausgestellt.

W.Blasse. 9605.

W i l k i n g, E. Zuordnung von Obstsortiermaschine und Paletten auf den Transport abgestimmt. - Erwerbsobstbau 4 (1962) Nr. 6. S. 110-111. - 2 Schemata.

Eine Amortisation des Paletten- und Hubstaplereinsatzes ist durch Lohneinsparung unter der Voraussetzung gegeben, daß die Palette von der Plantage über die Lager- und Aufbereitungszentrale bis zum Großhandel verwendet wird. Die zweckmäßigste Zuordnung von Steige und Palette wird beschrieben. Bei Paletten 80 x 120 cm und Obststeigen 40 x 60 cm ist die Kiste mit der Schmalseite zum Auslauffach zu stellen und die Palette mit der Schmalseite hierzu auszurichten. Die Steige ist bei dieser Anordnung durch die AK leicht zu ergreifen, und es wird eine gradlinige, nicht bogenförmige Bewegung zur Palette hin ausgeführt. Dabei ist nur eine kurze Wegstrecke zu überbrücken, und man kommt gleichzeitig zu einer günstigen Raumausnutzung. Bei anderen Paletten und Steigenmaßen ergeben sich keine derartig günstigen Lösungen. W.Blasse. 9610.

O l a s v e e n g e n, Roar. Lagring av vinterkål. (Lagerung von Winterkohl.) - Norsk Landbruk 1961 Nr. 20. S. 640-641. 650. - 5 Abb.

Als günstigste Lagertemperatur werden in Norwegen Werte bei 0 °C angesehen. Die Kurzzeitlagerung von Weißkohl erfolgt in Erd- bzw. Strohmieten und Lagerschuppen. In Gegenden mit konstanter Schneedecke im Winter wird der Kohl erfolgreich in Lattenkisten unter Schnee gelagert. Bei einem billigen Holz-Lagerhaus (Hedmark Småbruksskole) für die Lagerung in Regalen und Kisten besteht die Wandisolierung aus Torf. - Es wird eine Anleitung für Desinfektion von Lagerräumen mit S (1-3 kg/100 m^3), Formalin (2-3 l/100 m^3) und Kaliumpermanganat gegeben. M.Schröder. 9625a.

B ü n e m a n n, Gerhard; Sarstedt. Ein neues Gerät zur Einstellung der Gaszusammensetzung im CO_2-Lager. - Dtsch. Gartenbauwirtsch. 10 (1962) Nr. 1. S. 14. - 1 Schema.

Beschrieben wird das in Neuschottland (Kanada) entwickelte Verfahren der CO_2-Bindung in Obstlagerräumen, das auf dem Abbinden von Mauerkalk ($Ca(OH)_2$) beruht. Der von C.A. Eaves konstruierte "Trocken-Scrubber" besteht aus einer luftdicht verschließbaren Kiste mit je einem Lufteinlaß- und -auslaßrohr, die beide in das Obstlager führen. In der Kiste befinden sich Regale, auf die die Säcke mit Hydratkalk gelegt werden. Die Vorteile dieses Verfahrens sind: niedrige Herstellungskosten, geringere Korrosionsgefahr, einfache und gefahrlose Handhabung (im Gegensatz zu Ätznatron). Für 1 t Äpfel werden etwa 100 kg Kalk benötigt. R.Höhn. 9625d.

G r ö s c h n e r, P. Die Auswahl geeigneter Sorten für die Gefrierkonservierung. - Lebensmittel-Ind. 8 (1961) Nr. 10. S. 307-309. - 5 Lit.

In Zusammenarbeit mit der Zentralstelle für Sortenwesen werden im Forschungsinst. für Kühl- und Gefrierwirtschaft in Magdeburg Sortenversuche durchgeführt, um die Gefriereignung von Gemüse und Obst zu bestimmen. Die einzelnen Sorten werden im Frischzustand, nach dem Einfrieren und nach drei-, sechs- und neunmonatiger Gefrierlagerung organoleptisch und chemoanalytisch geprüft, um die Qualitätsminderung durch das Gefrieren und anschließende Lagern festzustellen. Auf Grund mehrjähriger Untersuchungen werden für folgende Gemüse- und Obstarten "gut geeignete" bzw. "geeignete"

Sorten mitgeteilt: Erbsen, Buschbohnen, Blumenkohl, Rosenkohl, Spargel, Gurken, Tomaten, Spinat, Erdbeeren, Kirschen, Johannisbeeren, Pflaumen.

M.Lüpnitz. 9630c.

E m c h, F.; Wädenswil, Schweiz, Versuchsanst. für Obst-, Wein- und Gartenbau. Neue Kleingeräte für die Verwertungsgewerbe. - Schweiz. Z. Obst- u. Weinbau 70 (1961) Nr. 21. S. 536-538. - 3 Abb., 2 Lit.

Beschrieben werden zwei Kleinkühlgeräte und ein Kleinwärmeausstrahler. Der "Tauchkühler 1 PS" von Alfa Laval entzieht bei 10 °C Verdampfungs- und 35 °C Verflüssigungstemperatur 2.500 kcal/h. Das Kälteaggregat befindet sich in einem Kasten und der Kühler ist an einem 2 m langen, flexiblen Schlauch befestigt. Der Kühlzylinder besteht aus Chromnickelstahl und arbeitet mit direkt er Verdampfung des Kältemittels. Zur Beschleunigung des Kühlvorganges kann ein Rührer eingeschaltet werden. Die Regelung erfolgt automatisch über einen Thermostaten. - Der "Tauchkühler 1/4 PS" von der Fa. Rheinische Gerätebau GmbH, Buchs SG, ist transportabel und wiegt 31 kg. Der eigentliche Tauchkörper ist in Form einer kleinen Druckflasche gebaut und besteht aus einer Aluminiumlegierung. Die Regelgenauigkeit soll ± 0,1°C betragen. - Der "Kleinwärmeausstrahler" von den Bergedorfer Eisenwerken kühlt 300 l/h. Er besteht aus Chromnickelstahl, ist in Form eines Spiralkühlers gebaut und wiegt 9,2 kg.

R.Höhn. 9635.

M. GARTENBAU/PFLANZENSCHUTZ

D ü n n e b e i l, H.; Leipzig, VEB BBG. Technik der Schädlingsbekämpfung. - Dtsch. Gärtnerpost 13 (1961) Nr. 36. Neue dtsch. Obstbau 7 Nr. 9. S. 145-147. - 2 Abb.

Zur großflächigen Behandlung im Garten- und Ackerbau sind Standard-Gerätetypen mit entsprechenden Zusatzeinrichtungen zur Durchführung fast aller Bekämpfungsmaßnahmen vorhanden: das Anbau-Sprüh- und Stäubegerät "S 293", die Maschinen der Baureihe "S 050" als Hochdrucksprühgerät "S 050/1", als Hochdruckspritze "S 050/2" und als Feldspritze "S 050/3" und die Anhänge-Sprüh- und Stäubemaschine "S 872/2". Der Motorverstäuber "S 612" wird durch ein Karren-Sprüh- und Stäubegerät "S 012" abgelöst. Das Mehrzweckgerät "P 135" ist verbessert worden. - Obstanlagen sollen 30 bis 60 ha Umfang besitzen, um die Technik voll ausnutzen zu können. Künftig ist mit 15 bis 20 Spritzungen zu rechnen. Schädlingsbekämpfungsaggregate, Sprüh- und Spritzgeräte sollen eine Leistung von mindestens 1 ha/h aufweisen. Der internationale Maschinenvergleich ergab die Notwendigkeit, mehrere Maschinentypen zu produzieren, um allen Verhältnissen gerecht zu werden. Im Vergleich mit ausländischen Gerätetypen schnitt das Groß-Sprühgerät "S 050" im Kostenvergleich am besten ab.

W.Blasse. 9705a.

Anonym. Description de quelques types d'appareils emloyés au Maroc pour le traitement des cultures. (Beschreibung einiger Gerätetypen, die in Marokko zur Pflege von Kulturen verwendet werden.) - Fruits Primeurs Afrique du Nord 31 (1961) Nr. 319. S. 145-160. - 20 Abb., 1 Tab.

Das Rückenstäubegerät "Le Fontan" hat einen 2,5-PS-Motor, es hat eine Masse von 17 kg (leer) und ermöglicht eine Leistung von 1 ha/h. Auf dem marokkanischen Markt ist weiterhin eine Obstbaumspritze der Schweizer Fa. Birchmeier vertreten, der Behälterinhalt beträgt 1600 l. Dieses Spritzgerät ist zapfwellenangetrieben und erreicht einen Druck von 60 at. Einachsschlepper sind in Marokko weniger bekannt als in Europa. Der 6-PS-"Hako-Record" erfüllt für die Bodenbearbeitung, das Mulchen und den Transport die wichtigsten Forderungen. An leistungsfähigen Pflanzenschutzgeräten für den Obstbau mit einem Behälterinhalt bis zu 2000 l werden u.a. solche der Firmen Frendo, Hamelle und Agrochim (Platz) beschrieben.

A.Lauenstein. 9705a.

S u l t a n - S a c h, E.G. (Sultan-Schach, Je.G.) Osnovnye faktory, opredeljajuscie kačestvo obrabotki sada ventiljatornymi opryskivateljami. (Die Hauptfaktoren, die die Qualität der Behandlung von Obstanlagen durch Ventilator-Spritzgeräte bestimmen.) - Zaščita rastenij ot vreditelej i boleznej, Moskva 7 (1962) Nr. 6. S. 17-20. - 1 Abb., 6 Diagr., 3 Schemata.

In den Jahren 1957 - 1961 wurden die neuen Ventilatorspritzgeräte eigener und ausländischer Produktion eingehend geprüft. Mittels einer beschriebenen Methode konnten die für die Qualität der Behandlung bestimmenden Faktoren (Spritzbrühmengen, Tropfengröße, Ventilatorleistung, Düsenanordnung, Fahrgeschwindigkeit, einseitige oder zweiseitige Behandlung) bei den einzelnen Gerätetypen erfaßt werden. Bei einer einseitigen Behandlung ist in älteren Beständen die Qualität unzureichend. H.Decker. 9705a.

Anonym. Rugnevelspuit-globale beoordeling korte beschrijving. (Rücken-Nebelsprühgerät, Globale Beurteilung, Kurze Beschreibung.) - Vakbl. Bloemisterij 16 (1961) Nr. 38. S. 600. - 1 Abb.

Das Rückensprühgerät "Birchmeier" der Fa. Birchmeier en Cie., Kuenten/Aargau, Schweiz, wird in seiner Funktionsweise und Verwendbarkeit erläutert. Es ist mit einem 26-cm^3-"ILO"-Motor ausgestattet und durch Verwendung von Kunststoffteilen leicht gehalten. Brühbehälterinhalt 12,7 l, Höhe 0,71 m, Breite 0,48 m. Ohne Füllung beträgt das Gewicht 14 kg, mit vollem Brühbehälter 27,4 kg. Obstbäume können bis zu einer Höhe von 5,5 m behandelt werden. Die Reichweite von 6 bis 8 m ermöglicht den Einsatz in Feldkulturen. Das Gerät ist für Obstbaubetriebe mit 2 ha Altanlagen bzw. 4 ha Junganlagen in seiner Kapazität ausreichend. Durch seine einfache Handhabung kann es auch in Gewächshäusern Verwendung finden. W.Blasse. 9705b.

B r a u n g e r. Spritzverfahren im Erwerbsobstbau. Obstbau 81 (1962) Nr.2. S. 20-22. - 8 Abb., 1 Tab.

Die Spritzdüsen am Spritzgestänge sollen einen etwa gleichgroßen Abstand zur Baumkrone aufweisen. Die aus den einzelnen Düsen austretende Spritzflüssigkeit soll vor dem Auftreffen auf die Baumkrone einen kompakten Gesamtspritzstrahl bilden, damit zwangsläufig alle Pflanzenteile gleichmäßig benetzt werden. Die Flüssigkeitsaustrittsmenge ist vom Pumpendruck, dem vorgeschalteten Drallkörper und der Düsenbohrung abhängig. Die tatsächliche Auswurfmenge muß im praktischen Versuch ermittelt werden. Bei Spritzaggregaten, die mit einem Ventilator arbeiten, beeinflussen der Fahrtwind und die äußere Luftbewegung die Reichweite. Mit ca. 6 m Reihenabstand wird die Leistungsgrenze derartiger Geräte angenommen. In Obstanlagen mit ungünstigen Bodenverhältnissen empfiehlt sich die Arbeit mit Kettenfahrzeugen, um die gleichmäßige Ausbringung der Spritzflüssigkeit zu garantieren.

W.Blasse. 9705b.

Anonym. Spray plants on display at field day at Wandin, North Vic. (Pflanzenschutzgeräte bei den Vorführungstagen in Wandin, North Victoria.) - Fruit Wld. Market Grower 62 (1961) Nr. 11. S. 51-54. - 9 Abb.

Die wichtigsten Schädlingsbekämpfungs-Geräte, die sich im Obstbau Australiens im Einsatz befinden, werden erläutert. Dabei wird auf Pumpenantrieb und Pumpenleistung, Tankkonstruktion und -Fassungsvermögen, Spritz- bzw. Sprühleistung, Düsenbestückung und Flächenleistung eingegangen. Folgende Geräte finden Berücksichtigung: R.H.S. Sprayer "Omnimist", "Bedford Orchard Sprayer", "König" Airspeed Orchard Sprayers, Model K.A.I.Diesel-Matic, "John Bean Speedsprayer Air Blast Sprayer" Model 28E, "Vict-Air-Mist Blower", "Attamist Air Blast", "Dew Shur Blast Orchard Sprayer", "Duncan Air Blast Orchard Sprayer", "Powermatic 30", "Kinkelder Mist Blower".
W.Blasse. 9705b.

Anonym. Spray techniques and spray machines. (Sprühtechnik und Sprühgeräte.) - Fruit Wld. Market Grower 62 (1961) Nr. 9. S. 17. 19. 21. - 1 Tab.

Beim Sprühen mit konzentrierten Flüssigkeiten sind 150 gal/acre (1783.75 l/ha) die höchsten Flüssigkeitsmengen, die ausgebracht werden. Das Sprühen mit konzentrierten Spritzbrühen erfordert gegenüber dem herkömmlichen Spritzen sehr gute Arbeitsqualität, um die berechneten Wirkstoffmengen auf die Bäume zu bringen. Die z. Z. wichtigsten 27 Geräte werden tabellarisch aufgeführt, wobei auf Gerätetyp, Fassungsvermögen des Brühebehälters und dessen Ausführung, Pumpenleistung, Gebläseleistung, Düsenbestückung, Flächenleistung und Antriebsaggregat eingegangen wird. W.Blasse. 9705b.

M ü l l e r , W. und K u n z , G.; Halle, Karl-Marx-Stadt, Pflanzenschutzamt, VEB Fettchemie. Nebeln auch im Straßenobstbau. Dtsch. Gärtnerpost 14 (1962) Nr. 5. Neue dtsch. Obstbau 8 Nr. 2. S. 25. 27. - 1 Abb.

Im April, Juni und Juli 1961 wurde in Straßenobstpflanzungen mit Pflanzenschutzpräparaten genebelt. Das Nebelgerät war zu diesem Zweck auf einem LKW stationiert und wurde von dort aus bedient. Nachteilig ist bei diesem Verfahren die starke Windabhängigkeit. Es wird empfohlen, die windstilleren Abend- und sehr frühen Morgenstunden für die Behandlung auszunutzen, wodurch gleichzeitig erreicht wird, daß Bienenschäden beim Abtreiben des Nebels auf blühende Feldkulturen vermieden werden. Bei sachgemäßem Einsatz kann das Nebelverfahren auch im Straßenobstbau Bedeutung erlangen. Hierfür spricht besonders der geringe Bedarf an AK. Der biologische Erfolg scheint für die Belange des Straßenobstbaues ausreichend zu sein.
W. Blasse. 9705b.

S u l t a n - Š a c h, E.G. (Sultan-Schach, Je.G.) Ventiljatornye opryskivateli OVT-1 i OVS "L'vov-1". (Gebläse-Zerstäuber "OVT-1" und "OVS L'vov-1".) - Bulleteń techniko-ėkonomičeskoj informacii 1961 Nr. 2. S. 58-61. - 2 Abb., 2 Tab. Aus: TZ Maschinenwes. 11 (1962) Nr. 10. S. 2430.

Kurz beschrieben werden 2 fahrbare Zerstäuber zur Schädlingsbekämpfung bes. für Baumkulturen. Der Typ "OVT-1" ist mit einem Axialgebläse ausgerüstet; der Sprühstrahl kann vom Fahrer aus durch Schwenken des Aggregates um eine in Fahrtrichtung liegende Achse gerichtet werden. Der Typ "OVS" verwendet ein Radialgebläse und arbeitet beiderseitig, durch eine gesteuerte Haube kann ein einseitiges Versprühen stattfinden. Tabellar. werden techn. Daten gebracht und mit denen älterer Geräte verglichen. S. Wernoke. 9705b.

C i c i v, M.V., S u d i t, Ž.M. und G r o n s k i j, A.I. (Ziziw, M.W., Sudit, Sh.M. und Gronski, A.I.) Lwow, Staatl. Entwurfsbüro des Volkswirtsch.-wirtsch.-Rates. Aérozol'nyj opryskivatel' "OAN-2 Raketa". (Aerosolstäubegerät "OAN-2 Rakete".) - Zaščita rastenij ot vreditelej i boleznej, Moskva 7 (1962) Nr. 7. S. 16. - 2 Abb., 1 Tab.

Vf. beschreibt Verbesserungen am Aerosol-Sprühgerät "OAN-2". Der Höchstverbrauch an Giftlösung beträgt 11 l/min. Bei der Bekämpfung der Obstbaumspinner-Milbe in einem Treibhaus wurde eine Leistung von 23000 m^3/h bei einer Schädlingssterblichkeit von 68 % erzielt und bei der Bekämpfung von Blattwespen in einem Obstgarten eine Leistung von 35 ha/h bei vollständiger Vernichtung der Schädlinge. In einer Tabelle macht Vf. Angaben über die Dichte der auf einer Glasplatte aufgefangenen Tröpfchen in Abhängigkeit von der Entfernung vom Sprühgerät. W.Balkin. 9705b.

W a c k e r n e l l, Norbert. Zehn Jahre Erfahrungen mit Frostschutz. - Landtechnik 16 (1961) Nr. 6. S. 174-178. - 12 Abb.

Im Etschtal in Südtirol wurde im letzten Jahrzehnt eine großflächige Spätfrostabwehr aufgebaut. 1959 waren 70.000 Regner im Einsatz. Die Frostschutzberegnung erwies sich im großflächigen Einsatz als die sicherste Abwehrmethode; die Geländebeheizung mit billigen Ölöfen empfiehlt sich dort, wo nicht genügend Wasser zur Beregnung zur Verfügung steht. Alle anderen geprüften Verfahren: Beföhnung, Bewindung, fahrbare Heizung, Überfluten mit Wasser werden abgelehnt. Die Wirksamkeit der Frostschutzberegnung hängt von den Temperaturverhältnissen, der Luftfeuchtigkeit und der Windstärke ab. W.Blasse. 9710a.

Anonym. Nieuw type kachel voor nachvorstbestrijding. (Neue Ofentypen zur Spätfrostbekämpfung.) - Fruitteelt 51 (1961) Nr. 47. S. 1309-1310. - 3 Abb.

Anläßlich einer Veranstaltung wurden die Verfahren der Spätfrostbekämpfung im Obstbau durch Geländebeheizung vorgeführt, die gegenwärtig in Holland Anwendung finden. Es wurde auf die Verbrennung von reinem und ölgetränktem Torf, einfache Öfen, die Schrot-Nachtfrostöfen, Stahl-Nachtfrostöfen und das Brenntag-System eingegangen. Ein neu entwickelter Frostschutzofen, der sogenannte "Limburger Ofen", wird durch Kunststoffleitungen mit Öl beschickt. Der Druck, mit dem das Öl in die Brenner dieser Öfen geleitet wird, beträgt 0,5-5 atü. Der Ofen ist 1 m hoch und weist 13-20 cm Dmr. auf. W.Blasse. 9710d.

O. GARTENBAU/AUSSTELLUNGEN, TAGUNGEN, VORFÜHRUNGEN, REISEN, ÜBERSICHTEN

Anonym. De tentoonstelling "Het Landbouwwerktuig 1962". (Die Ausstellung "Das Landwirtschaftsgerät 1962".) - Fruitteelt 52 (1962) Nr.4. S. 129-131. - 4 Abb.

Es wird über diejenigen Maschinen und Geräte berichtet, die anläßlich einer Landwirtschaftsgeräteausstellung gezeigt wurden, und die Bedeutung für die gärtnerische Produktion haben. Vorrangig handelt es sich um Schlepper mit Zusatzgeräten zur Bodenbearbeitung, Schädlingsbekämpfungsaggregate und Transportvorrichtungen. Teilweise werden die wichtigsten technischen Daten und Preise angegeben. W.Blasse. 9803.

X. F O R S T W I R T S C H A F T

C. FORSTTECHNIK/FERTIGUNG, INSTANDSETZUNG, PFLEGE

Š i l e n k o, V.A. (Schilenko, W.A.): Malmysh, Gebiet Kirow, Reparaturwerkstatt. Za specializaciju remontnych predprijatij. (Für eine Spezialisierung der Reparaturbetriebe.) - Lesnaja promyšlennost', Moskva 40 (1962) Nr. 3. S. 28-29.

Die Generalreparatur der Holzaufbereitungsmaschinen und -geräte wird am zweckmäßigsten in spezialisierten Großbetrieben auf überbezirklicher Ebene durchgeführt. Die höheren Kosten und Zeitverluste, die durch die weiten An- und Abtransporte der Maschinen entstehen, werden durch die hohe Qualität und die kürzere Dauer der Reparaturen aufgewogen.

A.Mueller. 10113.

Anonym. O remonte lesozagotovitel'noj techniki. (Reparatur der Holzaufbereitungsmaschinen.) - Lesnaja promyšlennost', Moskva 40 (1962) Nr. 3. S. 16.

Die Reparaturabteilung des Zentralinst. der Holzindustrie für Mechanisierung und Energetik liefert techn. Dokumentationen und Anleitungen für die laufenden und Generalreparaturen der meistverwendeten Rückeschlepper, Motorsägen, Holztransportautos und Waldbahnwagen. Sie gibt auch Merkblätter für die Verbrauchsnormen von Ersatzteilen, die Maschinenpflege und der Montage von Maschinen in Form von technologischen Karten heraus.

A.Mueller. 10113.

D. FORSTTECHNISCHE BETRIEBSANGELEGENHEITEN

Ausarbeitung forstlicher Maschinensysteme auf Grund technologischer und ökonomischer Kennziffern. - Potsdam-Bornim, Institut für Landtechnik der Deutschen Akademie der Landwirtschaftswissenschaften 1962 Plan-Nr.: 1701 23 h-2-23/0. Abschlußber.

Die Zusammenstellung der Maschinensysteme erfolgte nach Arbeitsgängen und Teilarbeitsgängen (Arbeitsstufen) in den Arbeitsabschnitten Forstpflanzenanzucht, Räumung und Rodung der Waldflächen, Melioration und Düngung, Bodenbearbeitung für Saat und Pflanzung sowie Saat und Pflege einschl. Kulturpflege. Die Ergebnisse der Untersuchungen beinhalten Hinweise für die Kapazitätsplanung der Maschinen und Geräte und deren wirtsch. Einsatz. Das damit erarbeitete nationale Maschinensystem des Waldbaus soll gleichzeitig der Vervollständigung des RGW-Maschinensystems dienen. 10133.

S t j e r n q v i s t, K. Fram för skyddshjälmar, skyddsskor! (Schutzhelme und Schutzschuhe.) - Skogen 49 (1962) Nr. 2. S. 34.

Beim Verladen von Holz, bei der Arbeit an Entrindungsmaschinen und bei der Fällung ereignen sich oft schwere Kopfverletzungen, wie Vf. durch Auszüge aus Unfallprotokollen belegt; diese Verletzungen hätten durch das Tragen eines Schutzhelmes vermieden oder verringert werden können. In einigen Ländern ist das Tragen von Schutzhelmen bei Fällarbeiten obligatorisch; auch in Schweden haben jetzt einige Forstgroßbetriebe allen an Entrindungsmaschinen Beschäftigten, LKW-Fahrern und Traktoristen das Tragen von Schutzhelmen vorgeschrieben. Ein Schutzhelm für Waldarbeiter muß außer genügender Festigkeit gegen Schläge eine geringe Masse besitzen, auch in gebückter Stellung angenehm zu tragen sein, mit guter Durchlüftung sowie mit einem Rand versehen sein, damit Regenwasser nicht auf den Nacken tropft. - Auch Fußverletzungen kommen oft bei Waldarbeitern vor, daher wird empfohlen, Schuhzeug mit Kappen aus Stahlblech zu tragen. A.Grönholm. 10160.

F. FORSTWIRTSCHAFT/ENERGIE, KRAFTMASCHINEN UND SCHLEPPER

O r m r o d, P.C. Mechanical equipment. (Mechanische Ausrüstung.) - Quart. J. Forestry 56 (1962) Nr. 3. S. 235-237. - 1 Abb.

Vf. berichtet über eine dem Ziel der Kostensenkung forstwirtsch. Arbeiten dienende Vorführung von Maschinen, geeignet zum Bringen von Durchforstungsmaterial und zum Beseitigen von Buschwerk. So werden erwähnt a) der Mercedes-Benz "Unimog", b) der Steyr-Puch "Haflinger", der geländegängige Typ eines Kleinwagens (Kraftstoffverbrauch 32 m.p.g.), c) der Agria "Drott"-Kleinschlepper, besonders in Skandinavien eingesetzt, d) der Wolseley "Jungle Buster" Schläger, kann an jeden Radschlepper mit Zapfwelle und Dreipunktaufhängung angebracht und zum Vernichten von Strauch- und Buschwerk eingesetzt werden, e) der Saunders Mead "Locust"-Buschschneider, eine selbstgetriebene handgeführte Maschine, Arbeitsbreite 3 ft. (91,44 cm), für Unkraut und leichtes Strauchwerk in Pflanzungen, f) der "Jobu"-Buschschneider, ein aus Skandinavien stammendes rückentragbares Gerät.
L.Jülich. 10235.

L e k s a u, I. Smennyj pricepnoj sostav. (Auswechselbare Anhängevorrichtung.) - Master lesa, Moskva 1961 Nr. 11. S. 15. - 1 Abb., 4 Skizzen.

Es handelt sich um einen Einachsanhänger, der für verschiedene Transportmöglichkeiten durch Umrüstung eingesetzt werden kann. Der Einachsanhänger "1-PP-12,5" besteht aus einem gekröpften U-Eisenprofilrahmen mit Achse und Luftreifen. Der Anhänger kann auf der Zugmaschine aufgesattelt werden. Zum Stammholztransport ist über der Achse ein Rungenschemel angebracht, der Nachläufer ist mit dem Anhänger durch den Langbaum und die über Kreuz laufenden Verbindungsseile verbunden. Durch den Aufbau einer weiteren Runge kann der Anhänger zum Kurzholztransport eingesetzt werden. Weiterhin ist zum Schüttguttransport ein Kastenaufbau und zur Personenbeförderung ein Wohnwagenaufbau möglich. R.Grönholm. 10235a.

V o r o n i n , M.J., G a b o v i c , S.A. und Z o r i n , S.P. (Woronin, M.J., Gabowitsch, S.A. und Sorin, S.P.); Konstrukt.-Büro für Kettentraktoren. Traktory Altajskogo zavoda. (Schlepper des Altai-Werkes.) - Lesnaja promyslennost', Moskva 40 (1962) Nr. 3. S. 7-10. - 4 Abb., 1 Schema, 1 Tab.

Zu den Verbesserungen, die an den Schleppern vom Typ "TDT" vorgenommen wurden, gehört u.a. die außerhalb der Hauptkupplung angeordnete Bremsvorrichtung, durch welche die Zahnräder des Getriebes geschont werden. Der Rükkeschlepper "TDT-75" erhielt einen "D75T-AT"-Motor (75 PS, 1500 U/min), einen Elektrostarter für den Anlaßmotor "PD-10M" und eine verstärkte Gabel-Gangschaltung. Als Übergangsmodell zu den 100-PS-Rückeschleppern "T-4" bzw. "TT-4" wurden die Muster "TDT-75L" mit "SMD-14A"-Motor und "TDT-75LA" mit "4T6"-Motor (75 PS, 1600 U/min) konstruiert, die einen sehr geringen Treibstoffverbrauch haben (165-180 g/EPS.h) und mit automatischer Treibstoffversorgung, hydraulischer Regelung der Kettenspannung, Kettenscharnieren mit Gummieinlage versehen sind. Sie tragen einen Rückeschild, dessen verstärkte, dachförmige Tragplatte zum Direktverladen großer Stammbunde auf die Langholzwagen der Waldbahn oder LKW geeignet ist.

A.Mueller. 10235a.

Anonym. Engelsman med hög hydraul. (Neuer englischer Traktor.) - Skogen 49 (1962) Nr. 2. S. 55. - 1 Abb.

In Schweden ist in diesem Jahr ein neuer Schlepper "DB 990" der David-Brown-Serie auf den Markt gebracht worden. Der Motor vom "Crossflow"-Typ hat eine Leistung von 52 PS. Außer hydraulischem Heber mit verstellbarer Lastübertragung und hydraulischer Zugkraftregelung besitzt der Schlepper eine treibstoffsparende verstellbare Zapfwelle, die es ermöglicht, außer 540 U/min bei normaler Motordrehzahl auch 540 U/min bei der Motordrehzahl 1000 zu entnehmen, sowie 1000 U/min an der Zapfwelle bei einer Motordrehzahl 2000 U/min. Größere Bodenfreiheit und größere Hubhöhe der hydraulischen Hebelarme sind weitere Kennzeichen des neuen "David Brown 990".

A.Grönholm. 10235c.

D o l e c k i j, N.P. (Dolezki, N.P.); Bogutschar, Gebiet Woronesh, Forstwirtsch. Opyt racional'nogo ispol'zovanija traktora DT-54. (Rationeller Einsatz des Schleppers "DT-54".) - Lesnoe chozjajstvo, Moskva 15 (1962) Nr. 2. S. 58-59. - 2 Abb.

Vf. berichtet über den Einsatz des Schleppers "DT-54" im Forstbetrieb Bogutschar. In den Frühjahres- und Sommermonaten werden mit dem "DT-54" alle Arbeiten der Anzucht von Waldkulturen (Bodenvorbereitung, Saat und Pflanzung des Waldes, Pflege der Kulturen usw.) durchgeführt. Im Winter wird der Schlepper jedoch nicht voll ausgelastet. Zur Beseitigung dieses Mißstandes ist im Forstnutzungsbetrieb an den Schlepper ein auswechselbarer hydraulischer Anhänger von einem 3 t LKW-Ladegerät "M-4000" gebaut worden, so entstand aus dem Traktor ein Lastgerät. Mit dem Lastgerät können folgende Arbeiten ausgeführt werden: Verladen von Holz (Bedienung 2 AK, Leistung 14 m^3/h); nach zusätzlichem Anbau eines ausfahrbaren Auslegers mit einer Kanzel an das Lastgerät können stehende Bäume bis zu einer Höhe von 10 m beerntet werden; es können Streumaterial (Kies usw.) verladen und Erdarbeiten ausgeführt werden, wenn an die Hydraulik ein 1/2 m^3 fassender Kübel angebaut wird (Leistung 15 m^3/h). - Der Austausch der einzelnen Zusatzgeräte an den hydraulischen Anhänger erfolgt von 2 AK in 1-1,5 Std.

R.Grönholm. 10235d.

Anonym. Trelevočnyj traktor "BM Bamse". (Rücketraktor "BM Bamse".) Master lesa, Moskva 6 (1962) Nr. 2. S. 20. - 1 Abb.

Der in Schweden gebaute neue Rückeschlepper ist mit einem 35 PS Motor ausgerüstet. Die Besonderheit der Raupen besteht darin, daß auf je drei pneumatische Seitenräder Raupenbänder aus Gummi gezogen werden. Durch eine spezielle Aufhängung der Räder ist es den Raupenbändern möglich, Widerstände wie Stubben usw. leicht zu überwinden. Der Schlepper verfügt über große Manövrierfähigkeit. Die vordere Seilwinde kann Lasten mit Hilfe des Seils, welches über Rollen über die Fahrerkabine geleitet wird, bündeln.

R.Grönholm. 10235d.

H. FORSTWIRTSCHAFT/BESTANDESBEGRÜNDUNG UND -PFLEGE EINSCHLIESSLICH KAMPBETRIEB

A r m s t r o n g, J.J., B u r k e, Wm. und Q u i n n, E. A new drainage plough for peatland. (Neuer Drainage-Pflug für Torfböden.) - Scott. Forestry 16 (1962) Nr. 1. S. 31-33. - 2 Abb.

Aus den Erfahrungen der Peatland Experimental Station, Glenamoy, Co. Mayo, entstand der Prototyp des Pfluges. Dieser besitzt an der Vorderseite eine mit scharfen Kanten versehene Öffnung von 8" Breite und 15" Höhe, die den Eingang eines nach oben gebogenen und oben offenen Kanals gleicher Größe darstellt. Die Streichbleche treffen sich in einer scharfen Schneidekante und geben nach oben in den Pflugbaum über, der ein Scheibensech trägt. Den Pflug, an einer hydraulischen Dreipunktaufhängung angebracht, zieht ein Kettenschlepper von 40 h.p. Die oberen 15" des Bodens werden durch das Scheibensech aufgeschnitten und durch die Streichbleche seitlich abgedrückt, während die darunterliegenden Bodenschichten durch die Schneidekanten der Öffnung, entsprechend dem Querschnitt 8 x 15", getrennt, durch den Kanal nach oben befördert und ausgeworfen werden. L.Jülich. 10265c.

A z b u k i n, Ju. M. (Asbukin, Ju.M.); Melitopol, Gebiet Saporoshje, Holzbeschaffungswirtsch. der Ukrain. SSR. Opyt mechanizirovannoj očistki raskorčevannych lesosek. (Erfahrungen der mechanischen Räumung von gerodeten Schlagflächen.) - Lesnoe chozjajstvo, Moskva 15 (1962) Nr. 1. S. 69 bis 71. - 6 Schemata.

Die mechanische Räumung von Schlagflächen erfolgt in dem o. g. Forstwirtschaftsbetrieb mit dem Bulldozer "D-259" am Schlepper "S-80". Dabei entfällt die schwere manuelle Arbeit des Be- und Entladens der Stubben auf das Rückeschild; das Planieren der Hiebsfläche erfolgt gleichzeitig mit dem Räumen. Die Leistung beträgt 0,5 ha in einer Schicht. Es erfolgte dabei jedoch eine große Verschiebung fruchtbaren Bodens. Um dieses zu vermeiden, hat man den Stubbenroder "D-210G" z.T. mit einem neuen Anbau versehen. Dieser besteht jetzt aus den Hauptkonstruktionsteilen: dem Grundrahmen von 3000 x 1000 mm, dem Rahmensammler, der Scharniervorrichtung, hergestellt aus den Gliedern der Raupenkette des Schleppers "S-100" und der Verbindungsvorrichtung. Vom Vf. wird mit Angabe technischer Daten die Konstruktion genau beschrieben. Die Leistung des Gerätes beträgt 0,8-1,2 ha.
R.Grönholm. 10265e.

N i k i t i n, P.; Kakmoshsk, Udmurt. ASSR, Forstwirtsch.-Betr. Suc ja sobiraet agregat. (Sammeln der Äste mit einem Aggregat.) - Master lesa, Moskva 1961 Nr.12. S. 24. - 1 Abb.

Zur Räumung der Schlagflächen von Reisig wurde an den Kettenschlepper "TDT 40 oder 60" eine Spezialkonstruktion aufgebaut. Anstelle des Rückeschildes ist eine Rahmenkonstruktion montiert, an deren hinterem Ende 8 halbrund gebogene Schienen "R 16-18" angebracht sind, die bis zum Boden reichen. Am unteren Ende sind 400 mm lange Bodenzinken befestigt, zwischen diesen und den Schienen sind Federn angebracht, die Stöße, die beim Auftreffen auf Hindernisse entstehen, ausgleichen. Das Heben des Ästesammlers und damit das Ablegen der Äste in Wellen geschieht durch Anheben mittels der am Schlepper montiertierten Seilwinde über Rollen, die an einem hochgestellten Hilfsrahmen laufen. R.Grönholm. 10265f.

Š e v e l e v, E. und P a c h o m o v, A. (Schewelew, Je. und Pachomow, A.); Chabarowsk. Novoe kreplenie diskovych nožej. (Neue Anbauvorrichtung für Scheibenseche.) - Master lesa, Moskva 6 (1962) Nr. 3. S. 2. - 2 Skizzen.
Die Scheibenseche gehören fast zu allen Konstruktionen von Anhänge- bzw. Anbaupflügen. Die Befestigung der Seche hat bisher einen großen Mangel aufgewiesen: beim Einsatz von Forstpflügen auf Schlagflächen haben sich ständig Wurzeln und Schlagabraum zwischen dem Pflugkörper und dem Scheibensech festgesetzt. Es mußte viel Zeit zur Reinigung des Pfluges aufgewendet werden. Von den Vff. wird eine neue Art der Befestigung des Sechs an den Pflug vorgeschlagen. Die Stützen des Sechs werden durch Scharniere an das Grindel des Pfluges befestigt. Beim Anheben des Pfluges zum Reinigen kann er zusammen mit dem Sech nach vorne gekippt werden. Auf dem Grindel des Pfluges ist eine Konsole mittels Scharnier befestigt. Mit Hilfe des Scharniers kann die Stütze des Sechs an die Konsole angebaut werden; auf der Konsole befinden sich 2 starre Widerlager: ein vorderes und ein hinteres. Sie beschränken eine Verschiebung des Sechs. Im Arbeitszustand wird die Stütze des Sechs an das hintere Widerlager angedrückt und das Sech nimmt die Arbeitstellung ein. Beim Anheben des Pfluges zum Reinigen senkt sich das Sech mit der Stütze nach vorn bis zum ersten Widerlager. Der dabei entstehende vergrößerte Spalt zwischen dem Sech und dem Pflugkörper erleichtert die Reinigungsarbeit. Es wird eine 5fache Arbeitszeiteinsparung erreicht.
R.Grönholm. 10270a.

A l d h o u s, J.R. A survey of Dunemann seedbeds in Great Britain. (Eine Betrachtung über Dunemann-Nadelstreubeete in Großbritannien.) - Quart. J. Forestry 56 (1962) Nr. 3. S. 185-196. - 4 Tab., 7 Lit.
Das Dunemann-Nadelstreubeet, in Deutschland durch Dunemann Ende der 30iger Jahre entwickelt, stellt eine intensive Anzucht von Sämlingen in mit Holzbrettern eingefaßten und mit Nadelstreu anstelle von Mineralboden gefüllten Saatbeeten dar. 1958 umfaßte die Gesamtfläche von Nadelstreubeeten in Großbritannien 4500 sq. yards. Eine Füllung mit Fi-Nadeln ist weit verbreitet, am besten bewährte sich aber ein Gemisch aus Nadeln von Abies grandis und Sitka. Wichtig sind die regelmäßige Bewässerung und die Beschattung der Beete von der Saat bis zur vollendeten Keimung. Die Sämlinge weisen einen 30 % höheren Wuchs auf als solche auf produktiven Mineralböden, jedoch belaufen sich die Anzuchtkosten auf das doppelte, sind aber gleich oder niedriger als die auf armen Mineralböden. Eine Empfehlung für den Bau und die Behandlung von Nadelstreubeeten beschließen die Betrachtung.
L.Jülich. 10280.

Anonym. Mechanizacija posadki lesnych kul'tur. (Mechanisierung der Pflanzung von Forstkulturen.) - Master lesa, Moskva 6 (1962) Nr. 3. S. 23.
Im Forstnutzungsbetrieb Ustansk im Gebiet Gorki wurde das Versuchsmuster eines Anhängepfluges zur Bodenbearbeitung bei der Pflanzung von Waldkulturen erprobt. Es besteht aus einem Rahmen (Schweißkonstruktion), der an den Schlepper angehängt wird, und aus 2 Pflugscharen mit 2 Streichblechen, die durch Scharniere mit dem Schlepper verbunden sind. Es

ist dadurch eine gute Manövrierfähigkeit auf Hiebsflächen gewährleistet. Die Arbeitsleistung beträgt in einer Schicht 6 ha. R.Grönholm. 10285a.

R o w l a n d, J. und S m a l l, D. Mechanical planting on Woburn Estate. (Mechanische Pflanzung auf dem Besitz Woburn.) - Quart. J. Forestry 56 (1962) Nr. 3. S. 210-214. - 4 Abb., 3 Lit.

Die T.M. Lowther Pflanzmaschine (USA) hat eine Masse von ca. 1300 lb., ist 10 ft. lang und 4 ft. breit. Sie ist anbaubar an die hydraulische Dreipunktaufhängung eines Fordson "Major"-Schleppers oder eines Ferguson "A65" und besteht aus 3 Hauptteilen: 1) einem Scheibensech von 28 in. Dmr. und 2 einstellbaren Streichblechen zum Herstellen eines Pflanzstreifens, 2) einem Pflanzpflug mit einem 14 in. v-förmigen Furchenzieher mit parallelen Seiten in der senkrechten Ebene, 3) zwei Andruckrädern (600 x 16), zwischen diesen der Sitz für den Pflanzer, links vom Sitz ein Kasten für den Pflanzenvorrat. Leistung kurzzeitig 1200-1800 Pflanzen/h; auf alten Waldböden 4000-5500 Pflanzen je 8 Std. und 2 AK (Fahrer und Pflanzer). Gemachte Erfahrungen und gesammelte Kostensätze werden angegeben.

L.Jülich. 10285e.

S c h w e n d, M. Arbeitsverfahren bei der Jungbestandspflege. - Forstarchiv 33 (1962) Nr. 2. S. 43-44. - 1 Abb., 1 Graphik.

Die Jungbestandspflege hat eine künstliche Stammzahlverringerung nach bestimmten Ausleseprinzipien zum Ziel. Der Arbeitsaufwand richtet sich nach der Ausgangsstammzahl, der Anzahl von Pflegedurchgängen in einer bestimmten Zeit, den Pflegegeräten, der Arbeitsorganisation und den Erfahrungen der AK. Bei achtjährigem Pflegedurchgang werden im Gegensatz zum dreijährigen in 21 Jahren 23 % Zeit eingespart. Die Arbeitsausführung soll nur zweckmäßige Verrichtungen enthalten. Unnötige Arbeiten wie Aushieb abgestorbener Stangen sind zu vermeiden. Der Vf. empfiehlt zur Arbeitsausführung die Langenbacher Pflegekombination mit einer 650 g schweren Heppe, einer Sensensäge (bis 23 cm Dmr.) mit Dreieck- (zum Anschneiden) und Wolfsbezahnung und einer Löweschere. Zur Erleichterung der Arbeit sind alle 40-50 m Pflegepfade rechtwinklig vom Weg in den Bestand zu schlagen. Diese sollen 1 m breit sein. Später können sie zu Rückelinien auf 3 m erweitert werden. Die am Schluß angeführten Leistungsangaben geben einen Hinweis über die notwendigen Vorgabezeiten. W.Jacob. 10290d.

G l e b o v, I. (Glebow, I.) Sčetčik burdukova. (Samenzählgeräte.) - Master lesa, Moskva 6 (1962) Nr. 3. S. 23. - 1 Abb., 1 Skizze.

Zur Vereinfachung des Samenprüfens und des damit verbundenen Zählens der einzelnen Samen, ist vom Direktor der Kirower Gebietsstation für Waldsamen ein elektrisches Gerät mit einer Saugevorrichtung entwickelt worden. Es werden von diesem Gerät die auf Filtrierpapier geschütteten, glatt in einer Schicht liegenden Samen zu je 100 Stück an ein vor dem Sauger befindliches Sieb gesogen, das mit 100 Öffnungen, die um ein geringes kleiner als die zu zählenden Samen sind, versehen ist. Die angesogenen und somit bereits gezählten Samen werden nach Ausschalten des Motors auf vorbereitete Unterlagen abgelegt. Dieser Vorgang dauert 2 Min. gegenüber der manuellen Zählung von 13 Min. R.Grönholm. 10295f.

I. HOLZ, RINDE, HARZ - GEWINNUNG UND TRANSPORT

Anonym. Maskinprovningarnas linbromsvagn. (Wagen mit Seilbremse für Maschinenprüfungen. - Staatlicher Maschinenprüfbericht Ultuna.) - Statens Maskinprovningar, Medd. Nr. 1300. (1962) S. 1-3. - 1 Abb., 3 Schemata.

Dieses Gerät dient zur Feststellung des Zugvermögens von Rad-, Raupen-, Tandem- und Spezialschleppern für die Land- und Forstwirtschaft. Ferner eignet es sich zum Messen von Gleitschutz und Bereifung sowie für andere Spezialuntersuchungen (z.B. Messen des Zugvermögens von Winden und Kränen in der Forstwirtschaft). Der Wagen enthält eine Seiltrommel, die ein 600 m langes starkes Drahtseil aufnimmt, das vom Schlepper ausgezogen wird. Das Seil kann während des Abrollens gebremst und auf diese Weise die Belastung reguliert werden. - Das Seil kann entweder an irgendeinem feststehenden Gegenstand verankert werden (der Schlepper zieht dann den gesamten Bremswagen, wobei das Seil abrollt) oder der Bremswagen wird verankert und der Schlepper zieht das Seil aus. Letztere Art ist dann vorzuziehen, wenn das Zugvermögen des Schleppers gering oder wenn der Boden für den schweren Bremswagen ungeeignet ist. In beiden Fällen wird das Meßinstrument direkt mit dem Zughaken des Schleppers gekoppelt. - Der Bremsvorgang selbst: Von der großen Seiltrommel läuft das Seil in vielen Windungen um 2 Seilrollen und tritt dann hinten am Wagen aus. Durch die entstehende Reibung rotieren die Rollen und betätigen dabei über Kettenschaltung und Wechselgetriebe eine große Pumpe, die Öl aus einem Tank durch eine Rohrleitung zu einem Ventil pumpt, durch das der Druck reguliert werden kann. Durch Wahl einer entsprechenden Geschwindigkeit an der Pumpe und durch den entsprechenden Öldruck, läßt sich der gewünschte Zugkraftwiderstand einstellen. Mit dem Bremswagen lassen sich Kräfte bis 10000 kp und darüber mit einem Bremseffekt bis 100 PS erzeugen. E.Kahn. 10305a.

V o r o n i c y n, K.I. (Woronizyn, K.I.); Zentralinst. für Mechanisier. und Energetik der Forst-Ind. Rezervy lesozagotovitel'noj promyšlennosti. (Reserven der holzaufbereitenden Industrie.) - Lesnaja promyšlennost', Moskva 40 (1962) Nr. 1. S. 11-15.; Nr. 2. S. 4-8. - 8 Abb., 2 Tab.

Man erzielt bei der Fällung um 15-20 % höhere Leistungen, wenn man die verbesserten Motorsägen "Družba-60" oder "Družba-60M" (mit Sägeketten "PCU-1") und hydraulische Fällkeile benutzt. Der Motor dieser Sägen kann auch zum Antrieb einer E-Station, einer Winde oder Pumpe verwendet werden, da seine Leistung auf 3,6 - 3,8 PS erhöht wurde. Eine Leistung von 5 PS entwickeln die neuen Motorsägen "Ural-10", "Kama" und "MP-100". Letztere ist mit vibrationsmilderndem Magnetzünder und Vergaser versehen. - Die neuen Rückeschlepper "TDT-75" und "DT-95" ("TT-4") rücken und verladen Stammbunde von 12-14 m^3; die Arbeitsproduktivität der Brigade erhöht sich um 40-60 %. - Die neue Seilriese "TPU-7" wird Schichtleistungen von 10 m^3/AK ermöglichen. A.Mueller. 10305a.

B a l u s o v, Ja. (Balussow, Ja.) Peredovoj metod rabot vsem lespromchozam. (Fortschrittliche Arbeitsmethoden für alle Forstindustriebetriebe.) - Sel'skoe stroitel'stvo, Moskva 16 (1962) Nr. 2. S. 16-17. - 2 Abb.

Das neue Holzeinschlagverfahren für industriemäßig genutzte Forsten sieht vor, daß die Schläge von Brigaden, bestehend aus 4-6 AK, denen 1 Schlepper vom Typ "TDT-40" zugeteilt ist, aufbereitet werden. Das mit einer Motorsäge "Družba" gefällte Holz wird als Langholz unentastet von dem Schlepper zu dem Sammelplatz im Walde gerückt und direkt in Form eines großen Bundes auf den Transport-LKW verladen, der es zum Hauptlagerplatz, der Verladestation oder dem Flößwasser bringt. Die Schläge werden in einer Größe von 500 x 250 m ausgeschieden und in 30-50 m breite Schlagstreifen geteilt. In der Mitte des Schlages verläuft der Abfuhrweg, in den die fischgrätenförmig angeordneten Rückewege münden. Die Schlagstreifen werden grundsätzlich von hinten nach vorn aufgearbeitet, wobei die Stämme in Gruppen in Fächerform auf eine Unterlage geworfen werden, so daß die unteren Stammenden auf die Unterlage, die Kronen auf dem Rückeweg liegen. Als Unterlage dienen 1-2 starke Stämme. Die geworfene Stammgruppe entspricht einer Schlepperlast bzw. einer LKW-Ladung. Durch das neue Arbeitsverfahren erhöht sich die Leistung der Brigade um 20 %, der auf dem Schlage vorhandene Jungwuchs bleibt zu 70 % erhalten.

A.Mueller. 10305a.

Šeršeň, F. (Scherschen, F.); Tschusowoi, Gebiet Perm, Forstwirtsch.-Betr. Avtomatiziruem proizvodstvo. (Wir automatisieren den Holzeinschlag.) - Lesnaja promyšlennost, Moskva 40 (1962) Nr. 3. S. 29-30. - 1 Abb.

Durch Arbeitsversuche wurde nachgewiesen, daß der Schlepper "TDT-60" imstande ist, mit Hilfe seines Rückschildes eine Ladung von 15 m^3 Langholz unmittelbar auf ein Holztransport-LKW vom Typ "ZIL-157" zu laden. Durch dieses Verfahren erhöht sich die Monatsleistung der Brigade um 20-30 %. LKW vom Typ "MAZ-501" sind für das Beladen mit Hilfe des Rückschildes nicht geeignet.

A.Mueller. 10305a.

S a v č e n k o, A. und K o r o l ' k o v, G. (Sawtschenko, A. und Korolkow, G.); Ostsibir. Forsch.- und Projektier.-Inst. für Forst- und Holzbearb.-Ind.; Nowo-Kosulsker Forstwirtsch.-Betr., Region Krasnojarsk. Tri stupeni rubki. (Drei Stufen des Fällens.) - Master lesa, Moskva 6 (1962) Nr. 1. S. 18. - 1 Zeichn.

Im Forstnutzungsbetrieb Nowo-Kosulsk wird, um den Unterwuchs (durchschnittl. 8000 Stck./ha) zu erhalten, das Fällen und Aufarbeiten des Holzes in 3 Stufen, die voneinander 500-600 m entfernt sind, durchgeführt. Der Einsatz des Schleppers für die Abfuhr erfolgt nicht im Bestand, sondern auf vorbereiteten Rückelinien. Vff. erläutern anhand einer Skizze den Ablauf des Arbeitsganges. Es bleibt bei dieser Technologie 70 % des Unterwuchses erhalten.

R.Grönholm. 10305ba.

B u t o r a, Anzelm; Oravský Podzámok, Výskumný Ústav Lesného Hospodárstva. Spotřeba energie pri spil'ování stromov. (Der Energieverbrauch bei Holzfällen.) - Lesnícky Časopis 8 (1962) Nr. 2. S. 147-150. - 2 Tab.

Die Produktivitäts- und Arbeitswirtschaftlichkeitssteigerung durch Mechanisierung darf in der Forstwirtschaft nicht zu Lasten der Gesundheit der Werktätigen gehen. Das Holzfällen mit der Handsäge hielt man für die allerschwerste Arbeit. Zur Steigerung der Produktivität dieser Arbeit und zur

Minderung der Arbeitsintensität trugen die Einmannmotorkettensägen bei. Beim Studium des Fällens mit der Motorkettensäge und seiner Einwirkung auf die physiologischen Kräfte des Menschen muß man von zwei Hauptarbeitsoperationen ausgehen: von der eigentlichen Schnittarbeit und vom Tragen der Motorkettensäge von einem Platz zum andern. Man fand, daß bei der ersten Operation der Kalorienverbrauch pro Min. unter Benutzung der Handsäge höher sei als bei der Motorsägenarbeit. In dieser Hinsicht sind die Einmannmotorkettensägen vorteilhafter als die Zweimannmotorkettensägen. Bei der zweiten Operation (Tragen der Säge) übt die Geländeneigung einen erstrangigen Einfluß auf den Energieverbrauch aus, der auf steilem Hang 4,5-5,5 mal je 1 m höher ist, als auf ebenem Gelände. Einen weiteren Hauptfaktor bildet die Masse der Säge. Sobald der Umfang der mit dem Tragen der Motorsäge verbundenen Arbeit die Minderung der Arbeitsintensität des eigentlichen Schnittes übersteigt, wird die Arbeit mit der Motorsäge genau so anstrengend sein wie mit der Handsäge. Die Arbeitsintensität kann durch richtige Wahl des Konstruktionstyps der Säge, durch Instandhaltung der Schneidvorrichtung und durch richtige Arbeitsorganisation beeinflußt werden.

F.Kopřiva. 10305ba.

Anonym. Lesnoj kombajn. (Forstlicher Kombainer.) - Master lesa, Moskva 6 (1962) Nr. 3. S. 13. - 1 Abb.

In Kanada wird ein auf Raupenketten gebauter Kombainer erprobt, der für die Erstbearbeitung der Bäume auf der Hiebsfläche vorgesehen ist. Der Kombainer säubert die Bäume von Ästen und Rinde und arbeitet den Stamm in Sortimente auf. Zur Weiterbeförderung des Baumes zur Entastungsvorrichtung ist der Kombainer mit einem Teleskopausleger von 12,2 m Länge mit Greifern versehen. Nach dem Entasten gelangt der Baum in die Entrindungsvorrichtung, die mit Standardrollen ausgerüstet ist. Eine Spezialvorrichtung in der Kabine des Operateurs gewährleistet ein automatisches Sortieren der Bäume. Das Aggregat ist mit einem Behälter für die fertigen Sortimente und einer Bündeleinrichtung ausgerüstet. Der Kombainer ist auf eine um 270 ° drehbare Unterlage montiert. Er kann sich auf den Raupenketten mit einer Geschwindigkeit von 2,4 km/Std. vor- und rückwärtsbewegen. Die Leistung bei der Erprobung betrug ca. 70 Bäume/h.

R.Grönholm. 10305ba.

S t e n g e l e. Ent- und Vernieten von Motorsägenketten mit Nietbolzen. - Allg. Forst-Z. 17 (1962) Nr. 6. S. 96-97. - 6 Abb.

Das Ent- und Vernieten von Motorsägenketten mit Ganzstahlnieten macht größere Schwierigkeiten als mit Aluminiumnieten. Sowohl Ent- als Vernieten wird auf leicht geöffneten Schraubstockbacken durchgeführt. Beim Entnieten wird der Nietkopf eingefeilt und der Niet mit einem Durchschlag entfernt. Das Vernieten auf fester Unterlage ist nicht zu empfehlen, weil sich der Niet sehr leicht staucht.

W.Jacob. 10305bc.

W a l e k. Rationeller Einsatz der Motorsäge beim Einschnitt schwacher Sortimente. - Waldarbeit 13 (1962) Nr. 6. S. 125-126.

Eine wesentliche Zeit- und Kosteneinsparung brachte der Serienschnitt von Nadelholzstangen bei der Aufarbeitung derselben am Bestandesrand zu Schichtholzsorten. Ein Bündel Stangen wird über 3 vorher im Boden befestigte Böcke gelegt und an der Stirnseite ausgerichtet. Nach dem Vermessen der Schnittstellen wird vom schwachen Ende beginnend mit der Einmannmotorkettensäge der Einschnitt geführt. Um ein Verrutschen der Stangen zu vermeiden, ist das gesamte Bündel fest mit einer Kette zu umspannen.

W.Jacob. 10305bo.

Anonym. Razdeločnaja mašina Mac-Connell. (Schneidegerät Mac-Connel.) - Master lesa, Moskva 6 (1962) Nr. 2. S. 20. - 1 Abb.

Von der englischen Fa. Mac-Connel ist eine Kreissägeanlage entwickelt worden, die das Holz längs und quer schneiden kann. Transportiert wird sie als Anhänger zum LKW oder durch ein anderes Zuggerät. Angetrieben wird sie von der Zapfwelle der Zugmaschine oder einer beliebigen anderen Energiequelle. Das Auswechseln der "Tische", auf die das zu schneidende Holz gelegt wird, erfolgt von der Quer- in die Längsrichtung durch einige Handgriffe innerhalb einer Min.

R.Grönholm. 10305bo.

G l e b o v, A. (Glebow, A.); Forsch.-Inst. der Ind. der Nordgebiete. Valočno-povorotnaja lapa. (Fäll- und Wendeklaue.) - Master lesa, Moskva 6 (1962) Nr. 1. S. 2. - 2 Abb.

Zur Erleichterung der Arbeit des Fällers hat das o. g. Institut eine Fäll- und Wendeklaue entwickelt. Die Klaue besteht aus 2 Teilen: Hebel und Klauenfuß. Das Arbeitsgerät (der Klauenfuß) ist aus Federstahl von 6,5 mm Stärke angefertigt, der Boden des Fußes ist eine gezahnte Platte von 60 x 60 mm, die ein Herausrutschen der Klaue aus dem Fällschnitt verhindert. Der Klauenfuß ist an den Hebel angeschweißt, welcher aus einem Rohr von 26 mm Dmr. besteht. Die Masse der Klaue beträgt 1,6 kg. - Die Klaue wird vom Fäller in den Fällschnitt eingesetzt und der Sägevorgang bis zur Bruchleiste fortgeführt. Dann greift die AK an das obere Ende des Hebels und zieht diesen zu sich. Sobald der Baum zu fallen beginnt, zieht sie die Klaue aus dem Fällschnitt.

R.Grönholm. 10305bc.

Z a i k i n, V.P., T j u n i n, V.P. und S m e c h o v, S.N. (Saikin, W.P., Tjunin, W.P. und Smechow, S.N.); Irkutsk, Abt. des Zentr. Forsch.-Inst. für Mechanisier. und Energetik der Forst-Ind. Noževaja golovka k benzopile "Družba". (Messerkopf für die Benzinsäge "Družba".) - Lesnaja promyšlennost', Moskva 40 (1962) Nr.2. S. 12. - 1 Abb., 1 Schema.

Bei der biologischen Trocknung der Lärchen wird die Rinden- und Bastschicht sowie ein Teil des Splintes durchtrennt. Das geschieht mit einem Schneidkopf, der anstelle der Sägeschiene an der Motorsäge "Družba" angebracht wird. Man dreht den Körper des Reduziergetriebes so, daß das Ritzel nach oben weist und bringt eine Konsole mit Zahnkranz (Modell "SibNIILChĖ") als Stütze an. Der um eine senkrechte Achse rotierende Schneidkopf besteht aus 4 übereinander liegenden Zahnkränzen, die eine 200 mm breite Fuge vorschneiden. Die Fuge wird durch Messer, die im Winkel von 50 ° zur Achse angebracht sind, konisch erweitert, damit die AK die Leistung des Gerätes überprüfen kann. Mit dem Schneidkopf kann 1 AK in 1 Std. 14 m^3 Stämme ringeln.

A.Mueller. 10305bo.

Anonym. Ėlektronnaja sortirovka. (Elektronisches Sortieren.) - Master lesa, Moskva 6 (1962) Nr. 3. S. 13. -

In Schweden wird ein neues elektronisches Verfahren zum Sortieren von Holz angewandt, welches 12-15 AK ersetzt. Die Tätigkeit des elektronischen Systems besteht in folgendem Prinzip: Wenn die Stammabschnitte auf das Transportband gelangen, werden zum Messen der Länge optische Registriergeräte angewandt. Diese Angaben werden an elektronische Rechenmaschinen weitergeleitet, von dort gelangen sie an eine elektronische Fixiervorrichtung. Die elektronischen Vorrichtungen stellen ebenfalls das Vorhandensein von Metallteilen im Holz fest. Der elektr. Sortierer bearbeitet bis 500 Abschn./h.

R.Grönholm. 10305oa.

B a k l a n o v, A.V. (Baklanow, A.W.); Archangelsk, Volkswirtsch.-Rat. 1.600 kubometrov dreveslny v god na odnogo rabočego. (Jahresleistung 1600 m^3 je Ausformarbeiter.) - Lesnaja promyšlennost', Moskva 39 (1961) Nr. 1. S. 8-12. - 3 Abb., 2 Schemata, 4 Tab.

Die ferngesteuerte halbautomatische Fließarbeitsstrecke formt Stämme bis 23 m Länge und 50 cm Dmr. aus. Das von Brückenkränen herangebrachte Rohholz wird von Aufzügen Modell "Sev NIIP" mit dem starken Ende voran in die Entastungsappaggregate System "SevNIIP" eingebracht, welche die Äste abbrechen und sodann dicht am Stamm abtrennen. Die Stämme werden von 6 Pendelsägen nach Programm ausgeformt, die Abschnitte auf dem Sortiertransporteur sortiert und mit Hilfe eines Kranes Modell "KKU-7,5" verladen.

A.Mueller. 10305oa.

K l j u č n i k o v, V. und B a r s u k o v, M. (Kljutschnikow, W. und Barsukow, M.) Zentr. Forsch.-Inst. für Mechanisier. und Energetik der Forstind. Novaja poluavtomatičeskaja linija. (Neue halbautomatische Ausformstrecke.) - Lesnaja promyšlennost', Moskva 40 (1962) Nr. 3. S. 10-12. - 1 Abb., 1 Schema, 1 Lit.

Die Ausform- und Sortierstrecke "LCh1" besteht aus der Langholzrampe mit Transportseilen und Trennhebeln Modell "PRCh-1", der kombinierten Kreis- und Kettensäge "AC-2M" (1500 mm Dmr. des Kreissägeblattes, 450 mm Arbeitslänge der Kettenschiene), den Zubringetransporteuren "TCh-1" nebst Einlegetisch "SPZ", dem Sortiertransporteur und den Förderbändern für Brennholz und Abfälle. Der Zubringetransporteur arbeitet in 2 Geschwindigkeitsstufen (1,1 und 0,55 m/sek), die mit Hilfe eines Suchers Modell "ŠI50/4" automatisch eingeschaltet werden. Die Anlage formt Stämme bis 90 cm Dmr. aus und erreicht eine Schichtleistung von 300 m^3. Die Bedienung besteht aus 2 Operateuren und 2 Hilfskräften.

A.Mueller. 10305oa.

I s l a m o v, Š.Š. (Islamow, Sch.Sch.) Kompleksnaja mechanizacija prirečnogo sklada. (Komplexe Mechanisierung des Holzlagerplatzes am Flußufer.) - Lesnaja promyšlennost', Moskva 40 (1962) Nr. 3. S. 30-31. - 1 Skizze.

Das mit der Waldbahn angefahrene Langholz wird von Abrollvorrichtungen und Seilkränen auf den Kettentransporteur gezogen, der es zur Kappsäge bringt. Nach dem Ausformen werden die Abschnitte paketiert und von einem Turmkran vom Typ "BKSM-5-5a" in lange, bis zu 10 m hohe Stapel gesetzt, die sich neben den Krangleisen hinziehen. Während der Triftzeit wird das gestapelte Holz durch Schlepper und Kräne ins Wasser geworfen.

A.Mueller. 10305oa.

T r u c h t e n k o v, L.V. (Truchtenkow, L.W.); Kirischi, Forstwirtsch.-Betr. Poluavtomaticeskaja linija po razdelke drov. (Halbautomatische Brennholzausformstrecke.) - Lesnaja promyšlennost', Moskva 40 (1962) Nr. 3. S. 12-14. - 1 Abb., 1 Schema.

Die 3 m langen Brennholzabschnitte gelangen von dem Sortiertransporteur auf eine Anlage, die aus 3 Kettenpaaren vom Muster "B-14" besteht, auf denen sich die Abschnitte sammeln. Ist der Speiser gefüllt, schaltet der Spezialhebel "NKV" automatisch den Antrieb der Speisanlage aus. Die Abschnitte rollen auf den Zubringtransporteur, der sie zu dem Eingabetisch der Kappsäge bringt. Die ausgeformten Rollen bewegen sich über einen Synchronisator in Form eines Elevators "EZD-3" zu dem Spaltkeil "KC-5". Die als Nutzholz verwendbaren Spaltstücke werden aussortiert. Die Anlage leistet 64 m^3 je Maschinenschicht, d.s. 16 m^3/AK. A.Mueller. 10305ca.

Anonym. Finsk-Norsk maskinbarkare. (Finnisch-norwegische Entrindungsmaschine.) - Skogen 49 (1962) Nr. 2. S. 55.

Die Entrindungsmaschine "Jo-Bu VK-16", eine finnische Konstruktion, die auf Grund einer Lizenz in Norwegen hergestellt wird, arbeitet mittels eines Rotors, an dem 8 Messer montiert sind. Sie entrindet Stämme mit einem Dmr. von 2 1/2 bis 14 in. und einer Mindestlänge von 1,2 m. Die Zuführungsgeschwindigkeit schwankt zwischen 25 und 60 m/min, der Energiebedarf beträgt ca. 35 PS und die Masse der Maschine 1600 kg. Es wurden folgende Tagesleistungen erzielt: 85-90 fm Birkenfaserholz von 2 m Länge, ca. 100 fm 3 m langes Nadelholz und ca. 50 fm Kleinfaserholz von 2 m Länge. Bei gröberen Sorten wird die Maschine von 3 AK bedient, bei Kleinfaserholz von 2 AK. - Vf. bringt eine überscnlägliche Kostenberechnung; bei einer Jahresleistung von 25.000 m^3 Faserholz und Amortisation in 2 Jahren betragen die Entrindungskosten 3,22 schwed. Kronen je m^3. R.Grönholm. 10305cc.

S a m s e t, Ivar. Amerikansk knipplunning. (Amerikanische Rückemethoden.) - Traktor J. /Stockholm/ 7 (1962) Nr. 2. S. 60-67.

Die Fa. Canadian International Paper Co. verwendet in den Wäldern von Calonga/Kanada zum Rücken von Faserholz den mit Vierradantrieb hydraulischer Rahmensteuerung und Ladegreifer versehenen Radschlepper "Mark IV Forwarder". Er besitzt eine Nettomasse von 7,3 t, eine Ladekapazität von 2,75 t, einen "Chrysler"-Motor Modell 72 und 115 PS und Räder 15 x 24"; der Greifer faßt 0,74 m^3. Gleichzeitig mit der Auszeichnung werden im Abstand von 20 m Rükkewege abgesteckt; das Holz wird vom Fäller in Standardlängen von 8 ft. geschnitten und in der Nähe der Rückewege in kleine Stapel beliebiger Größe (möglichst ca 0,7 fm) gelegt. Mittels des Greifers wird das Holz auf die Ladeplattform des Schleppers gehoben und zur Autostraße abgefahren, wo es auf bereitgestellte LKW-Anhänger verladen wird. Eine Schlepperfuhre beträgt ca. 3,4 m^3. Das Rücken wird vom Traktorfahrer allein durchgeführt. Bei einer mittleren Fahrstrecke von 150 m beträgt die Tagesleistung (Rükken und Verladen) im Durchschnitt 91 m^3. - Eine andere Methode wird in South Carolina angewandt. Hier verwendet man zum Rücken einen "Harrison Pulpwood Harvester", der auf einem etwas umkonstruierten Radschlepper "Oliver Super 77" (48 PS) aufmontiert ist, der mit einem Anhänger ausgerüstet ist; auf letzteren kann ein Rahmen gestellt werden, der 3,9 fm Faserholz faßt. Die mittels Motorbügelkettensäge gefällten und entasteten Stämme werden von einem kleinen Raupenschlepper zu den Rückewegen geschleppt, wo sie eingeschnitten werden und das Faserholz von der Rückemaschine mittels Ladegreifer auf den Anhänger geladen wird. An der Autostraße wird die Plattform des Anhängers hydraulisch gekippt und der Rahmen mit Faserholz gleitet auf den Erdboden. - Zum Stapeln und Umladen von Faserholz auf den Lagerplätzen werden kleine, mit frontal montiertem hydraulischen Ladegreifer versehene Raupenschlepper verwendet. A.Grönholm. 10305da.

S a ž i n, S.N. (Sashin, S.N.); Kostroma , RSFSR, Holzkombinat. Novaja technologija lesosečnych rabot s sochraneniem podrosta. (Neues Holzeinschlagverfahren, das den Jungwuchs erhält.) - Lesnaja promyšlennost', Moskva 39 (1961) Nr. 1. S. 3-7. - 4 Schemata, 2 Tab.
Die Schlagfläche wird durch 5-6 m breite Rückewege in 30-50 m breite Streifen geteilt, die von den Wegen aus fischgrätenförmig bis zur Mitte aufbereitet werden. Die Stämme werden in Gruppen (= 1 Schlepperladung) fächerförmig auf eine Unterlage geworfen, so daß die Kronen über- oder dicht nebeneinander liegen. Als Unterlage dient ein starker Stamm, der im Winkel von 45 ° zum Wege geworfen wird und mit seinem starken Ende zum Wege weist. Komplexbrigaden, denen ein Rückeschlepper "TDT-40", "TDT-60" oder "S-80" zugeteilt ist, bereiten die "Langholzfächer" auf, rücken sie zum Ladeplatz und verladen sie auf Automobile oder Waldbahnwagen. Durch dieses Verfahren bleiben 50-70 % des Jungwuchses auf der Schlagfläche erhalten, während sich die Arbeitsproduktivität der Brigade um 15 % erhöht.

A.Mueller. 10305da.

Anonym. Rapid timber extraction at low cost. (Schnelles Holzrücken mit niedrigen Kosten.) - Quart. J. Forestry 56 (1962) Nr. 2. S. 167-168. - 1 Abb.
Der neuentwickelte "Loggamatic" vereinigt die Vorteile des Ketten- und des Radschleppers beim Holzrücken. Ein Radschlepper stellt das Grundelement der Maschine dar, die mit einer 10 t Frontwinde ausgerüstet ist. Die Last wird unter einem gummibereiften Rückebogen befestigt und mit der Winde auf eine hydraulisch heb- und senkbare Plattform am Heck des Radschleppers gezogen, wodurch eine zusätzliche Belastung der Hinterräder erfolgt. Mit dem schwebenden Stamm kann sich der Radschlepper in den oberen Geschwindigkeitsbereichen bewegen. - Der "Loggamatic" verrichtet die Arbeiten, für die normalerweise ein Kettenschlepper mit Rückebogen eingesetzt werden muß, liegt aber in den Kosten um das 5fache niedriger. L.Jülich. 10305da.

S a m s e t, Ivar. Amerikansk stamlunning. (Amerikanische Maschinen zum Rücken von Stämmen.) - Traktor J. /Stockholm/ 7 (1962) Nr. 3. S. 122-130. - 17 Abb., 3 Graphiken, 1 Schema.
Vf. beschreibt einige Maschinen, die in den USA zum Rücken ganzer Stämme verwendet werden. "FWD Blue Ox Skidder" ist ein Schlepper mit 4 gleich großen Rädern und Vierradantrieb, gewöhnlicher Vorderradsteuerung und einer Eintrommelwinde und einem Rückebügel (Sulky). Masse 4,3 t, Achsabstand 228 cm, Spurweite 183 cm, 131 PS-Motor, 5 Vorwärts- und 1 Rückwärtsgang von 9,8 bis 73 km/h; Seilgeschwindigkeit 0,6 und 1,0 m/sek; max. Zugkraft 5,4 t. - Timberland, Modell "265 Skidder" ist ein Radschlepper mit 2 Eintrommelwinden; Masse 5 t, Achsabstand 228 cm, Spurweite 172 cm, Chrysler

"Industrial 265 V-8"-Motor von 120 PS; 5 Vorwärts- und 2 Rückwärtsgänge von 6,3 bis 50,6 km/h. Max. Zugkraft der Winde 7,3 t bei 0,9 m/sek. Das Arbeitsverfahren: Im Abstand von je 30 m werden Rückewege angelegt, die Bäume werden so gefällt, daß sie mit dem Stammende zum Weg liegen. Das Rücken der Stämme erfolgt mit einer Winde. Die Leistung beträgt etwa 65 m^3/Tag.je Traktor. Für skandinavische Verhältnisse ist die kleinere Maschine "Garret Tree Farmer" besser geeignet. Technische Daten: Radschlepper mit Vierradantrieb und Rahmensteuerung; luftgekühlter "Wisconsin"-Motor von 30 PS; Masse vorn 2,0 t, hinten 0,6 t, insgesamt 2,6 t, - oder: wassergekühlter "Ford-Motor" von 48 PS, Gesamtmasse 2,8 t. Getriebe mit 4 Gängen, max. Fahrgeschwindigkeit 20 km/h; Achsabstand 211 cm, Spurweite 160 cm, Wenderadius 175 cm.

A.Grönholm. 10305da.

S a m s e t, Ivar, Amerikansk lastbilslunning. (Rücken mittels LKW in Amerika.) - Traktor J. /Stockholm/ 7 (1962) Nr. 4. S. 220-222. - 6 Abb.

In Tennessee/USA wird von der Bowater Southern Paper Co. eine neue Rückemethode angewandt, die hauptsächlich für Durchforstungen in älteren Beständen geeignet ist. Verwendet wird ein gewöhnlicher Ford-LKW von 172 PS, der mit einer Zweitrommel-Seilwinde ausgerüstet ist. Hinter der Fahrerkabine sind aufmontiert: ein Mast mit einer Seilrolle, über die das 250 m lange Rücklaufseil läuft, sowie ein Kran mit einem kurzen schwenkbaren Ausleger, über dessen Rolle das 125 m lange 8 mm starke Zugseil der Winde läuft. Die Bestände werden für diese Methode vorbereitet. Aller 25 m wird ein 3 m breiter Rückeweg angelegt, auf dem das Holz durch die Waldarbeiter manuell gerückt, eingeschnitten und gebündelt wird. Die Bündel werden mit Hilfe des Zugseils zur Maschine gerückt, am Kranarm aufgezogen und von diesem auf den Abfuhrwagen geladen. Die durchschnittliche Entfernung für das manuelle Rücken beträgt 6-7 m, für das Rücken mittels Winde von der Autostraße 100 m. Ein LKW-Fahrer arbeitet zusammen mit 4 Holzfällern, von denen 2 Mann abwechselnd beim Beladen behilflich sind. Die Tagesleistung (Fällen, Rücken, Beladen und Abtransport bis ca. 25 km) beträgt 25 m^3 oder 5 m^3/AK.

A.Grönholm. 10305da.

Anonym. Novaja technika idet v les. (Neue Technik im Walde.) - Master lesa, Moskva 6 (1962) Nr. 2. S. 9. - 1 Abb.

Vom Kollektiv des Konstruktionsbüros für Rückeschlepper des Altai-Traktorenwerkes ist der "TDT-75" entwickelt worden. Der Schlepper ist mit dem Motor "D-75-AT" mit einer Kapazität von 75 PS bei 1500 U/min ausgerüstet. Die Fahrerkabine ist völlig aus Metall, stromlinienförmig und mit Türen versehen. Das Vorder- und Seitenfenster sind herausnehmbar. In der Kabine ist ein elektrischer Ventilator angebracht. Zur Erleichterung des Anlassens ist der Elektrostarter "PD-10M" eingebaut worden. Bei Versuchseinsätzen hat sich ergeben, daß die Leistungsfähigkeit um 10 % höher als beim "TDT-60" liegt, die Kosten für einen gerückten m^3 Holz sind um 7 % niedriger. Die Serienherstellung des Schleppers beginnt 1962. - Es sind noch weitere Verbesserungen vorgesehen: Beseitigung des Geräusches durch neu zu entwickelnde Dämpfer, automatische Kraftstoffnachfüllung, hydraulische Regulierung der Raupenkettenspannung. Vom Vf. werden noch kurze technische Daten der Schlepper "TT-4", "TDT-75L" und "TDT-75LA" gegeben.

A.Mueller. 10305da.

H e i l i g, Alfred. Der "Radolfzeller Rückewagen". - Allg. Forst-Z. 17 (1962) Nr. 26. S. 389-391. - 8 Abb.

Ein neues Rückefahrzeug soll die teure und zeitraubende Schwerarbeit vereinfachen und weitestgehend beseitigen. Daher wurde der Rückewagen mit einem Bündelungsrahmen kombiniert, wodurch die Beladung vereinfacht und die Masse festgelegt wird. Als Zugmittel dient ein handelsüblicher Schlepper, an dessen Ackerschiene das einachsige Rückefahrzeug angehängt wird. Verschieden große Bündelrahmen, die auf einem drehbaren Kranz befestigt sind, ermöglichen den Transport von Stangen, Grubenlangholz und Schichtholz sämtlicher Längen. Der Querschnitt des Laderahmens variiert zwischen 0,5 m^2 für Grubenlangholz und Stangen sowie 1 m^2 für 2-3 m langes Schichtholz. Der Transport von 1 m langem Schichtholz erfolgt mit einer Ladepritsche, auf die 2 Bündel von je 1 rm geladen und am Lagerplatz abgekippt werden. Als Bindematerial finden Stahlbänder von 25/1 mm Verwendung. Bei der Bündelung wird auf eine lockere Bindung Wert gelegt, da fest gespannte Bündel den Laderaum nicht voll ausnutzen. - Es wird der organisatorische Ablauf beim Einsatz des Radolfzeller-Rückewagens beschrieben, der beim Rücken und Bündeln von Schichtholz und beim Rücken von Stangen, Grubenlangholz und schwachem Stammholz Verwendung findet. Gleichzeitig wird das Radolfzeller Rücke-, Einschneide- und Bündelungsverfahren dargestellt.

M.-O.Barucha. 10305dd.

N e k r a s o v, R. (Nekrassow, R.); Zentr. Forsch.-Inst. für Mechanisier. und Energetik der Forstind. Znakomteś: TPU-7. (Rücke-Beladeanlage "TPU-7".) Master lesa, Moskva 6 (1962) Nr. 1. S. 12. - 1 Schema.

Die neue Rücke- und Beladeanlage "TPU-7" ist vom Kollektiv des Krestezker Forstnutzungsbetriebes und dem Labor. für Rücke- und Aggregat-Raupenschlepper des CNIIMĖ erprobt worden. Sie wird von der Aggregatwinde "TL-5" angetrieben. Die Produktivität bei ihrem Einsatz übersteigt bei weitem den von Rückeschleppern. Dieser Effekt wird durch die Kombination vom Halbhängerücken am Tragseil mit einer Großbündelbeladung erzielt. Die besten Ergebnisse beim Rücken und Beladen mit der "TPU-7" werden bei unentästeten Bäumen erreicht. Die sie bedienende Brigade besteht aus 3 AK. Die Leistung beträgt 36 m^3 in einem Arbeitstag. Vom Vf. wird anhand einer Skizze die techn. Beschreibung der Anlage gegeben. R.Grönholm. 10305ea.

Anonym. Mechanizm dlja razgruzki kruglogo lesa. (Mechanismus zum Entladen von Rundholz.) - Sel'skoe stroitel'stvo, Moskva 16 (1962) Nr. 2. S. 29. - 1 Schema.

Zum Entladen des Rundholzes aus Güterwagen benutzt man eine Vorrichtung, die aus einem Schmalspur-Plattformwagen besteht, der sich auf einem besonderen, neben dem Entladegleis angelegten Gleis bewegt und mit einer Motorwinde von 1,25 t Hubkraft (Motorleistung 7 kW) sowie zwei 8,8 m hohen, beweglichen, durch ein 5 m breites Gestänge verbundenen Armen ausgerüstet ist. Die Arme tragen oben und unten Rollen, über welche die Ladeseile laufen. Die Windentrommel ist 2teilig. Die Enden der Seile werden an den, auf der gegenüberliegenden Seite des Güterwagens befindlichen Ladestützen befestigt, das Rundholz partieweise von Hand in die entspannten Ladeseile gelegt und die Motorwinde eingeschaltet. Die sich straffenden Seile heben das Rundholz und rollen es über die Ladestützen ab. Die Leistung der Vorrichtung beträgt 20 m^3/h (das Vierfache der Handarbeit).

A.Mueller. 10310ea.

K e r s k a j a, E. (Kerskaja, Je.) Prisposoblenija dlja pogruski "s šapkoj". (Vorrichtung zum Beladen der Waggons über Normalprofil.) - Lesnaja promyšlennost', Moskva 40 (1962) Nr. 2. S. 20-21. - 4 Schemata.

Um die Tragfähigkeit der Güterwagen voll auszunutzen, wird das Schichtholz über den Laderaum hinaus dachförmig aufgesetzt. Da hierbei Unfälle eintreten können, werden an die Seitenwände des Wagens Stege gehängt, die mit Geländer versehen sind. Der Steg kann auch mit Eisenringen oder Gabeln an Stützen angebracht werden, die zwischen der Innenwand und der Ladung aufgestellt sind. Da die schweren Stege nur mit einem Kran montiert werden können, benutzt man auch stationäre Ladebrücken, die aus den auf Pfeilern ruhenden Ständen und Treppen sowie der von einer Handwinde bewegten Auslegerbrücke bestehen. A.Mueller. 10310ea.

Anonym. Transkavator. (Transkavator.) - Master lesa, Moskva 6 (1962) Nr. 2. S. 20. - 1 Abb.

Der von der Fa. Caterpiller (USA) gebaute Belader ist mit einem Arbeitsgerät in Form eines zangenartigen frontalen Greifers ausgerüstet, der hydraulisch betätigt wird. Der Dieselmotor hat eine Leistung von 100 PS. Masse des Beladers mit Greifer und Winde 19,9 t, Länge 5,7 m; Breite 2,4 m; Höhe 2,2 m; Bodenfreiheit 40 cm. Er kann sich in 5 Gängen von 3-12 km/h fortbewegen. Das Gerät kann eine Last von 4,8 m^3 Holz, abhängig von der Länge, in eine Höhe von 3,5 - 3,6 m heben. Die Leistung beträgt beim Beladen von 4,8 m langen Abschnitten 55-60 m^3/h. Beim Einsatz des Transkavators zu Wegebauarbeiten wird dieser mit einer Kiesschaufel ausgerüstet, er leistet beim Bedecken der Wege 110 m/h. - Das Gerät kann ebenfalls zum Ausheben von Gräben und zum Stubbenroden eingesetzt werden. Die Seilwinde, die bei Hilfsarbeiten eingesetzt wird, dient gleichzeitig als Gegenmasse des Auslegers. Bedient wird der Belader von 2 AK. R.Grönholm. 10310ea.

B a r a e v a, V. (Barajewa, W.) Kran i kontejner. (Kran und Konteiner.) - Master lesa, Moskva 6 (1962) Nr. 2. S. 24. - 1 Abb.

Das Stapeln und Verladen von Kurzholz mit Kränen "KKU-7,5" erfolgt in kleinen Bündeln von 3-5 m^3. Vom Kran müssen eine Reihe von Arbeitsgängen durchgeführt werden, es wird dabei jedoch die Kapazität und Beladefläche nicht voll ausgenutzt. - Ein Kollektiv des Holzlagers des Tschalna Schujsko-Widansker Forstwirtschaftsbetriebes hat in Zusammenarbeit mit dem Karel. Forsch.-Inst. für Holz-Ind. eine neue Technologie des Stapelns und Beladens von Kurzholz in Behältern eingeführt. Die Kombination von Kran und Behälter erweist sich als sehr vorteilhaft, da durch die Verwendung von 9-13 m^3 fassenden Behältern sich die Anzahl der Arbeitszyklen um 2-3 mal verringert, die Arbeitsproduktivität ansteigt. Das Beladen eines Waggons mit 65 m^3 Fassungsvermögen beträgt nur noch 45 Min. gegenüber 110 Min. bei einer bündelweisen Beladung. R.Grönholm. 10310ea.

K u p f e r s c h m i d, G. Be- und Entladegerät zur Schichtholzabfuhr. - Allg. Forst-Z. 17 (1962) Nr. 22. S. 341. - 4 Abb.

Zur mechanischen Schichtholz-Be- und Entladung auf Einachsfahrzeugen (Transport vom Schichtholzstapel zum LKW-Beladeplatz) oder Transport-LKW ist auf den Fahrzeugen ein an den Stirnwänden drehbar befestigter, seitlich schwenkbarer Rahmen angebracht. An dem oberen Rohr befindet sich eine Laufkatze. Durch Doppeltrommelseilwinde kann die Laufkatze bewegt und das Zugseil gehoben und gesenkt werden. Das Schichtholz (1 und 2 m) wird durch einen Rahmengreifer an den Stirnwänden ergriffen. Die Beladung eines Schichtholztransporthängers (12 rm Faserholz) erfolgte in 40 Min. und die eines Schichtholztransporteinachsfahrzeuges (3-4 rm) in 10 Min.

W.Jacob. 10310ea.

M e l ' n i k o v, M a s k o v c e v und K r a s n o v. (Melnikow, Maskowzew und Krasnow.). Floßreede Ust-Kilmez; Odnokanatnyj grejfer. (Greifer mit einem Tragseil.) - Lesnaja promyšlennost', Moskva 40 (1962) Nr. 2. S. 8. - 1 Abb.

Zum Heben des Senkholzes konstruierten Vff. einen Greifer, der aus 8 scherenförmigen Klauenpaaren besteht, die auf 4 Achsen montiert sind. Die obere Achse trägt ein Schloß, das den belasteten Greifer verriegelt und von dem Kranführer mittels Seilzug geöffnet wird. Der Greifer besitzt eine Masse von 500 kg. Er wird mit einem Stück Drahtseil am Zughaken des Schwimmkrans befestigt. A.Mueller. 10310ea.

Anonym. Električeskij zachvat. (Elektrischer Greifer.) - Master lesa, Moskva 6 (1962) Nr. 3. S. 13. - 1 Abb.

Der elektr. Klauengreifer mit einer Greifbreite von 1,7 m, wird zum Beladen von Stammabschnitten beliebiger Dimensionen eingesetzt. Er ist auf das Transportgerät "Le Tourneau", das mit einem A-förmigen oder geraden Ausleger ausgerüstet ist, oder auf eine Krananlage angebracht. Die Elektroenergie erhält der Greifer von einer fahrbaren Elektrostation oder von einem El.-Aggregat, welches vom Motor des Transportgerätes angetrieben wird.

R.Grönholm. 10310eh.

Anonym. Rationella skogtransporter i Finland. (Rationeller Holztransport in Finnland.) - Traktor J. /Stockholm/ 7 (1962) Nr. 4. S. 223-225. - 7 Abb.

Die Abteilung für forsttechnische Forschung Metsäteho des Zentralverbandes der Holzveredelungsindustrien Finnlands betreibt eine umfassende Forschungs- und Versuchstätigkeit, die auf eine Rationalisierung der Waldarbeiten gerichtet ist. Beim Holztransport ist es von Wichtigkeit, die für das Beladen und Entladen der Transportfahrzeuge erforderliche Zeit zu verkürzen. - Zu diesem Zweck ist ein Schichtholzbehälterverkehr eingeführt worden. Die Beladung der Behälter erfolgt durch Winden (am LKW befestigt). Zum Entladen des Holzes in den Industriebetrieben werden fahrbare Kräne verwendet, die ganze Autoladungen auf einmal heben und versetzen können. Sehr große Bedeutung für den Holztransport im Winter besitzen die schneegepreßten Straßen. Zur Herstellung dieser Straßen wird im Besonderen eine aus alten Autoreifen hergestellte Walze verwendet, die an einen Kettenschlepper angehängt wird.

A.Grönholm. 10310fa.

B o l, M. Minutentabellen 1962 voor hat vellingswerk van douglas. Wageningen: Stichting Bosbouwproefstation "DE Dorschkamp". 1962. 8 S. 8° = Korte mededeling. Nr. 50. (SR 2653,50)

K. FORSTWIRTSCHAFT/SCHÄDLINGSBEKÄMPFUNG

B e h r n d t, G. Auftreten und Bekämpfung der Sitkalaus im Frühjahr 1961 im Privatwald des Weser-Ems-Raumes. - Allg. Forst-Z. 16 (1961) Nr. 46. S. 659-661. - 4 Lit.

Bereits 4 Jahre nach der letzten Massenvermehrung war 1961 ein erneutes Massenauftreten der Sitkalaus im Weser-Ems-Raum zu verzeichnen. Infolge des sehr ungleichmäßigen Verlaufs der Gradation waren eingehende Befallserhebungen notwendig. Eine Bekämpfung auf 80 ha mit Metasystox (0,8-1,0 l in 80 bis 100 l Wasser/ha) im Sprühverfahren mit Motor-Rückengeräten brachte ein gutes Ergebnis. Die Kosten betrugen rd. 42 DM/ha. Rückengeräte sind jedoch nur in höchstens 3 m hohen Beständen einzusetzen. Versuche mit Lindan-Vernebelungen (Schwingfeuergerät) schlugen fehl. Für höhere Bestände wurde deshalb ein Hubschrauber eingesetzt, der Metasystox (1 l in 100 l Wasser/ha) auf 66 ha mit Erfolg versprühte. Die Kosten betrugen rd. 85 DM/ha. Aus dem Bekämpfungserfolg schließt Vf., daß der Anbau der Sitkafichte im Weser-Ems-Gebiet nicht eingestellt zu werden braucht. R.Angermann. 10350a.

M. FORSTLICHES BAUWESEN

S a e c n i k o v, V. (Sajetschnikow, W.) Peredoviki v severnych lesach. (Bestarbeiten in nördlichen Wäldern.) - Master lesa, Moskva 6 (1962) Nr. 3. S. 8-9. - 1 Abb., 1 Skizze.

In der ASSR der Komi wird bei der Aufbereitung der Schlagfläche (bei einem Holzvorrat von 120-150 m^3/ha und einem durchschnittlichen Stammvolumen von 0,29 m^3) ein neues Verfahren angewendet. Von der kleinen Komplexbrigade (3 AK) wird eine Hiebsfläche von 200 x 500 m ausgezeichnet, in deren Mitte sich ein Rückeweg mit Wendestelle befindet. Längs des Rückeweges sind 2-3 Beladepunkte angelegt, die aus 3-4 Stämmen bestehen, die auf der Erde senkrecht zum Weg liegen. Die durchschnittliche Rückeentfernung beträgt bei diesem Schema 110-115 m. Das Fällen der Bäume erfolgt in kreisförmigen Streifen mit einer Breite von 6-10 m, die durch einen Halbkreis den Transportweg mit einbeziehen. DiesesVerfahren ermöglicht es, bei beliebiger Windrichtung zu fällen. Das Fällen erfolgt auf einen Unterlagebaum (Lage 45-50 ° zum Rückeweg), durch den beim Rückevorgang der Unterwuchs weitgehendst erhalten bleibt. Von einem Schlepper können bei diesem Fällverfahren in einer Schicht bis 80 m^3 gerückt werden. - Das Beladen und der Abtransport des Holzes geschieht mit Hilfe der Aggregate "LK-4" und "LK-5".

R.Grönholm. 10465.

B e r e z i n, V.P. und Z a c h a r o v, T.Z. (Beresin, W.P. und Sacharow, T.S.); Zentr. Forsch.-Inst. für Mechanisier. und Energetik der Forst-Ind. Novoe v stroitel'stve lesovoznych avtodorog. (Neues vom Bau der Holzabfuhrstraßen.) - Lesnaja promyšlennost', Moskva 40 (1962) Nr. 2. S. 22-24. - 2 Abb., 3 Schemata, 1 Tab.

Auf Böden mit geringer Tragfähigkeit wird die aufgehauene 40 m breite Straßentrasse im Winter mit dem Straßenbauaggregat "CNIIMĖ-KBK" gerodet und planiert. Im Frühjahr formt man den Straßenkörper aus örtlichem Material und fährt Sand und Kies mit Autokippern auf die breiten freien Ränder. Erst nach 1 Jahr, wenn sich der Straßenkörper gesetzt und verdichtet hat, wird die Decke aufgeschüttet, geebnet und mit leichten und schweren Walzen gewalzt. Zum Schluß hebt ein Aggregat "KBK" oder ein Grabenheber Modell "KM-800" die Seitengräben aus. Voraussetzung für eine lange Gebrauchsfähigkeit der Straße ist, daß die Krone mindestens 1 m über dem Grundwasserstand liegt und daß die Straße nicht vorzeitig für den Verkehr mit schweren Lasten freigegeben wird. A.Mueller. 10465.

Š u m o v, A. (Schumow, A.) Svaju zabivaet koper. (Rammgerät.) - Master lesa, Moskva 6 (1962) Nr. 3. S. 9. - 1 Abb.

Der Forstwirtschaftsbetrieb in Salesnaja im Gebiet Gorki verfügt über 200 km Flößwege mit Seitenwegen, die jährlich mit 10000-12000 Pfählen befestigt werden müssen. Zur Mech. dieser Arbeit wurde vom Konstruktionsbüro des Forstnutzungsbetr. der Schlepper "TDT-40" entsprechend ausgerüstet. Die Befestigung des Rammbärs mit einem Hebeseil erfolgt automatisch. Die Pfähle hebt die Seilwinde des Schleppers. Zum Rammen eines Pfahles in eine Tiefe von 1,5 m werden 6 Min. benötigt. Die Ramme wird vom Schlepperfahrer und einer AK bedient. R.Grönholm. 10465h.

W e i d e m a n n, K. Forstschutzzäune mit hohem wirtschaftlichen Nutzen einsetzen. - Sozialist. Forstwirtsch. 12 (1962) Nr. 5. S. 145-147. 151. - 5 Abb., 13 Lit.

Um die Kulturen sicher über die Jugendgefahren hinwegzubringen, die sich besonders infolge der Vermehrung des Wildes und der Verwendung bisher seltener und wertvoller Holzarten vergrößert haben, wird der Zaunschutz gefordert. Bei der Anlage von Wildschutzzäunen muß die Wirtschaftlichkeit im Vordergrund stehen. Sie ist nur dann gewährleistet, wenn die komplexe Planung zwischen Walderneuerung, Pflanzenerziehung und Wildabschuß durchgeführt wird. Einen wesentlichen Faktor zur planmäßigen Wirtschaftlichkeit der Anlage von Forstschutzzäunen stellt die Ausarbeitung von operativen Perspektivplänen unter Benutzung der waldbaulichen Einzelplanung der Forsteinrichtung dar. M.-O.Barucha. 10480.

Anonym. Mechanizirovannyj instrument i oborudovanie. (Mechanische Werkzeuge und Geräte.) - Sel'skoe stroitel'stvo, Moskva 16 (1962) Nr.1. S. 23-24. - 5 Abb., 1 Zeichn., 1 Tab.

Die Benzinmotorkettensäge "Ural 10" zersägt einen Fichtenstamm von 45 cm Dmr. in 20 Sek. Die elektr. Kreissäge "S 456", die Elektrofräse "S 474", der Elektroschraubenzieher "I 160" und der Elektromeißel "I 158 B" werden in der Lettischen SSR hergestellt. G.Hutschenreuther. 10605.

XI. S C H Ä D L I N G S B E K Ä M P F U N G

B. CHEMISCHE SCHÄDLINGSBEKÄMPFUNG

G o o s s e n, Heinz; Münster. Pflanzenschutzgeräte für Lohnunternehmer - DLG-Bericht 1962. - Lohnunternehmen in Land- u. Forstwirtsch. 17 (1962) Nr.7. S.154-156. - 6 Abb. 11105.

K o c h, Hans. Anerkannte Pflanzenschutzgeräte und -geräteteile. - Nachrichtenbl. dtsch.Pflanzenschutzdienstes /Braunschweig/ 14 (1962) Nr.9. S.129 bis 139. - 18 Abb.

Vf. bespricht mehrere anerkannte Pflanzenschutzgeräte oder Geräteteile unter Aufführung ihrer wichtigsten techn. Daten, der Bau- und Arbeitsweise und der Erprobungsergebnisse. Im Einzelnen sind folgende Geräte aufgeführt, deren wesentliche Merkmale folg. sind: 1. Trocken-Beizgerät "Protektor" (1,5-PS-Motor; Saatgutwaage; Mischtrommel-Inhalt 0,18 m^3; Leistung 6 t/h; Volumendosierung des Beizmittels; Staubabsaugung; Funktionsgenauigkeit der Saatgut- und Beizmitteldosierung ist ausreichend). 2. Schlepper-Anbauspritze "Tecnoma" für den Feldbau (Zapfwellenantrieb; 300-l-Polyester-Behälter; hydraul. Rührwerk; Doppelkolben-Membranpumpe 45 l/min; Arbeitsdruck max. 20 kp/cm^2; Arbeitsbreite 9 m mit 27 Dralldüsen; Ausbringmengen 0,25-1,75 l/min je Düse; Anbau an Dreipunktaufhängung). 3. Rückenspritze "Bella" (10-l-Flüssigkeits-Inhalt; Druck 5 kp/cm^2; Dralldüse 1,3 mm bzw. 2,0 mm; Ausbringmengen 0,5-1,9 l/min; Leermasse 7,2 kg). 4. Rückenspritze "Grüno" (15 l Flüssigkeits-Inhalt; Membranpumpe; Dralldüse 1,4 mm bzw. 1,6 mm Bohrung; Arbeitsdruck etwa 1,5 kp/cm^2; Ausbringmengen 0,6-0,75 l/min; Leermasse 7,5 kg). 5. "Chiron"-Spritz-, Sprüh- und Stäubeaggregat (Zapfwellenantrieb, Doppel-Radialgebläse 2200 m^3 je h; Kreiselpumpe 125 l/min; 1-, 2- und 4-Düsen-Sprühkopf mit Querstromdüse; Ausbringmengen 0,9-33 l/min; Staubaufwandmenge 10-80 kg/ha; Reichweite 3-6 m; Behälter: 200 l, 250 l, 800 l oder 50 kg; Einsatzbereich: Niederstammobstbau und Weinbau). 6. Rückentragbare Motor-Sprühgeräte "Willmes R 2" und "ATO 75" (Motor 75 cm^3; Radialgebläse 360 m^3/h bei 105 m/s; Behälterinhalt 12 l; Ausbringmengen 1-2 l/min; Masse 16,8 kg). 7. Rückentragbare Motor-Sprüh- und Stäubegeräte "Grüno Petit" (Motor 26 cm^3; Radialgebläse 420 m^3/h bei 85 m/s; Einfach- und Zwillingsdüse; Ausbringmengen 1,2-2 l/min bzw. bis 0,6 kg/min; Behälterinhalt: 11 l; Masse 13 kg bzw. 14,5 kg) und "Grüno Uno" (Motor 60 cm^3; Radialgebläse 520 m^3/h bei 105 m/s; Einfach- und Zwillingsdüse; Ausbringmengen 1,4 bis 2,75 l/min bzw. bis 0,73 kg/min; Behälterinhalt 11l; Masse 17,5 kg bzw. 19 kg). Ferner wurden eine Spritzpistole sowie verschiedene Schädlingsbekämpfungsschläuche geprüft und anerkannt. A.Jeske. 11105.

Anonym. Fibre-glass tanks for agricultural spray applications. (Mittelbehälter aus Glasfiber für die Spritzung landwirtschaftlicher Kulturen.) - Agric. Chemicals 17 (1962) Nr.9. S. 58.

Es handelt sich um korrosionsbeständige, nahtlose, nicht durchlässige Glasfiber-Behälter mit glatten, gleichstarken Wänden, die nicht zerbrechen, rosten, splittern, faulen usw. Vom Behälter her gesehen, ist das ständige Säubern durch Nachspülen nach der Arbeit nicht erforderlich. Die durchsichtigen Wände lassen ohne bes. Messung eine Prüfung des Flüssigkeitsstandes zu. Sie können überall aufgebaut werden (Traktoren, Anhänger, Maschinen). A.Jeske. 11105.

L ü d e r s, Wolfgang. Ein Spritzgerät für die Prüfung von Pflanzenschutzmitteln im Freiland. - Nachrichtenbl. dtsch. Pflanzenschutzdienstes /Braunschweig/ 14 (1962) Nr. 9. S. 140-142. - 5 Abb., 1 Lit.

Es wird ein Spritzgerät beschrieben, daß bei Versuchen zur Pflanzenschutzmittelprüfung die Rückenspritze ersetzen kann. Auf einen "Unimog" wurden ein 150-l-Wassertank und vier 95-l-Spritzbrühebehälter mit Saugschlauch und Überlauf aufgebaut. Mit einer 50-l- bzw. 100-l-Kolbenpumpe wird die Brühe angesaugt und über eine Wasseruhr zur Bedienungsarmatur gedrückt, die eine Regulierung des Arbeitsdruckes und der Ausbringmengen gestattet. Von hier aus gelangt die Brühe über die Spritzbalken (8,70 m Breite) zu den Düsen. Ferner sind ein Injektor zum Füllen, ein Manometer zur Drucküberwachung und ein Brühestandsanzeiger vorhanden, ein Rührwerk fehlt hingegen. Durch Handgaseinstellung wird die Fahrgeschwindigkeit konst. gehalten. Die Zapfwellendrehzahl ist über ein Zählwerk kontrollierbar. Im Obstbau und Hopfen wird das Spritzgestänge durch Hochstrahler ersetzt. Es werden nur Düsen verwendet, deren Ausbringmengen nicht mehr als ± 3 % voneinander abweichen. Das klare Wasser aus dem Wasserbehälter dient zum Durchspülen der Spritzeinrichtung, in den Brühebehältern sind verschiedene Spritzbrühen für die Prüfung vorbereitet. A.Jeske. 11115.

M a r l o w, H. Technische Möglichkeiten der chemischen Unkrautbekämpfung in einigen herbizidempfindlichen Kulturen. - Dtsch. Agrartechn. 13 (1963) Nr. 3. S. 122-124. - 4 Abb., 1 Tab., 6 Lit. Aus: Dok.-Dienst ILT 1963 Nr.4.

Beschreibung eines Zusatzgerätes zum Anbauspritzgerät "S 293". Über jeder Spritzdüse befindet sich ein torpedoähnlicher Laubaufgleitkörper (50 cm lang, 37 cm breit, 16 cm hoch, geeignet für Reihenentfernung von 41,7 cm). Bericht über Einsatzversuche bei Buschbohnen. Errechnung des erzielbaren Nutzens bei Kartoffeln. 11115.

Anonym. Prøve med Supra ryggtåkesprøyte. (Rückensprühgerät "Supra" - Prüfbericht Vollebekk.) - Landbrukstekn. Inst., Vollebekk, Meld. Nr. 114. (1961) S. 1-4. - 1 Abb., 2 Tab.

Hersteller: Gebr. Holder, Metzingen/Württ. Bauart: Stahlrohrrahmen, an dem Gebläsegehäuse, Motor, Zerstäuberrohr, Kraftstoff- und Sprühmittelbehälter, Tragplatte und Tragriemen befestigt sind. Gebläse auf Gummipuffer und Tragplatte mit Schaumgummimatte zur Dämpfung der Motorvibration. - Techn. Daten: Motorleistung 1,8 PS; Kraftstofftank 1,5 l; Radialgebläse: 12 Blätter, 36 cm Dmr., 5000 U/min; Zerstäuberrohr: Gummischlauch, Rohr und Düse aus Leichtmetall; Rohr-Dmr. innen: 4,5 cm, am Mundstück 3cm; Länge 89 cm, Düse: "Holder" Wirbeldüse. Behälter für Brühe: 10 l Inhalt; Pumpenleistung bis ca. 6 l/min Brühe. Masse und Abmessungen: 16,5 kg (bei leerem Behälter); Höhe (ohne Zerstäuberrohr) 65 cm, Länge 29 cm, Breite 52 cm. - Die Prüfung erfolgte in Obst- und Beerenanlagen, auf dem Feld und im Labor. Die Angaben der Gebrauchsanweisung stimmten mit der Praxis nicht überein. Die Größe der erzeugten Tröpfchen betrug 60-160 Mikron, so daß mit zehnfacher normaler Konzentration gearbeitet werden kann. Reichweite: Geschwindigkeiten bei 4 m Entfernung vom Mundstücke: im Zentrum des Luftstromes 4,5 m/s; 40 cm vom Zentrum 2,3 m/s. Einige Veränderungen in der Konstruktion sind erforderlich, damit das Gerät allen Anforderungen genügt. - Verwendungszweck: Einsatz in Gewächshäusern, in Beeren- und kleineren Obstanlagen mit ca. 4,5 m hohen Bäumen, zur Insekten- und Pilzbekämpfung im Ackerbau und in Baumschulen sowie zur Hormonspritzung in der Forstwirtschaft. E.Kahn. 11120.

Anonym. Prøve med Boss ryggtåkesprøyte. (Rückensprühgerät "Boss" - Prüfbericht Vollebekk.) - Landbrukstekn. Inst., Vollebekk, Meld. Nr. 115. (1961) S. 1-4. - 1 Abb., 2 Tab.
Hersteller: Carl Platz G.m.b.H., Ludwigshafen. Bauart: entsprechend "Supra" (vgl. Staatl. Maschinenprüfbericht Vollebekk Nr. 114). Techn.-Daten: Motor 1,8 PS; Kraftstoffbehälter 1,5 l; Gebläse 34,5 cm Dmr., 56oo U/min.; Zerstäuberrohr: Dmr. 4,7 cm, am Mundstück 3,55 cm, Länge 125 cm; Behälter für Brühe: 1o,2 l. Masse und Abmessungen: 17,5 kg (bei leerem Behälter), Höhe (ohne Zerstäuberrohr) 66,5 cm, Länge 31,o cm, Breite 45,5 cm. - Prüfung erfolgte 15 Std. in Obst- und Beerenanlagen, Baumschulen, auf dem Feld und im Labor. Die Angaben hinsichtlich Flüssigkeitsmenge stimmten mit der Praxis nicht überein. Die Größe der erzeugten Tröpfchen beträgt 6o-16o Mikron, ausreichend für zehnfache normale Konzentration. Reichweite: Geschwindigkeiten in einer Entfernung von 4 m vom Mundstück: 4,8 m/s im Zentrum des Luftstromes, 2,9 m/s in 4o cm Entfernung vom Luftstromzentrum. - Verwendungszweck: wie bei "Supra". E.Kahn. 1112o.

Anonym. Prøve med AS 1 ryggtåkesprøyte. (Rückensprühgerät "AS 1" - Prüfbericht Vollebekk.) - Landbrukstekn. Inst., Vollebekk, Meld. Nr. 116. (1961) S. 1-4. - 1 Abb., 2 Tab.
Hersteller: Reiter & Schefenacker, Schwaikheim/Württh. Bauart: Entspr. "Supra" (vgl. Staatl. Maschinenprüfbericht, Vollebekk Nr. 114). Techn. Daten: Motor 3 PS, Kraftstoffbehälter 1,8 l, Gebläse 21 cm Dmr., 45oo U/min. Zerstäuberrohr: Dmr. 5,5 cm, am Mundstück 3,7 cm, Länge 92,5 cm. Behälter für Brühe: 1o,5 l. Masse und Abmessungen: 17 kg bei leerem Behälter, Höhe (ohne Zerstäuberrohr) 75 cm, Länge 3o cm, Breite 52 cm. - Prüfung erfolgte im Laufe von 2o Std. in Obstanlagen, auf dem Feld und im Labor. - Die Tröpfchengröße liegt zwischen 6o und 16o Mikron. - Reichweite: Geschwindigkeiten in 4 m Entfernung: 4,3 m/s beim Sprühen im Zentrum des Luftstromes, 2,6 m/s bei 4o cm Entfernung vom Zentrum und beim Stäuben im Zentrum des Luftstromes 3,6 m/s. - Verwendungszweck vgl. "Supra", Staatl. Maschinenprüfbericht Nr. 114. E.Kahn. 1112o.

Anonym. Prøve med Microniseur ryggtåkesprøyte. (Rückensprühgerät "Microniseur" - Prüfbericht Vollebekk.) - Landbrukstekn. Inst., Vollebekk, Meld. Nr. 117. (1961) S. 1-4. - 1 Abb., 2 Tab.
Hersteller: Birchmeier & Cie AG, Künten AG, Schweiz. Bauart: Kompressorgerät. Stahlrohrbügel mit Leichtmetallplatte, an der sämtliche Teile befestigt sind. - Techn. Daten: 1,8 PS, Drehzahl 49oo U/min, Kraftstoffbehälter 2,3 l. Zerstäuberrohr: 3,3 cm Dmr., am Mundstück 16,8 mm. Länge 1oocm. Behälter für Brühe: 1o l. Masse und Abmessungen: 19 kg (bei leerem Behälter), Höhe (ohne Zerstäuberrohr) 7o cm, Länge 33 cm, Breite 39 cm. Prüfung im Laufe von 15 Std. vorwiegend im Labor. Die Tröpfchengröße liegt zwischen 6o und 16o Mikron. Reichweite: Geschwindigkeiten in 4 m Entfernung vom Mundstück: 2,9 m/s im Luftstromzentrum und 1,7 m/s in 4o cm Entfernung vom Zentrum. Verwendungszweck: Auf Grund der geringen Reichweite und des schwachen Luftstromes für normale Obstanlagen nicht geeignet, auch für andere Spritzarten ist die Leistung zu gering. E.Kahn. 1112o.

XII. AUSSTELLUNGEN, TAGUNGEN, VORFÜHRUNGEN, REISEN, ÜBERSICHTEN

A. AUSSTELLUNGEN

Anonym. Zahllose DLG-Neuheiten bei den Landmaschinen. - Landmaschinen-Rdsch. 14 (1962) Nr. 7. S. 193-198. - 26 Abb. 12005.

Anonym. Elmia 62 ett viktigt inlägg i debatten om landsbygdens byggnadsfrågor. (Elmia 62 - ein wichtiger Beitrag zur Debatte um ländliche Baufragen.) - Jordbrukarens elektr. Bl. 1962 Nr. 2. S. 8-10. - 8 Abb.
Spezialausstellung für landwirtsch. Betriebsbauten: Anbinde- und Laufställe; Schweinemast- und Ferkelställe mit entspr. Viehbesatz. Gezeigt werden Kühe in wärmegedämmten Ständen, und zwar im Anbindestall ohne Streu, mit wärmedämmenden Gummimatten versehen. Jaucherinne über Spaltfußboden; elektr. Entmistung. Verfütterung von Silage über Futterrinnen, automat. Melken mittels Releaser. Dank der Mech. ist nur 1 AK/40 Kühe erforderlich. - Spezialtyp eines Laufstalles als Prinziplösung gezeigt: Stallbau mit Wänden und freitragendem Dach aus versch. Balkentypen; der versenkbare Melkstand ermöglicht das Melken von 60 Kühen/AK. Fütterung der Mastschweine über Plastrohrleitung. Entmisten automat. mit Schraper unter dem Spaltfußboden. - Ferkelstall mit guter elektr. Ausrüstung und neuem Typ von Ferkelboxen, der das Saugen ohne Aufsicht ermöglicht. - 1 AK/5000 Legehennen (Mastbau mit Holzfaserplattenverkleidung und Sparbalken) mit automat. Fütterung und Transport der Eier. E.Kahn. 12005.

B. TAGUNGEN, VORFÜHRUNGEN, REISEN

B l u m, Walter-Robert; Frankfurt/M. Landtechnik im Norden (Schweden). - Landtechnik 17 (1962) Nr. 17. S. 624-627. - 4 Abb. 12105.

C. ÜBERSICHTEN

M e y e r, F. Neues vom Landmaschinenmarkt. - Mitt. dtsch. Landwirtsch.-Ges. 77 (1962) Nr. 12. S. 387-389. - 3 Abb., 2 Schemaskizzen.
Vf. berichtet informatorisch über einige Neuerungen an Schleppern, Heumaschinen, Stalldungstreuern und Zubehör. Das Bestreben, mehr Komfort für den Fahrer zu schaffen, wird bei der Schlepperindustrie immer deutlicher. Die Fa. Kramer verwendet glasfaserverstärkte Kunststoffe für die Motorhauben, wodurch eine schalldämpfende Wirkung erzielt wird. Zu weite Sprünge bei der Gangabstufung werden dadurch umgangen, daß Schaltgetriebe mit 10 Vorwärts- und 2 Rückwärtsgängen eingebaut werden. Die Kraftübertragung in Gestalt des Frontkrafthebers - zusammen mit der schon länger bekannten vorderen Zapfwelle - hat zur Entwicklung neuer Frontgeräte geführt und eröffnet weitere Perspektiven. Eine stürmische Entwicklung haben infolge neuer, schärferer Verkehrsbestimmungen für landwirtsch. Fahrzeuge die elektr. Ausrüstungen genommen. - Zu neuen Heumaschinen gehört der zapfwellengetriebene Kreiselheuer von Fahr, den man zum Zetten, Wenden und Schwadenstreuen, nicht aber zum Zusammenschwaden, verwenden kann. Bei den Stalldungstreuern ist das Bemühen kennzeichnend, daß sich die Streuorgane leicht abbauen lassen und daß

man Ladegatter möglichst ohne Werkzeuge einhängen kann, was ihren Einsatz als Wirtschaftswagen außerhalb der "Streusaison" ermöglicht. Zur Erleichterung der Viehpflege hat die Fa. Deimold eine Putzmaschine entwickelt, die nicht nur den Schmutz absaugt, sondern auch mit einer sich drehenden (12oo U/min) Perlonbürste versehen ist; eine Rutschkupplung gibt die erforderliche Sicherheit. Eine Neuentwicklung ist auch ein gerillter Schleifstein für Wellenschliff an Mähmesserklingen. W.Fleischmann. 122o5.

M e y e r, F. Neues vom Landmaschinenmarkt. - Mitt. dtsch. Landwirtsch.-Ges. 77 (1962) Nr. 44. S. 1435-1437. - 3 Abb., 1 Schema.

Vf. bespricht die neuen Vorschriften der westdeutschen Straßenverkehrsordnung mit den zahlreichen neuen Bestimmungen für landwirtsch. Nutzfahrzeuge und weist auf die neuen Zusatzteile an Schleppern und Fahrzeugen hin. Er befaßt sich mit Blinkgebern, außerdem mit Einzelkornsägeräten und Förderschnecken. W.Fleischmann. 12oo5.

K a v a n, V.; Řepy bei Prag, Staatl. Landmaschinenprüfstat. Neue Landmaschinen. - Int. Z. Landwirtsch. 1962 Nr. 4. S. 94-96. - 5 Abb. 122o5.

XIII. L Ä N D L I C H E S   B A U W E S E N

A. ALLGEMEINES

V o n t o b e l , Jakob; Küsnacht. Das landwirtschaftliche Bauen im Lichte der Wandlungen von Betriebsstruktur und Produktionsprogramm der schweizerischen Landwirtschaft. - Schweiz. landwirtsch. Mh. 4o (1962) Nr. 7/8. S. 27o-275.

Vf. charakterisiert die schweiz. Verhältnisse und stellt fest, daß die Betriebe größer werden und daß man allgemein eine Betriebsvereinfachung anstrebt. Landwirtsch. Bauten haben eine Schutzfunktion. Sie müssen billiger und weniger starr werden. Unter billig versteht man dabei nicht unbedingt primitiv, weil neben der Zinsbelastung auch Reparaturen und Abschreibungen bedeutende Kostenelemente sind. In den USA will man Gebäude als notwendige Betriebsmittel in 2o-3o Jahren abschreiben, damit man nicht durch langdauernde Bindungen an der Betriebsanpassung gehindert wird. Bauten müssen Arbeit sparen helfen. Bei ihrer Errichtung ist das ästhetische Moment zu berücksichtigen. E.Mothes. 13oo5.

K ö s t l i n, Albrecht; Braunschweig-Völkenrode. Entwicklungstendenzen und Förderung des landwirtschaftlichen Bauens im Ausland. - Schweiz. Landwirtsch. Mh. 4o (1962) Nr. 7/8. S. 275-277.

Zur Erhaltung der Funktionsfähigkeit des vorhandenen Baubestandes der Landwirtsch. sind in Anpassung an die weitreichenden betriebswirtsch. Umstellungen und Veränderungen umfassende Um- und Neubaumaßnahmen unerläßlich. Die Projektierung jedes Einzelfalles soll stets an Hand eines betr.wirtsch. begründeten Generalbebauungsplanes erfolgen, in dem auch die einzelnen Bauabschnitte nach ihrer funktionellen Dringlichkeit und ihren Finanzierungsmöglichkeiten festgelegt werden. Künftig wird man "flexible" Betriebsbauten bevorzugen, die sich dem fluktuierenden Betriebsgeschehen heute und künftig in einfacher Weise anpassen lassen. Aus diesem Grunde ist auch den erdlastigen Gebäuden der Vorzug vor den deckenlastigen zu geben. Man muß nicht nur die Wandelbarkeit sondern auch die Erweiterungsmöglichkeit der Gebäude beachten. E.Mothes. 13oo5.

N i e m k e, Walter. Altbauten wirtschaftlich nutzen und umbauen. - Bauzeitung 16 (1962) Nr. 17. S. 472-474. - 1 Abb., 1 Tab., 5 Zeichn.
Nach Schätzungen des Vf. beträgt in der DDR die für die soz. Landw. nutzbare Bausubstanz 228 Mill. m^3 mit einem Zeitwert von 2,8 bis 3,5 Md. DM. Bedingt brauchbar sind 65 bis 13o Mill. m^3 mit einem Wert von 1,5 bis 2 Md. DM. Kleinere landw. Bauten eignen sich i.a. nicht für die genossensch. Produktion. Für die Art des Umbaues und der Nutzung sind die Abmessungen, der Bauzustand, insbes. der Wände, Decken und Dächer sowie die Möglichkeit der An- und Abfahrt, die Lage im Dorf und zu den Wohnhäusern sowie Erweiterungsmöglichkeit entscheidend. Bruchsteinwände sind nicht geeignet. Die Mindestraumhöhe für Rinderställe beträgt 2,5o m, für Schweineställe 2,2o m. Die Stützenstellung hat große Bedeutung. Für Rinderanbindeställe sind Stalltiefen von 5,4o bis 6 m für einreihige, 9,8o bis 12,5o m für zweireihige Längsaufstallung geeignet. Für andere Tierarten ist die Gebäudetiefe nicht so wichtig. Durch den Umbau und Ausbau sind gleichzeitig günstige Voraussetzungen für die Mech. der Stallarbeit zu schaffen, worauf Vf. ausführlich eingeht. Er hebt die Notwendigkeit einer guten bautechn. Beratung hervor und führt versch. Beispiele gelungener Umbauten an. E.Mothes. 13oo5.

L e h m a n n, Werner. Das ländliche Bauen im Kreis Gransee. - Bauzeitung 16 (1962) Nr. 19/2o. S. 542-545.; Nr. 21/22. S. 598-6oo.
Während des Aufbaus der soz. Produktionsorganisation sind durch Um- und Neubauten Stallplätze für 26 Mill. DM geschaffen worden. Von den Bauten entfallen 6o % für die Rinderhaltung, 3o % für die Schweinehaltung, 1o % für die Geflügelhaltung und sonstige Tierhaltung. Vf. berichtet über Planung der Baumaßnahmen, organisatorische Bauvorbereitung, Baudurchführung und Vertragsbeziehungen. Der wertmäßige Anteil landw. Produktionsbauten am Gesamtbauprogramm beträgt 1962 im Kreis Gransee etwa 4o %. Davon sind etwa 5o % Überhänge und Komplettierungsmaßnahmen. Mit Hilfe des im Kreis aufgestellten Bauplanes sollen die Baumaßnahmen konzentriert werden. Vom Kreisbaubetrieb werden nur Neubauten und Komplettierungen durchgeführt. Umbauten und Reparaturen übernehmen zwischengenossenschaftl. Bauorganisationen bzw. LPG - Baubrigaden, wobei diese von Mitarbeitern des Kreisbauamtes beraten und unterstützt werden. Es werden Beispiele über die zweckmäßige Verwendung örtlicher Reserven sowie über Einsparungen durch Eigenleistungen angeführt. W.Gratz. 13oo5.

O b e r, Josef; Grub bei München, Bayer. Landesanst. für Tierzucht. Auswirkungen der modernen landwirtschaftlichen Produktionsbedingungen auf das landwirtschaftliche Bauwesen. - Förderungsdienst /Wien/ 1o (1962) Nr. 1o. S. 338-343. 13oo5.

B. BAUTECHNISCHE GRUNDLAGEN

R i s t, Michael; Zürich. Eine einfache wärmedämmende Stalldecke. - Bauen auf d. Lande 13 (1962) Nr. 1o. S. 264-265. - 1 Abb., 1 Diagr., 1 Tab., 1 Zeichn.

Weil eine hohe Wärmedämmung der Decke mit einfacheren Mitteln zu erreichen ist als eine gleichgute Wärmedämmung in den Wänden, Fenstern und Türen, sollte die Dämmung der Stalldecke eine Wärmedurchgangszahl von o,4 bis o,6 kcal/m^2h^oC erreichen. Ein graphisch dargestellter Kostenvergleich verschiedener Dämmstoffe bei gleichem Wärmedurchlaßwiderstand ergibt Vorteile für folgende Deckenkonstruktion: auf einer nach oben gewölbten Hartfaserplatte, die zwischen Brettbindern oder Holzbalken lagert, werden Mineralwollematten aufgebracht. In einem praktischen Versuch wurde die Unterseite der Platten mit einer Aluminium-Folie als Dampfsperre kaschiert. Bei mangelhafter Lüftung ergab sich an der Folie Tauwasserbildung. Diese war aber auch bei den nicht kaschierten Platten vorhanden. Das Tauwasser wurde aber dort von den Platten aufgenommen. Deshalb ist es in Ställen mit nicht völlig ausgeglichenem Wärmehaushalt ratsam, unter der Dampfsperre eine wasseraufnehmende Pufferschicht vorzusehen. In einer Tab. sind die verschiedenen lichten Weiten zwischen den tragenden Bauteilen, die erforderlichen Plattenbreiten für eine Wölbung mit einer Stichhöhe von 1/1o der lichten Weite und die Plattenstärken angegeben.

G.Klink. 1311od.

B o r c h e r t, Karl-Ludwig; Braunschweig-Völkenrode. Stallschiebetür mit Anschlagsdichtung. - Bauen auf d. Lande 13 (1962) Nr. 1o. S. 266-267. - 2 Abb., 1 Zeichn.

Die Konstruktion einer gut gehenden, wärmedämmenden Schiebetür erfordert ein einwandfrei stehendes, wärmegedämmtes Türblatt, einen dichten Anschlag und verstellbare Beschläge, mit denen geringfügige Maßungenauigkeiten am Bau ausgeglichen werden können. Außerdem muß die Konstruktion robust sein, um den Einsatzbedingungen im Stall auf die Dauer gewachsen zu sein. Das im Möbelbau bekannte Prinzip, Schiebetüren mittels konischer Anlaufleisten gegen Staub abzudichten, wurde beim Bau der Stallschiebetür angewandt. Das Türblatt besteht aus einer dreischichtigen Verbundplatte. Als Dämmschicht und Mittellage wurden zwei je 21 mm dicke Holzfaser-Weichplatten aufeinander geleimt. Als Deckschichten dienen zwei je 6 mm dicke, dreischichtige, wetterfest verleimte Furnierplatten. Die Wärmedurchgangszahl des Türblattes beträgt o,74 kcal/m^2h^oC. Eine dichte Verbindung zwischen Türfutter und Türblatt konnte durch die Anbringung eines Anschlags und konischer Anlaufleisten geschaffen werden. Alle Berührungskanten erhielten eine Gummihohlprofildichtung. Mit zwei verstellbaren Rollengehängen, die auf einer Schiene laufen, und einer verstellbaren Bodenführung wurde die Tür angeschlagen. In ähnlicher Weise wie die beschriebene einflügelige Schiebetür lassen sich auch zweiflügelige Türen herstellen. Das Türfutter kann ohne Schwierigkeiten gegen einen Blendrahmen ausgetauscht werden.

G.Klink. 1311od.

T a y l o r, R.K.R. In the dry in the wet. Waterproof linings for belowground pits and channels. (Der Bau von wasserdichten Gruben.) - Pract. Power Farming 29 (1962) Nr. 4. S. 47.

Es wird einmal die Verwendung von dichtem Beton auf einer Magerbetonsohle empfohlen, wobei ein Pumpensumpf vorzusehen ist. Die zweite Möglichkeit ist das Einziehen von Sperrschichten aus bituminösen Anstrichen sowohl für waagerechte wie auch für senkrechte Bauteile. Die für diese Konstruktion erforderlichen Schutzmassnahmen werden erläutert. Während des Baues soll das Grundwasser durch Pumpen abgesenkt werden. Der Einbau von Drainagen rings um die Gruben wird empfohlen und auf eine Möglichkeit der Verkleidung senkrechter Bauglieder mit Sperrpappe hingewiesen. H.Wanka. 1311od.

S t ä d l e r, M. Einige Gedanken zur Mastenbauweise. - Bauzeitung 16 (1962) Nr.15. S.412-414.
Es werden Vorschläge unterbreitet, wie die Stahlbetonfertigteile sowohl der Kalt- wie auch der Warmbauten nach der Mastenbauweise weiter unifiziert und standardisiert werden können. Für gesellschaftliche Bauten der Dörfer, die in dieser Bauweise zur Ausführung kommen sollen, wird aus architektonischen Gründen heraus empfohlen, eine Erweiterung des Bindersortiments vorzunehmen. Auf z.Z. noch vorhandene Mängel der Stahl-Leichtbinder wird hingewiesen. H.Wanka. 1311of.

K r i l, R.; Neubrandenburg, VEB Hochbauprojektierung. Auch Warmbauten in industrieller Bauweise. - Bauzeitung 16 (1962) Nr.21/22. S.600-604.
Auf Grund der hohen Arbeitsproduktivität bei der Errichtung von Kaltbauten in Mastenbauweise ging man im Bezirk Neubrandenburg dazu über, auch Warmställe industriell zu errichten. Als Wandbaustoff kamen grobkeramische Blöcke in den Abmessungen 1480/800 mm zur Anwendung. Die in den Blöcken verarbeiteten Achtkammerziegel haben die Abmessungen von 240/240/175 mm. Die Blöcke werden mit Innen- und Außenputz gefertigt. Sie haben einen Leichtbetonrahmen, um transportfähig zu sein. Das erste Gebäude, ein Maststall für 600 Schweine, wurde im Febr. 1962 in der LPG Pragsdorf fertiggestellt. Die Ausbauelemente, wie z.B. Buchtentrennwände, wurden als Fertigteile aus Stahlbeton hergestellt, so daß bis auf die Ausbildung des Fußbodens eine Vollmontage erreicht wurde. Die bei diesem Stall gesammelten Erfahrungen konnten bei weiteren Ställen genutzt werden. 1962 wurden im Bezirk Neubrandenburg an Warmbauten in Mastenbauweise gebaut: 17 Ställe für 600 Mastschweine, 21 Abferkelställe für 30 Sauen, 23 Anbindeställe für 90 Rinder und 1 Abkalbestall für 32 Plätze. W.Gratz. 1311of.

K r e l l, Karl-Heinz. Gesichtspunkte zur Beurteilung der Notwendigkeit von Blitzschutzanlagen auf Hochbauten. - Wiss. Z. Techn. Hochschule Dresden 11 (1962) Nr.3. S.451-458. - 6 Abb., 1 Kt., 27 Lit.
Ausgehend von den z.Z. gültigen rechtlichen Bestimmungen über den Blitzschutz von Gebäuden (§290 und 392 DBO, ASAO 955 und die von der KdT herausgegebenen Richtlinien Blitzschutzanlagen) entwickelt Vf. Gesichtspunkte, die es dem Arch. oder Ing.ermöglichen, unter Berücksichtigung von Art, Zweck und Baustoff des Gebäudes, der Gewitterhäufigkeit, einer ev. blitzgefährdeten Lage und der Hilfeleistungsmöglichkeit (Feuerwehr) eine objektive Bewertung der Notwendigkeit der Projektierung von Blitzschutzanl. vorzunehmen. Er wertet die Statistik über Blitzschäden aus. Blitzschutzanlagekosten sind bei zündenden Einschlägen zu vertreten, bei nicht zündenden dagegen nicht. Rinderoffenställe sind nur dann mit Blitzschutzanlagen zu versehen, wenn sie an bes. exponierten Stellen stehen oder erfahrungsge-

mäß am Standort häufig mit Blitzeinschlag zu rechnen ist. Weil im Bezirk Dresden niemand die Verantwortung für eine Entscheidung übernahm, wurden trotzdem alle Offenstallanl. mit Blitzschutzanl. ausgestattet. Gleiche Gesichtspunkte gelten auch für andere landw. Produktionsbauten.

E.Mothes. 13115c.

S c o t t, W. Fire on the farm. (Feuer im landwirtschaftlichen Betrieb.) - Scott. Agric. 42 (1962) Nr.1. S.29-33.
In Schottland sind viele hochmech. Landwirtschaftsbetriebe eingerichtet worden. Häufig aber wurden Maßnahmen zum Schutze vor Feuergefahr nicht berücksichtigt. Vf. gibt praktische Hinweise für die Feuerverhütung. Diemen sollen nicht in der Nähe von Straßen oder Eisenbahnen liegen und mindestens 2o yd. (18m) von Gebäuden entfernt sein. Trockner und Brutapparate sind in Einzelgebäuden aus nichtbrennbarem Material unterzubringen. Elektroinstallationen sind nur von einem Fachmann vorzunehmen und mind. aller 1o Jahre einmal zu prüfen. Die Gebäude sollen durch feuerhemmende Wände voneinander getrennt sein. Große Gebäude sind durch feuerhemmende Wände zu unterteilen. Scheunen sollen mindestens 2o ft. (6m) von anderen Gebäuden entfernt liegen. Vf. gibt außerdem Hinweise für die Unterbringung der Traktoren und sonstiger Fahrzeuge sowie über die Lagerung von Kraftstoffen, Mineraldünger und Chemikalien. Die ersten Maßnahmen, die nach dem Ausbruch von Feuer auszuführen sind, werden erläutert. W.Heinig. 13115d.

B r a n d t, E.; Schladitz bei Leipzig. Entlüftung und elektrische Anlagen in Viehställen. - Bauzeitung 16 (1962) Nr.16. S.441-442.
Vf. schlägt auf Grund eigener, positiver Erfahrungen vor, Ventilatoren außerhalb des Stallraumes anzubringen, die den Stalldunst durch Holzkanäle mit Absperrschiebern wahlweise über dem Stallfußboden oder höher absaugen. Er empfiehlt Flanschmotore mit Schleuderrad wie beim Schmiedegebläse. Zur Minderung der Geräusche sollen die Ventilatoren mit Gummibelägen befestigt werden. Beleuchtungsanlagen sollen in Wanddurchbrüchen montiert werden, die nach dem Stallinneren mit einer Glasscheibe abgeschlossen sind.

E.Mothes. 1312ob.

F r a n c i s, G.A. Out and in the windows. (Fenster im Mauerwerk.) - Pract. Power Farming 29 (1962) Nr.4. S.45.
Es werden handwerkliche Regeln für das Verlegen von Fensterstürzen und das Anschlagen der Rahmen im Mauerwerk gegeben. H.Wanka. 1312oe.

Literatur über maschinelles Putzen. Hrsg.Instn.: Deutsche Bauinformation b.d. Deutschen Bauakademie. Berlin. (Lit.-Nr. 8/13(1962). Titelanzahl: 61. m. Annotationen. Ber.-Zeit: 1959-62.)

C. DORF- UND GRÜNPLANUNG

K r e m s e r, H.; Andernach. Ländliche Wege mit Decken aus Traßkalk-Schotter-Beton. - Wasser u. Boden 13 (1961) Nr.3. S.59-62. - 4 Abb., 3 Lit.

Straßendecken aus Traßkalk-Schotter-Beton wurden schon vor 30 Jahren gebaut. Unter Berücksichtigung neuzeitlicher Erkenntnisse in der Rütteltechnik und Betontechnol. konnte die Art der Herstellung von Traßkalk-Schotter-Beton wesentlich verbessert werden. Früher walzte man den Schotter in ein vorher aufgebrachtes Mörtelbett ein. Heute wird der maschinell gemischte Traßkalk-Feinbeton in die Hohlräume einer vorverdichteten Schotterlage eingerüttelt. Während im allg. Straßenbau der Traßkalk-Schotter-Beton neuerdings überwiegend als Unterbau Verwendung findet, wird er beim Bau ländlicher Wege wieder wie in früheren Jahren zur Herstellung der Fahrbahndecke verwendet und ist besonders dort zu empfehlen, wo die Wege später einer starken Verschmutzung ausgesetzt und wo größere Steigungen zu überwinden sind. Chr.Schmidt. 13215c.

S t ü r t z, E.; Bremerhaven. Rationeller Wirtschaftswegebau im Küstengebiet. - Wasser u.Boden 13 (1961) Nr.3. S.62-67. - 7 Abb.

Als einziger vorhandener Baustoff steht für den Ausbau der Wirtschaftswege in den Nordseemarschen nur Fein- oder Mittelsand (Dünensand) von der Geest zur Verfügung. Auf Grund holländischer Erfahrungen wurde die Zementstabilisierung mit Sand beim Bau der Wege angewendet, die sich im Landkreis Wesermünde bewährt hat und sich dadurch gegenüber anderen neuzeitlichen Verfahren durchsetzen konnte. Als Misch- und Verdichtungsgeräte haben sich dabei die englischen Howard-Geräte ausgezeichnet bewährt. Für die Bodenverfestigung ländlicher Wege mit Zement wurde vom Forschungsinstitut der Zementindustrie in Düsseldorf ein Merkblatt herausgegeben, das für die Praxis wertvolle Richtlinien enthält. Durch die Zementstabilisierung wird der Ausbau von Wirtschaftswegen nicht nur erheblich vereinfacht, sondern auch zugleich verbilligt. Chr.Schmidt. 13215c.

G i g a s, H. und H e i s e, W.; Dortmund; Essen. Bodenverfestigung mit Straßenteer und Straßenteeremulsionen auf ländlichen Wegen. - Wasser u. Boden 13 (1961) Nr.3. S.67-68. - 1 Abb.

In einem Umlegungsverfahren in Westfalen wurden ca. 16000 m^2 ländlicher Wege aus huminösem, schluffigen bis stark schluffigen Feinsand ohne kornverbessernde Zusätze in mixed-in-place-Verfahren verfestigt. Durch Bodenuntersuchungen und Eignungsprüfungen wurde die Mischung für die vorgesehene 15 cm dicke Teerverfestigung bestimmt. Nach der Vorbereitung und Verdichtung des Planums wurde das Kalkhydrat gleichmäßig aufgebracht. Die Teeremulsion wurde durch das Bodenmischgerät unter Druck sehr fein verteilt in den wieder aufgelockerten Boden eingesprüht und durch mehrere Arbeitsgänge eingemischt. Die Verdichtung erfolgte mit einer Gummivielradwalze. Nach der Hauptverdichtung wurde mit einer leichten Tandemwalze nachgeglättet. Abschließend wurde die Teerverfestigung mit einer doppelten Oberflächenteerung abgedeckt. Chr.Schmidt. 13215c.

H e l d, R.; Lüneburg. Kritische Betrachtungen bei der Verwendung von Zement im Wirtschaftswegebau. - Wasser u. Boden 13 (1961) Nr.3. S.68-71. - 3 Abb.
Betonsteinpflaster zeichnet sich durch Form- und Maßtreue aus und kann auf ein vorbereitetes Bett mit noch vertretbaren Kosten verlegt werden. Auf die Verdichtung des Untergrundes und Unterbaues muß bei Betonpflasterdecken sehr sorgfältig geachtet werden. Betonsteinpflaster hat besondere Bedeutung für Wohnsiedlungsstraßen, in Anrampungen und Anschlußstrecken, bei Brücken und Bahnübergängen, in Wirtschaftswegen auf festem Untergrund und bei der Herstellung von Spurbahnen gefunden. Bei Betondecken ist die Vorbedingung für eine lange Lebensdauer die entsprechende Aufbereitung des Untergrundes nach vorhergehender Untersuchung. Deckenstärken zwischen 12 und 15 cm reichen im allgemeinen aus und richten sich nach der Trag- und Standfestigkeit des jeweiligen Untergrundes, der Verkehrsdichte und der besonderen Art der landwirtsch. Betriebsfahrzeuge. Auf nachgiebigem Untergrund machen sich die lastenverteilende Wirkung der Platte und ihr starkes Beharrungsvermögen vorteilhaft bemerkbar. Der Einbau vorgefertigter Betonplatten ist heute weniger eine Einbau- als eine Kostenfrage. Die Wirtschaftlichkeit der Bodenverfestigung mit Zement ist bei Eignung des anstehenden Bodens in vielen Fällen gegeben. Ein wesentliches Kriterium für die Dauerhaftigkeit der Fahrbahn ist dabei die feste Verklebung der mit bituminösen Stoffen durchsetzten Verschleißschicht mit der tragenden Zement-Sanddecke.

Chr.Schmidt. 13215c.

T a e u b n e r, K.; Hamburg. Wirtschaftliche Bauweisen mit Bitumenemulsionen für ländliche Wege. - Wasser u. Boden 13 (1961) Nr.3. S.71-74. - 4 Abb.
Nicht jeder Wirtschaftsweg muß fest ausgebaut werden. Das Wegenetz einer Gemeinde soll nach Stärke und Art des vorhandenen und zu erwartenden Verkehrs sowie der Lage der einzelnen Wege in vier Klassen aufgeteilt werden. Bei der Wahl der Befestigungsart von Wirtschaftswegen ist zu berücksichtigen, daß hierbei die Bauweisen aus dem allgemeinen Straßenbau nicht ohne weiteres übernommen werden können. Verhältnismäßig schwere Lasten werden mit niedriger Geschwindigkeit bewegt. Bei geringer Verkehrsdichte müssen die Beläge dichter aufgebaut werden und sofort einen dichten Deckenabschluß wegen der Verschmutzungsgefahr durch Ackerboden aufweisen. Der Aufbau der Befestigung soll an die gegebenen Verhältnisse möglichst einfach und wirtschaftlich angepaßt werden können. Der Kalteinbau unter Verwendung von Bitumenemulsionen kommt dieser Forderung sehr entgegen. Aus der Vielzahl der möglichen Bauweisen wird auf einige Verfahren hingewiesen, die sich als besonders rationell bewährt haben. Die bituminösen Bauweisen verursachen im Vergleich zu wassergebundenen Decken geringe Unterhaltungskosten.

Chr.Schmidt. 13215c.

A n o n y m. Cementstabilisering inom lantbruket. (Bodenvermörtelung in der Landwirtschaft.) - Traktor J. /Stockholm/ 7 (1962) Nr.11. S.712-714. - 4 Abb.
In Anlehnung an erfolgreiche Versuche in England und Amerika (Flugplatzbauten, Vermörtelung von Bewässerungsgräben usw.) führte die Staatl. Forschungsanstalt für Landwirtschaftsbauten Schwedens 1960 zwei entsprechende Versuche

durch, um einen ausreichenden Ersatz für kostspielige Wegebeläge und Betonarbeiten zu finden. Der betr. Boden kann mittels Mehrscharpflüge, Grubber usw. aufgerissen werden, die Einbringung des Zements erfolgt von Hand. Bei stark humushaltigen oder anderen Böden, die schlecht mit dem Zement binden, ist diese Schicht abzutragen und durch einen geeigneten Füllstoff zu ersetzen. Verwendet werden ca. 18 kg/m^2 Zement. Das Mischen erfolgt in 15-2o cm Tiefe mittels eines starrzinkigen Gerätes bei schneller Fahrt (Kosten 5 Kr/m^2). Durchgeführte Vermörtelungen bei Wirtschaftswegen, Hofflächen, Dungstätten und Hallenböden ergaben zufriedenstellende Haltbarkeit, dagegen zeigten sich stark belastete Flächen wie z.B. bei der Laufstallhaltung nicht ganz den Belastungen gewachsen. Entsprechende Arbeiten sollten nur unter Anleitung eines Fachmannes erfolgen. E.Kahn. 13215o.

G r a h n e i s, H.; Halle, Bezirkshygieneinst. Wasserversorgung auf dem Lande. - Z. ges. Hyg. Grenzgebiete 8 (1962) Nr.8/9. S.556-569. - 8 Diagr., 1 Kt., 5 Tab.
Nach den in der DDR bestehenden gesetzlichen Bestimmungen ist jede zentrale Wasserversorgungsanlage so einzurichten, daß das abgegebene Wasser auch desinfiziert werden kann. Hierzu können Chlorwasser- oder Chlorgasgeräte verwendet werden. Für Kleinstanlagen sind Dosierungsgeräte zweckmäßiger, durch die nach dem Prinzip der Leidener Flasche nach Füllung mit Natriumhypochloritlauge eine laufende Desinfektion möglich ist. Dabei ist zu beachten, daß die Größe des Chlorungsgerätes nicht allein von der Wassermenge, sondern auch von der Wasserqualität abhängt, da bei ungünstigem Wasserbefund zur wirksamen Entkeimung eine erhöhte Chlorzehrung vorliegt. - Eine wesentliche Verschlechterung der Qualität des ländlichen Brauchwassers erfolgte durch die jahrzehntelange Vernachlässigung der Wohnverhältnisse und der Abfallbeseitigung, wodurch das Grundwasser in der Nähe von Siedlungsgebieten verunreinigt wurde. F.Lüpnitz. 1322ob.

S o m m e r k a m p, G. Die ländliche Wasserversorgung über Kunststoffrohre.- Techn. u. Landwirtsch. 14 (1962) Nr.1. S.8.1o. 1322ob.

R o h n e, K.; Wernigerode. Abwasser- und Abfallbeseitigung auf dem Lande. - Z. ges. Hyg. Grenzgebiete 8 (1962) Nr. 8/9. S.597-6o1.
Wenn auch keine gesetzlich fundierten Normbestimmungen zur Beseitigung von Abfallprodukten (Stallmist, Hausabfälle, Fäkalien) aus Landwirtschaftsbetrieben bestehen, so lassen sich doch auf Grund der allg. hygienischen Erfahrungen bestimmte Mindestforderungen bzw. Regeln aufstellen: Schutz der Trinkwassergewinnungsanlagen und Wassereinzugsgebiete; feste Toilettenbauten und dichte Gruben für Fäkalien und Jauche; rechtzeitige Räumung von Jauchegruben und Dunglegen; Übernahme der Abfallstoff-Abfuhr durch kommunale Dienstleistungsbetriebe, wenn die Gemeinde oder der einzelne Hof zufolge der Umstrukturierung diese Arbeiten nicht ausführen kann; verstärkte Hinweise zur Einhaltung der Bestimmung für die Sauberkeit öffentlicher Straßen, Wege und Plätze vom 19. Februar 1953; Einbeziehung der Ortshygiene in die Pläne des NAW; Führung eines veterinärhygienischen und sanitärhygienischen Kontrollbuches für jeden Betriebsteil einer LPG. F.Lüpnitz. 1322oc.

A n o n y m. Untersuchungen am Schornstein. - Bauen auf d. Lande 13 (1962) Nr.6. S.171-172.

Die Verbreitung von Ölöfen mit Verdampfungsbrennern führte zu dem Problem einer erhöhten Gefahr der Schornsteinversottung. Eine Gefährdung der Schornsteine wäre möglich durch übermäßigen Tauwasserniederschlag oder Kondensation der in den Abgasen enthaltenen Schwefelsäure. W.Schüle und H. Fauth konnten feststellen, daß die Kondensation von Wasserdampf im Schornstein vom Schornstein selbst, von der Abmessung und Wärmedämmung der Schornsteinwandungen, der Umgebungstemp., vom Betriebszustand, der Betriebsart, der Betriebsdauer, der Feuerstätten und der Brennstoffart abhängt. Mit abnehmender Heizleistung der Feuerstätten steigt die Kondensationsgefahr, sinkt jedoch die Wasserdampfmenge, die durch den Schornstein geleitet wird und somit die Wasserdampfmenge, die kondensieren kann. Gute Wärmedämmung der Wandungen und Vermeidung zu großer Querschnitte verringern die Kondensationsgefahr. Sie konnten weiterhin feststellen, daß ein Unterschied im Sulfatgehalt und im pH-Wert der Schornsteinbaustoffe je nach Feuerstätte und Brennstoff nicht nachweisbar ist. Es kann angenommen werden, daß bei Ölöfen mit Verdampfungsbrennern wie bei Kohleöfen eine Gefährdung der Baustoffe durch Schwefelverbindungen nicht erfolgt.

H.Finsterbusch. 13220f.

D. WOHN-, KULTUR-, GEMEINSCHAFTS- UND VERWALTUNGSBAUTEN

P i n f o l d, W.J. Dry and warm under foot. (Fußbodenkonstruktionen für Wohnräume.) - Pract. Power Farming 29 (1962) Nr.4. S.43.

Es werden Sanierungsmaßnahmen beschrieben, mit deren Hilfe nasse und kalte Fußböden in Altbauten verbessert werden können. Dabei werden sowohl Holzfußböden wie auch Massivkonstruktionen betrachtet. Besonderer Wert wird dem richtigen Einbau der Sperrschichten zugemessen. H.Wanka. 13310a.

M u s e h o l d, Hans; Stuttgart. Der Fußboden im ländlichen Wohnhaus. - Bauen auf d. Lande 13 (1962) Nr.10. S.260-264. - 4 Abb., 4 Zeichn.

Die Wahl des Bodenbelages wird von folgenden Faktoren bestimmt: Druck- und Abriebfestigkeit, Elastizität, Porosität, Wärme- und Schalldämmung, Farbe, Muster, Oberflächenausbildung, Kosten, Lebensdauer, Reinigungs- und Pflegeaufwand. Alle diese Eigenschaften können nicht gleichzeitig von einem Belag erfüllt werden, sondern hängen vom Gesamtaufbau der Decke ab. Ein geeigneter Untergrund für den Belag ist der Estrich, dessen Zusammensetzung und Verlegung beschrieben wird. Hartgußasphaltestrich hat den Vorteil, daß er bereits etwa drei Stunden nach dem Erkalten begehbar ist und nach etwa zwölf Stunden belegt werden kann. Für Wohn-, Schlaf- und Kinderzimmer eignen sich folgende Fußbodenbeläge: Holzfußböden, Linoleum, Korklinoleum, PVC-Beläge, Kunstharz-Asbest-Platten und Textilbeläge. In Küchen sind bes. dickere PVC-, Kork- und Korklinoleumbeläge sowie Vinyl-Asbestplatten vorzuziehen. Für stärker beanspruchte Küchen, für Bad, WC und Speisekammer kommen Steinzeugfliesen und Betonwerksteinplatten in Betracht. Bei der Auswahl des Bodenbelages für den Wirtschaftsraum ist zu beachten, daß vom Hof her oftmals viel Schmutz und Feuchtigkeit hineingetragen wird und außerdem dort solche Arbeiten ausgeführt werden, die einen widerstandsfähigen Belag verlangen. Hier eignen sich vor allem oberflächenrauhe Steinzeugplatten, unglasierte Spaltklinker und Terrazzo-Asphaltplatten. Die Eigenschaften aller Materialien werden erläutert. G.Klink. 13310a.

K u l k e, Erich; Hannover, Landwirtschaftskammer. Über welche baulichen Möglichkeiten verfügt der Landbauarchitekt, um im Wohnteil von Alt- wie Neubaugehöften Arbeitsverbesserungen für die Bäuerin herbeizuführen? - Bayer. landwirtsch. Jb., Sonderh. 39 (1962) Nr.2. S.92-103. 13310a.

G. BAUTEN FÜR DIE TIERHALTUNG

F l e m i n g, I.J. und C u n n i n g h a m, J.D. The slatted floor for livestock. (Lattenrostfußböden für Rindviehställe.) - Building Materials - Floors 1961 S.80-81.
Mangel und hoher Preis von Stroh führten zur Anwendung von Lattenrostställen, bes. für Jungvieh. In Island werden Schafe seit 300 Jahren so gehalten. Die Entmistungsmethoden richten sich danach, ob die Exkremente flüssig, halbfest oder fest sind. Der Kot wird entweder mit Wasserdruck abgespült oder der Dungkeller ist mit Wasser gefüllt, worein Kot und Urin fallen. Dieser Bunker wird dann leergepumpt. Halbfeste und feste Exkremente werden mit dem Frontlader entmistet. Ställe mit nicht herausnehmbaren Lattenrostböden haben eine Dungkellerhöhe von 8 ft. 6 in. (2,60 m); bei herausnehmbaren Lattenrostböden ist die Höhe des Dungkellers geringer 4 ft. 6 in. (1,35 m). Je Monat rechnet man 7 in. (18 cm) Dungzuwachs. Es eignen sich sowohl Latten aus Holz, wobei Hartholz besser ist als Weichholz, wie Latten aus Stahlbeton. Hölzerne Latten haben oben eine maximale Breite von 5 in. (12,5 cm) und eine minimale von 3 in. (7,5 cm). Unten sind sie schmaler. Die Länge der Holzlatten beläuft sich am besten auf 1,85 m. Allgemeine Standardfußböden aus Holz oder Stahlbeton haben am besten eine Lattenrostbreite von 10 cm und einen Zwischenraum von 3,8 bis 4,4 cm. Für Tränkkälber gelten diese Maße nicht. Vff. geben abschließend eine Übersicht über die Anforderungen der einzelnen Tiere an Lattenrostfußböden und erwähnen die Kosten. E.Mothes. 13615a.

H u t s c h e n r e u t h e r, Günter und G e s k e, Klaus. Milchviehställe in Montagebauweise. - Wiss. Z. Hochschule Architektur Bauwes. Weimar 9 (1962) Nr.2. S.181-186.
Es werden zwei Studienentwürfe für Kuhställe mit 220 bzw. 400 Tieren erläutert. Im ersten Entwurf werden der Einsatz von Futterverteilungswagen und "RS 09" berücksichtigt, im zweiten Kratzerkettenentmistung und fahrbarer Futtertisch. Im ersten Entwurf lagern alle Vorräte erdlastig, im zweiten sind bes. deckenlastige Bergeräume für das Streustroh vorgesehen. Für alle wesentlichen Konstruktionsglieder wurden Stahlbetonfertigteile verwendet. H.Wanka. 13615a.

R e i s c h, Friedrich; Frankfurt/M. Funktionsgerechte Gebäude für Milch- und Mastvieh. - Dtsch. landwirtsch. Presse 85 (1962) Nr.1. S.3-4. - 3 Abb., 2 Diagr., 4 Zeichn.
Funktionsgerechte Wirtschaftsgebäude sind in Form, Größe und Bautechnik auf den Arbeitsablauf eingestellt und berücksichtigen tierzüchterische und fütterungstechn. Belange. An Modellbeispielen werden die Beziehungen zwischen

Bau-, Arbeits- und Fütterungstechnik gezeigt und deren Einfluß auf den Kapitalaufwand/GV untersucht. Die gegenübergestellten Ställe sind 1. ein Anbindestall mit Handfütterung für 29 GV, 2. ein Anbindestall mit halbautomatischer Fütterung für 43 GV, 3. ein Mehrraum-Laufstall mit rationierter Selbstfütterung für 43 GV, 4. ein Laufstall mit automatischer Fütterung für 56 GV. Fütterung, Technisierung und Ernteeinlagerung werden für diese Ställe skizziert. Die Relativkosten/GV betragen für die Modellställe (ohne Futterlager) 1. 2095,- DM, 2. 1900,- DM, 3. 1509,- DM, 4. 1600,- DM. Somit erwies sich der herkömmliche Anbindestall als am teuersten und der Mehrraum-Laufstall mit rationierter Selbstfütterung als am billigsten. Mit Futterlager, einschließlich Rüben, Heu und Silage, betragen die Kosten 1. 2680,- DM, 2. 2600,- DM, 3. 1975,- DM, 4. 2760,- DM.

J.Strecke. 13615a.

K r a u s e, O.; Tützpatz-Anklam, Inst. für Agrarökon.der Dtsch.Akad.der Landwirtsch.-Wiss. zu Berlin. Hat der Anbindestall als Kaltstall eine Perspektive? - Tierzucht 16 (1962) Nr.11. S.489-490. - 1 Abb.

Sowohl bei der Kalt- als auch der Warmstallhaltung des Milchviehes können hohe Milchleistungen erreicht werden, wobei in kompletten Kaltstallanlagen gegenüber dem Warmstall die Arbeitsproduktivität erhöht, die Arbeit erleichtert und die Investitionskosten je Kuhplatz gesenkt werden können. Weshalb sich der als Offen- oder Laufstall ausgeführte Kaltstall bisher nur wenig durchsetzte, hat im wesentlichen folgende Ursachen: Die ersten Typenbauten waren infolge der Vernachlässigung der Nebeneinrichtungen nicht funktionsfähig, wiesen arbeitswirtschaftliche und technol. Mängel auf, die meist durch die zu kleinen Anlagen begünstigt wurden. Erst bei einer Kapazität von 180-240 Kühen werden die Vorteile der Laufstallhaltung offensichtlich. Unzureichend wurde das Personal auf die Laufstallhaltung vorbereitet, und vielfach eine umfassende Ausbildung der Viehpfleger, bes. am Fischgrätenmelkstand, versäumt. Erschwerend kommen hinzu der hohe Einstreubedarf, das Enthornen der Rinder und die Probleme des Einfangens und Identifizierens der Tiere. Der aus diesen Gründen vielfach erfolgte Umbau der vorhandenen Offen- und Laufstallanlagen in geschlossene und offene Anbindeställe mit teilweiser Stillegung der Fischgrätenmelkstände ist unzweckmäßig und unvertretbar. Kaltställe sind als Laufställe zu nutzen. Um funktionsfähige Anlagen zu erhalten, wird auf bewährte Ausbauvarianten und Lösungsmöglichkeiten zur Komplettierung von Laufställen hingewiesen, bei denen das Kaltstallprinzip gewahrt bleibt. J.Strecke. 13615b.

L e e s, J.L. Dairy cows on slats. (Kühe auf Spaltenböden.) - Agriculture /London/ 69 (1962) Nr.5. S.226-229. - 1 Abb., 1 Zeichn.

Auf dem Versuchsgut Aberystwyth der Univ. Wales erhielt der Freßplatz eines Milchviehoffenlaufstalles einen Spaltenboden, während der Liegeplatz mit Einstreu versehen war. Dadurch wollte man einesteils Stroh und die Arbeit des täglichen Entmistens andererseits aber auch die Nachteile vermeiden, die ein Laufstall mit sich bringt, der nur Spaltenboden hat. Das Heu lagerte man in dem Versuchsstall vor der Krippe, die Einstreu hinter dem Liegeplatz. Der Raum unter dem Spaltenboden war 2 ft. 6 in. (0,75 m) tief, die Roste waren

8 ft. (2,45 m) lang, jeder Kuh standen 2 ft. 4 in. (0,72 m) Freßlänge und 42 sq. ft. (3,8 m^2) Liegeplatz zur Verfügung. Der Stall war vom 10. Nov. 1961 bis 28. Apr. 1962 also 170 Tage belegt. In dieser Zeit belief sich der Strohverbrauch auf 6 cwt. (300 kg) je Kuh, das sind 1,75 kg/Kuh Tag. Der tatsächliche Einstreuverbrauch lag noch niedriger, weil die Kühe täglich von der frisch eingestreuten Strohmenge fraßen. Das war nicht meßbar. Eingestreut wurde täglich Ballenstroh, während die Kühe im Auslauf waren. Im Stall hatte man wenig Arbeit. Zum Entmisten setzte man einen Traktor mit Frontlader ein, nachdem die Rostböden hochgeklappt waren. Am Ende des Winters hatte der Kot die Roste erreicht. Die Kühe standen nicht gern auf den Rosten. In der gesamten Versuchsperiode lag kein einziges Tier auf ihnen. Unmittelbar nach dem Fressen suchten sie ihren eingestreuten Liegeplatz wieder auf. Dort war auch die Trogtränke aufgestellt, die nicht eingefroren ist. Die Lattenbreite wird mit 3-4 in. (7,5-10 cm), der Zwischenraum mit 2-1,5-1,25 in. (5 - 3,8 - 3,2 cm) empfohlen. E.Mothes. 13615c.

R o h r e r, Mathäus, Langenthal, Schweiz. Ziele und Möglichkeiten des Laufstalles für Rindvieh unter schweizerischen Verhältnissen. - Schweiz. landwirtsch. Mh. 40 (1962) Nr.7/8. S.286-304.

Die von der Bauindustrie aufgezwungenen Baukostensteigerungen muß die Landwirtsch. durch Einsparungen von Arbeitskosten auffangen. Während die Gesamtkosten der Mech. der Innenwirtsch. 20 bis 30 % ihres Anschaffungswertes betragen, liegen die jährl. Gebäudekosten bei 8-12 % ihrer Erstellungskosten. Als Offenlaufstall bezeichnet Vf. einen Stall, bei dem innerhalb und außerhalb des Stalles annähernd die gleichen Klimabedingungen herrschen. Im Kaltstall nehmen die Rinder weniger Wasser auf als im Warmstall. Das Dungbett gibt 40 bis 60 kcal/m^2h ab. Unter Hinweis auf die amer. Offenstallversuche von Buckley und Lamson (1913), Woodward (1918), Cobble, Herman und Brody (1955), Dice (1947) und Witzel (1952) sowie auf die Versuche von Hess und Lörtscher (Schweiz) sowie Petit (Belgien) kommt Vf. zu dem Schluß, daß die Haltung von Kühen in Offenlaufställen unter den klimatischen Verhältnissen der Schweiz möglich ist. Im Großbetrieb sind dadurch Arbeitseinsparungen möglich. Vf. setzt sich mit den Fragen der Selbstfütterung auseinander. Den hohen Strohbedarf des Offenlaufstalles schätzt er von ackerbaulicher Seite her günstig ein. Für schweizerische Verhältnisse hält er den Mehrraumstall für am geeignetsten. Abschließend geht er auf den Melkstand (bei größeren Viehbeständen höchste Melkleistung im Fischgrätenmelkstand) und auf den Spaltenbodenstall (aus stallhygienischen Gründen für die Schweiz abgelehnt) ein. E.Mothes. 13615c.

S c h i c k, R., S t o t t m e i s t e r, W. und L a m p r e c h t, P. Groß-Lüsewitz, Inst. für Pflanzenzücht. der Dtsch.Akad.der Landwirtsch.-Wiss. zu Berlin. Die Einrichtung von Liegeboxen - eine Möglichkeit der einstreuarmen Haltung im Offenstall. - Dtsch. Landwirtsch. 13 (1962) Nr.10. S.513-518.

Es wird von den guten Erfahrungen in einem Jungviehoffenstall mit 60 Liegeboxen und einem umgebauten Offen-Tieflaufstall zum Boxenliegestall mit 128 Stück Milchvieh berichtet. Der Jungviehstall ist an die Südwand einer Scheune angebaut und hat 4 Abt. Die Futterkrippe verläuft an der Scheunenseite. Der Boxenliegestall für Kühe ist in 4 Doppelabt. untergliedert. Er enthält außer den Liegeboxen einen Spaltboden mit Kotgrube und für je 2 Tiere einen Freßplatz. Deshalb erfolgt das Füttern in 2 Etappen. Der Liegeplatz sollte durch einen 10 bis 15 cm hohen Wulst von der Lauffläche abgegrenzt und etwa 10 cm angehoben werden sowie vor einer Wand liegen. Die Trennung der Boxen voneinander übernehmen mit einer Strebe versehene Rohrbügel, wobei für 1 bis 2 Jahre altes Jungvieh die Boxenlänge 1,6 m, die Breite 0,8 m, die obere Höhe 0,6 m und die Höhe bis zur Strebe 0,4 m beträgt. Für die Ruhezeit bevorzugten die Tiere fast ausschließlich die Liegeboxen. Eine Bevorzugung bestimmter Boxen konnte nicht beobachtet werden. Die Eingewöhnungszeit dauerte 2 bis 3 Tage. Der Streustrohaufwand bei Jungvieh betrug bei 1 bis 2 tägiger Säuberung der Lauffläche 1,5 kg Häckselstroh je Woche und Liegeplatz. Beim Milchvieh konnte den Tieren ein trockener, sauberer Liegeplatz zur Verfügung gestellt werden. Die Einstreu wurde vor der Aufstallung in die Liegeboxen eingebracht. Sie bestand aus 30 cm Torf und 10 cm Sägemehl auf Kiesbettung und brauchte während 2 bis 4 Monaten nicht durch Nachstreu ergänzt zu werden. W.Gratz. 13615c.

H u s s e l, L. und S c h i n d l e r, W. Komplettierung von Offenställen. - Schriftenr. Karl-Marx-Univ. Leipzig Fragen sozialist. Landwirtsch. 1962 Nr.11. S.1-76. - 30 Abb., 2 Skizzen, 1 Tab., 10 Lit.

Einleitend werden sämtliche, zu einer kompletten Offenstallanlage gehörenden Bauten angeführt. Im folgenden gehen Vf. näher auf die Komplettierungsmaßnahmen der einzelnen Bauten ein. So muß z.B. die Liegefläche unterteilbar sein, die Mech. der Entmistung darf nicht durch behindernde Stützen erschwert werden, der Futterweg muß genügend breit (neben dem Transportfahrzeug muß eine AK bequem arbeiten können), die Krippen müssen leicht zu reinigen (Abflußlöcher) und die Tränken müssen ganzjährig funktionssicher sein (nicht auf Liegeplatz, keine Trogtränken). Die Tiere sind zu enthornen und gut zu kennzeichnen. Für die Arbeit des Tierarztes und Besamungstechnikers ist ein Fangstand mit Fixiereinrichtung erforderlich; im Abkalbestall muß eine Wärmezelle für den arbeitenden Tierarzt eingerichtet werden. Schon die frischmelkenden Kühe sind mit der Maschine zu melken; der Vorwartehof ist zu überdachen. Leistungsfütterung und ausreichende Ruhezeiten sind wichtig. Abschließend wird betont, daß dem besten Offenstall bei schlechtem Futter und Fehlern des Personals der Erfolg versagt bleibt. E.Kulpe. 13615c.

Mechanisierung verschiedener Offenstallformen in Gebirgslagen. - Potsdam-Bornim, Institut für Landtechnik der Deutschen Akademie der Landwirtschaftswissenschaften 1961 Plan-Nr.: 1701 23 h-1-35. Abschlußber.

Die Probleme der Offenstallhaltung in den Gebirgslagen der DDR liegen einmal in der bestmöglichen Geländeausnutzung und in der Notwendigkeit strohsparender Aufstallungsarten. Als Offenstallformen für die Gebirgslagen kommen daher Offenlaufställe mit Rost-Aufstallung oder Freß-Liege-Boxen (für Neubauten) bzw. ein Laufhofsystem nach dem Prinzip des Futter-Melk-Stalles (bei Umbauten) in Frage. Dabei ist auf Grund der bisherigen Untersuchungen ab Geländeneigungen von 15-18° die deckenlastige Lagerung der erdlastigen vorzuziehen. Die von der Ständigen Kommission für ländliches Bauwesen geforderten Gruppengrößen von 24-32 Tieren ist zu unterstreichen, da in größeren Gruppen die Unregelmäßigkeit beim Betreten des Fischgrätenmelkstandes und damit die Möglichkeit unterschiedlicherer Melkzeitintervalle größer ist (was evtl. eine der Ursachen für beobachtete Milchrückgänge im Fischgrätenmelkstand sein kann). Da die Mechanisierung der Arbeiten mittels Stallarbeitsmaschine "RS 09" wegen der Geländeverhältnisse schwierig sein kann, die Mechanisierung mit stationären Einzweck-Anlagen dagegen teuer ist, ist bes. in den Gebirgslagen der Rationalisierung durch bauliche Gestaltung größtes Augenmerk zu schenken. 13615c.

D a n n e m a n n, H. und F i s c h e r, H.; Halberstadt, Dtsch.Bauakad., Zweigstelle. Typenvorschläge für Abkalbeställe. - Tierzucht 16 (1962) Nr.10. S.435-439. - 5 Abb., 5 Zeichn., 3 Lit.

Weil bisher verhältnismäßig wenig Abkalbeställe gebaut wurden, wird sich der Bedarf künftig erhöhen, bes. auch im Hinblick auf die Brucellosefreimachung. Abkalbeställe sollten 10,5 % des Kuhbestandes aufnehmen (2,5 % Kreißstall, 8 % Wochenstall), ferner müssen 3 % (Gesamtkuhbestand = 100 %) Kälberwiegen vorhanden sein. Günstige Klimaverhältnisse sind für Abkalbeställe bes. wichtig, da in vielen Fällen Tiere aus Offenställen dort untergebracht werden müssen, und zwar gerade zu einer Zeit, wenn sie bes. empfindlich sind. Schwitzwasserbildung ist unbedingt zu vermeiden. Die Ständige Kommission für ländliches Bauwesen der DAL bestätigte Anfang 1962 2 Typen von Abkalbeställen mit gleicher Raumanordnung, aber unterschiedlicher Größe für 30 und 37 Tiere, letzterer mit Teilvorratslager. Die Kommission empfahl der Praxis als Anregung für Umbauten weiterhin einen einreihigen Abkalbestall für 26 Tiere mit einem Vorratslager an der Längsseite. Vff. beschreiben im einzelnen den Abkalbestall für 30 Tiere und erläutern ihre Ausführungen durch übersichtliche Abb. E.Kieslinger. 13615d.

R o m a n o w s k y, Klaus und H i r s c h, Karl; Berlin, VEB Typenprojektierung; Dtsch.Bauakad. Milchhaus für das Rohr- und Kannenmelken. - Bauzeitung 16 (1962) Nr.19/20. S.546-549.

Das Milchhaus kann zwischen 2 Ställen für maximal 200 Tiere angeordnet werden. Es hat folgende Aufgaben zu erfüllen: Lagerung der Milch, Aufnahme der sanitären und sozialen Einrichtungen für das Personal, Warmwasserbereitung und Heizung. Dem Lagerhaus mit drei 1000 l Milchtanks, Kühlmittelbehältern und Vakuumkühlern ist der Kältemaschinen-, Vakuumpumpen- und Reinigungsraum zugeordnet. Vom Reinigungsraum können durch Verbindungsbauten die beidseitig liegenden Ställe erreicht werden. An den Reinigungsraum schließen sich die nach Geschlechtern getrennten Waschräume und WC sowie der Aufenthaltsraum, die Hydrophoranlage, Heizraum und Kohlenlager an. Das Milchhaus wird in traditioneller Bauweise errichtet. Es hat die Systemmaße 9000/18000 mm und ist für Kannen- und Rohrmelkanlagen geeignet.

W.Gratz. 13620.

H o l l i n r a k e, H. For the Do-It-Yourself farmer. (Tauwasserbildung in Schweineställen.) - Pig Farming 10 (1962) Nr.3. S.30-31. - 1 Abb., 1 Tab., 1 Zeichn.

Vf. erläutert die allgemeinen physikalischen Grundsätze, die zur Tauwasserbildung in Ställen führen. Eine Tab. gibt einen Überblick über die Anzahl der Tage mit den tatsächlich aufgetretenen Wintertemp. im Ablauf von 20 Jahren für Ost-England. Bei einer Dachdeckenausbildung aus Asbestzementplatten,

5 cm Glaswolle und einer unterseitigen Verkleidung aus Holzdielen ist keine Tauwasserbildung zu erwarten bei Außentemp. zwischen 15 und 32 °F (-9,4 bis 0 °C). Diese tritt hier erst bei länger andauernden Perioden mit Temp. um 15 °F (-9,4 °C) ein. Zur Verhinderung einer Tauwasserbildung ist vor allem eine ausreichende Lüftung zu betreiben. Die rel. Luftfeuchte soll nicht über 85 % ansteigen. Zur Verhinderung der Tauwasserbildung im Bereich der in den Stall tretenden Frischluft, die hier durch Fensterklappen unter der Decke eingeführt wird, schlägt der Vf. eine zusätzliche Wärmedämmung der Decke durch Anbringung eines untergehängten Holzkastens vor. Die Außenwände müssen zur Verhinderung einer Tauwasserbildung etwa 30 cm dick sein. Bei einer Dicke von 23 cm ist eine begrenzte Tauwasserbildung zu erwarten.

G.Klink. 13625a.

K e š n e r, Bohuslav; Praha, Lab. Agrometeorol. Studie o použití mikroklimatických podkladů při řešení ventilačního zařízení stáje a při hodnocení jeho účinnosti. (Studie über die Verwendung mikroklimatischer Unterlagen für Stallüftungsanlagen und bei der Bewertung ihrer Wirksamkeit.) - Zemědělská Techn. 8(35) (1962) Nr.3. S.203-222. - 9 Abb., 8 Tab. Zus. in Russ., Dtsch.

In den Jahren 1956-1960 wurden verschiedene Lüftungs- und Heizungsaggregate für Schweinegroßmästereien geprüft, weil ungünstige mikroklimatische Verhältnisse bisher erheblich zur Minderung des Zuwachses geführt hatten. Das Mikroklima in den Masthallen war bes. in den kältesten und wärmsten Jahresperioden nachteilig. Zur Beheizung wurde die Zentralheizung ausgenützt. Der Wirkungsgrad dieser versuchsweisen Belüftungsanlage wurde durch Vergleich des Betriebes in der Prüf- sowie Kontrollhalle erprobt. Die Stallbelüftung mittels elektrischer Ventilatoren erwies sich als ein zweckmäßiges und wirkungsvolles Mittel zur Verbesserung des Mikroklimas. Es wurde auch eine automatische Schaltung der Belüftungsanlage mit Hilfe von Thermostaten und Hygrostaten erprobt. Die Verbesserung der mikroklimatischen Bedingungen in der Versuchshalle infolge der eingesetzten Belüftungsanlage machte sich durch Senkung der Schweineverluste, Erhöhung der Zunahmen und Senkung des Futtermittelverbrauches bemerkbar.

J.Rybička. 13625a.

C o m b e r g und P e c h e r t; Hannover. Stallklima in Schweineställen. - Mitt. dtsch. Landwirtsch.-Ges. 77 (1962) Nr.38. S.1247-1249. - 2 Abb.

Für Ferkel wird eine mittlere Raumlufttemperatur von +20 °C empfohlen, die an kalten Tagen auf +15 °C absinken kann. Die rel. Stalluftfeuchte sollte zwischen 50 bis 75 % liegen. Zusätzliche Wärmequellen für die Ferkelnester sind immer vorzusehen. Der günstigste Bereich für Mastschweine liegt zwischen +12 °C und +20 °C. Die untere Grenze sollte nur in Ausnahmefällen an kalten Tagen zulässig sein, wenn hohe Zunahmen, beste Futterverwertung und die gewünschte Fleischbildung als Forderung gelten. Die rel. Luftfeuchte soll nicht höher als 80 % ansteigen. Im Gegensatz zur Einzelhaltung lassen Gruppenhaltung und Einstreu die Forderung an die Stalltemperatur sinken. Die Gestaltung des Stallklimas hängt vom Besatz, von der Bauweise des Stalles und von der Lüftung ab. Ideal ist es, wenn die Gesamtwärmeerzeugung des Besatzes dem Wärmeverlust durch die Bauteile und dem Wärmebedarf für die Bauteile entspricht. Deshalb hat jeder Stallsanierung wie auch einem Neubau eine Wärmehaushaltsberechnung vorauszugehen. Im Gegensatz zu den Mastställen wird für Abferkelställe in vielen Fällen eine zusätzliche Heizung erforderlich sein. Der Einsatz der Technik im Stall steht im allgemeinen den Forderungen an das Stallklima nicht entgegen. W.Gratz.13625a.

H o l l i n r a k e, H.; Cambridge, Agric. Land Serv. Housing those pigs! (Zweckmäßige Schweineställe in Altbauten.) - Agriculture [London] 69 (1962) Nr.5. S.245-246.
Für Ferkel sind 75-80 °F (24-27 °C), für Schweine von 120 lb. (55 kg) 65-75 °F (18-24 °C), später 55-65 °F (13-18 °C) anzustreben. Wichtig ist dabei der je Schwein zur Verfügung stehende Luftraum. In Altbauten kann man sich durch Einziehen einer Zwischendecke helfen, die mit Stroh oder Glaswolle gedämmt wird. Lüftung ist sehr wichtig. Ventilatorenlüftung ist nur für größere Schweinebestände zweckmäßig. Baconschweine benötigen 6 sq.ft. (0,54 m^2), schwere Schweine 8 sq.ft. (0,72 m^2) und Läufer 4,5 sq.ft. (0,40 m^2). Bei Trogfütterung besteht oft ein Mißverhältnis zwischen Liegefläche und Troglänge. Da kann man sich dadurch helfen, daß man auf dem Boden füttert.
E.Mothes. 13625a.

V o g t, Frederick. No stress in this house. (Abferkelbucht mit eingebautem Sauenstand.) - Pig Farming 10 (1962) Nr.11. S.69.
Die Bucht gliedert sich in Futtergang, Sauenstand, Ferkelnest, Ferkelbucht und Kotgang mit Spaltenfußboden. Sämtliche Trennwände sind entweder herausnehmbar oder als Türen konstruiert. Lediglich der Mittelteil der Trennwand zum Kotgang ist ortsfest, an ihm ist die Selbsttränke montiert. Das Ferkelnest kann zusammengeklappt und hochgezogen werden, sobald die Ferkel entwöhnt sind. Die Fläche des Nestes wird dann den Tieren allmählich, entsprechend den Zunahmen des Wurfes zur Verfügung gestellt. Die Ferkel bleiben auf Grund dieser Konstruktion immer in der Umgebung, in der sie geboren wurden. Die durch Vermeidung des "Stress"-Effektes eingesparte Futtermenge wird mit 0,5-1,0 dt je Wurf eingeschätzt. H.Wanka. 13625b.

A n o n y m. Piglet saver. (Zwangsstand für säugende Sauen.) - Pig Farming 10 (1962) Nr.9. S.61. - 3 Abb.
In einem schwedischen Abferkelstall wurden in die Mitte der Boxen Zwangsstände in Form von Stahlrohr - Rahmen eingebaut, in denen die Sauen mittels eines ledernen Halsbandes angebunden werden. Der Fußboden der Boxen enthält Heizrohre, das Tränkwasser wird angewärmt. Sauen und Ferkel erhalten ihr Trockenfutter aus Automaten. Die Buchten haben Sägespäne als Einstreu, der Mist wird in einen Bodenkanal geschoben und dort abgeschwemmt. Im Winter wird die Luft von einem Ventilator abgesaugt, im Sommer drückt der Ventilator die Frischluft ein. Durch den Einsatz dieser platzsparenden Zwangsstände ist es möglich, doppelt soviele Sauen im Stall unterzubringen, als mit herkömmlichen Buchtenformen. H.Wanka. 13625b.

S c h u l z e, Friedrich; Dtsch.Bauakad., Sektor Bauten der Landwirtsch. Ein neuer Stall für die Schweinemast. - Bauzeitung 16 (1962) Nr.21/22. S.605-607.
Der neue Stall wird in Montagebauweise aus industriell vorgefertigten Bauelementen nach dem Takt- und Fließverfahren errichtet. Er hat die Systemabmessungen von 12000 x 51000 mm. In Stallmitte verläuft eine Doppeltrogreihe, dahinter sind die Kot-Freßplätze und die Liegeflächen angeordnet. Der Stall sieht 10 Großbuchten vor. Unter Zugrundelegung einer Liegefläche

von 0,50 m^2/Tier können in einer Bucht 60 und im gesamten Stall 600 Tiere gehalten werden. Bei Anwendung "wachsender Buchten" kann die Kapazität auf 800 Tiere erhöht werden. Im Gegensatz zu einem Stall mit dänischer Aufstallung verringert sich der Platzbedarf bei der Großbuchtenhaltung von 2,2 m^2/Tier auf 1,1 m^2/Tier. Im Stall wird die Vorratsfütterung oder eine rationierte Fütterung in zwei Gruppen angewendet. Selbsttränken befinden sich an der Abgrenzung Liegefläche und Kot-Freßplatz. Für die Entmistung ist ein "RS 09" mit Schiebeschild vorgesehen. An den Giebelseiten sind Vorräume angeordnet, die als Windfänge dienen. In einem Vorraum ist eine Waage aufgestellt.

W.Gratz. 13625c.

R u m e n s, E. Plywood. (Offenstall aus Holz für Muttersauen.) - Pig Farming 10 (1962) Nr.3. S.34-35. - 5 Abb.

Vf. beschreibt den Bau eines Offenstalles für 250 Muttersauen. Der aus Holzbohlen bestehende Stall ist zur Südseite hin völlig offen. Während der Wintermonate wird in die einzelnen Buchten eine bes. wärmegedämmte A-Hütte eingeschoben, in der die Sauen abferkeln. Durch diese Maßnahme wird in dem Kaltstall eine "Warmzelle" geschaffen, welche die zur Aufzucht der Ferkel notwendigen stallklimatischen Voraussetzungen schafft. Der techn. Aufwand ist mit relativ geringen Kosten verbunden. Das Futter erhalten die Tiere in einem voll befestigten Auslauf, der an der offenen Seite des Stalles liegt und mit den A-Hütten direkt in Verbindung steht. Regulierbare Lüftungsklappen in der geschlossenen Rückwand des Stalles garantieren eine angemessene Luftbewegung während der Sommermonate. Zur Anlage gehört ferner ein Futterlager und Futterhaus, in dem die Futtermittel aufbereitet werden.

G.Klink. 13625d.

G e r r i e, W.A.G. Housing the sow out-of-doors. (Hütten bei der Weidehaltung von Sauen.) - Pig Farming 10 (1962) Nr.3. S.39-41.

Vf. beschreibt den Bau und die Einrichtung von zwei transportablen Hütten-Typen. Diese Hütten werden direkt auf der Sauen-Weide aufgestellt. Die Weide ist durch einen Elektrozaun umgeben. Die Hütten haben ein halbkreisförmiges Dach aus gewellten Aluminium- oder korrosionsgeschützten Stahltafeln. Die Dachkonstruktion ist zweischalig. Zwischen beiden Schalen ist eine Dämmschicht aus Glaswolle vorgesehen. Die Hütten werden ohne bes. massiven Unterbau direkt auf den Weidegrund gestellt. Vor dem Hütteneingang ist ein kleiner Windfang. Die tragende Konstruktion besteht aus Holz. Die Hütten können mit einem rel. geringen Kostenaufwand errichtet werden. Ihre Lebensdauer beträgt 12 bis 15 Jahre. G.Klink. 13625d.

D u b o v s k i j, N.V. und P a r c h o m e n k o, E.S. (Dubowski, N.W. und Parchomenko, Je.S.); Versuchsstat.für Geflügelzucht der Ukrain.SSR. Opyt ispol'zovanija selekcionnogo ptičnika novogo tipa. (Erfahrungen bei der Nutzung eines neuen Geflügel-Zuchtstalles.) - Pticevodstvo, Moskva 9 (1959) Nr.8. S.27-31. - 5 Zeichn. 13635e.

G u d k i n, A.F. und T u l u p o v a, M.A. (Gudkin, A.F. und Tulupowa, M.A.); Blagowestschensk, Landwirtsch.Inst. Effektivnost' soderžanija kur na glubokoj podstilke v uslovijach Amurskoj oblasti. (Der Nutzeffekt der Hühnerhaltung auf Tiefstreu im Amur-Gebiet.) - Pticevodstvo, Moskva 9 (1959) Nr.8. S.17-19. - 1 Abb., 3 Tab. 13635f.

S c h a a k, E.A. Erfahrungen mit dem Folienstall. - Mitt.dtsch.Landwirtsch.-Ges. 77 (1962) Nr.42. Reich der Landfrau S.336-337. - 7 Abb. 13635f.

H. BAUTEN FÜR DIE VORRATSHALTUNG UND KONSERVIERUNG

R o l l e r, W.L., J o h n s o n, W.H., B a r d e n, R.D. und H a h n jun., R.H. Paved feedlots for livestock. (Befestigung des Fußbodens im Bergeraum.) - Agric. Engng. 43 (1962) Nr.5. S.274-275. 289. - 1 Abb., 1 Diagr., 1 Schema, 1 Tab., 4 Lit.

Im Jahre 1957 wurden in einem landwirtsch. Betrieb im Staate Ohio Untersuchungen mit verschiedenen Fußbodenmaterialien im Bergeraum durchgeführt. Der Bergeraum gehörte zu einer Laufhofanlage. Das Heu wurde in Selbstfütterung verabreicht. Untersucht wurden die Haltbarkeit und die Kosten verschieden starker Fußböden aus Beton, Asphalt, Kies, Kalkstein und Lehm sowie mit verschiedener Unterbodenausbildung. Bes. Interesse wurde der Verwendung von Asphaltbeton entgegengebracht. Unter den Versuchsbedingungen erwies sich asphaltierter Beton im Vergleich zu Beton aus Portlandzement nicht überlegen. W.Heinig. 1371o.

S c h n e i d e r, B. und B e h l i n g, H.; Burgwerben, Zentr. Beratungsstelle für Trockn. Landwirtsch. Erzeugnisse. Alle Möglichkeiten der Getreidetrocknung nutzen. - Inform. wiss.-techn. Fortschr. sozialist. Betr. Landwirtsch. 1962 Nr.15. S.5-8. - 4 Abb.

Zur Minderung des Feuchtigkeitsgehaltes von Mähdruschgetreide ist es notwendig, es nach dem Drusch sofort von allen Beimengungen zu befreien, bevor es gelagert wird. Dazu bedient man sich der Vorreinigungsmaschine "Vibrant K 521" vom VEB Petkus, Wutha (6-1o t/h). Für die Warmlufttrocknung stehen zur Verfügung: der Schachttrockner vom VEB Mälzerei und Speicherbau Erfurt (1-1o t/h) und die Kaskadentrockner vom VEB Petkus (2-8 t/h). Bei einmaligem Durchlauf lassen sich 4 % Feuchtigkeit entziehen. Die Trocknungstemp. sollen bei Weizen zwischen 35 und 45 °C liegen, Roggen und Gerste vertragen bis 5o °C, Hafer bis 4o °C, Mais bis 35 °C, Hülsenfrüchte bis 25 °C, Ölfrüchte bis 3o°C . Bei Brau- und Saatgetreide müssen die Temp. um 1o bis 2o °C niedriger liegen. Nach der Trocknung wird das Getreide auf 25 °C zurückgekühlt. Trommeltrockner eignen sich für Konsumgetreide. Kaltlufttrocknung ist für Mengen bis 7o t zweckmäßig. Die Schütthöhe darf 1,2 m nicht übersteigen. Die rel. Luftfeuchtigkeit muß weniger als 7o % betragen, sonst ist elektrische Zusatzbeheizung notwendig. Für die Belüftungstrocknung nimmt man auch Zentralrohrsilos. In einem Zentralrohrsilo lassen sich in einer Saison mit 3-4 Durchgängen 1oo t feuchtes Mähdreschergetreide trocknen. E.Mothes. 13715.

A n o n y m. Potatislagring och sortering. (Kartoffellagerung und Sortierung.) - Jordbrukarens elektr. Bl. 1962 Nr.2. S.11. - 1 Abb.

Techn. und ökonomische Voraussetzungen für die Errichtung verschiedener Typen von Kartoffellagerhäusern, dazu einige Angaben über Bauskelett, Dach, Wände, Einrichtung, Ventilation, Elektroinstallationen, einschl. Investitions- und Kostenberechnungen, Betriebskosten, Kostenverteilung; desgl. für Umbauten. E.Kahn. 13725.

K n a a c k, Hermann; Tützpatz-Anklam, Inst. für Agrarökon. der Dtsch. Akad. der Landwirtsch.-Wiss. zu Berlin. Die Nutzung von Altbauten für das Überwintern von Pflanzkartoffeln. - Inform. wiss.-techn. Fortschr. sozialist. Betr. Landwirtsch. 1962 Nr.15. S.9-21. - 4 Kt., 6 Tab., 9 Zeichn., 14 Lit.

Vf. zählt die Vorteile auf, die Kartoffelhäuser gegenüber Erd-Strohmieten bieten und nennt Betriebe, die bereits Kartoffelhäuser haben. Es ist günstig, Altbauten für die Kartoffellagerung zu nutzen. In den Kreisen Grimmen und Jessen wurde genau untersucht, welche Voraussetzungen für die Einrichtung von Lägern in Altbauten bestehen, was im einzelnen beschrieben wird. Es wird dargelegt, welche Lagerkapazitäten zu schaffen sind, wie hoch der Bedarf an Investitionen ist und welcher ökonomische Nutzeffekt sich ergibt. Die Zeichn. spiegeln verschiedene Möglichkeiten wider, wie man Altbauten sinnvoll für die Kartoffellagerung nutzen kann. E.Mothes. 13725.

S t e h l e, Karl. Hat der Harvestore eine Chance? - Techn. u. Landwirtsch. 14 (1962) Nr.12. S.292-294. - 1 Tab.
Beim Harvestore wird das Futter in einem luftdichten Behälter konserviert, der vollmech. von oben gefüllt und von unten entleert wird. Er kann ständig nachgefüllt und entnommen werden. Zweckmäßig muß mind. 1/5 des Silos an einem Tage gefüllt werden, Die Verluste sind beim H. etwas geringer als beim Hochsilo oder beim Heuturm, die Bau- und Betriebskosten aber, wie aus der Tab. hervorgeht, höher. Die Kosten dürfen nicht losgelöst vom Betriebsganzen betrachtet werden. Zum H. gehört die Mech. der Fütterung bis zur Krippe. Der Heuturm bringt die gleichen arbeitsw. Vorteile wie der H. Für den H. sind Ackerbaubetr. geeigneter als Grünlandbetr.
E.Mothes. 13735b.

W i e j a, Klaus; Berlin, VEB Typenprojektierung. Weiterentwicklung von Flachsilos in Plattenbauweise. - Bauzeitung 16 (1962) Nr.16. S.442-446. - 3 Abb., 4 Zeichn.
Vf. gibt einen Überblick über die bisher gebräuchlichen Flachsilos (mit allen wichtigen Kennzahlen). Eine günstige Silobreite liegt bei 9 m, die Silohöhe bei 2,4o m. 5o % der Silohöhe soll unter Erdgleiche liegen. Etwa 7o % eines Flachsilos machen Silosohle, Sickersaftabflußeinrichtungen und Zufahrtsrampen aus, nur 3o % bestehen aus Fertigteilen für die Wände. Der Effekt der Industrialisierung ist deswegen gering. Vf. schlägt darum einen Silo vor, bei dem auch die Seitenwände auf der Baustelle, nämlich auf der Silosohle gefertigt und dann aufgerichtet werden, was er im einzelnen beschreibt und durch Abb. und Zeichn. erläutert. E.Mothes. 13735c.

W i e j a, Klaus. Der Bau von Tabak-Heißlufttrocknungsanlagen. - Bauzeitung 16 (1962) Nr.15. S.414-419.
An Hand eines vom VEB Hochbauprojektierung Zwickau entworfenen Typengrundprojektes wird die Technologie einer Tabaktrocknungsanlage von 21-25 t Kapazität mitgeteilt. Die bautechn. und lufttechn. Faktoren dieser zunächst in traditioneller Bauweise geplanten Anlage werden erläutert und die baulichen Hauptkennziffern angeführt. Es ist möglich, auch diese Anlage in der Mastenbauweise zu bauen und vorgefertigte Elemente dafür einzusetzen.
H.Wanka. 1374o.

I. BAUTEN FÜR DIE DÜNGERWIRTSCHAFT

L a n g e, Hans-Joachim; Brandenburg. Montagefähige Dungplatte. - Bauzeitung 16 (1962) Nr.19/2o. S.545-546.

Z.Z. wird für eine montagefähige befahrbare Dungplatte ein Fachbereich-Standard vorbereitet. Die Breite beträgt 72oo mm. Die Länge kann beliebig, jedoch immer um die Länge eines Wulstteils bzw. drei Plattenbreiten = 18oo mm vergrößert werden. Die Gewichtsstufe der Einzelteile liegt unter 75o kp. Die Jaucherinne besteht aus einem Teilstück, das umgekehrt auch als Randwulst dienen kann. Die Platten liegen auf einer 15o mm dicken Kiesbettung. Das Gefälle der Platten zur Rinne beträgt 2 %. Das Längsgefälle in der Rinne wird durch einen Gefälleestrich erreicht. Der Jaucheeinlaufschacht liegt an einer Querseite der Dungplatte. W.Gratz. 1381o.

K. EINSTELLRÄUME UND WERKSTÄTTEN

N e u h a u s, Fritz; Lausanne, Baubüro des Schweiz. Bauernverbandes. Über den Bau von Geräte- und Maschinenschuppen sowie genossenschaftlichen Gebäulichkeiten. - Schweiz. landwirtsch. Mh. 4o (1962) Nr.7/8. S.3o5-31o.

Der Geräte- und Maschinenschuppenbedarf für größere Betriebe beträgt 3-4 m^2/ha (Höhe 2,5o-3,5o m unter der Traufe). Einreihige Schuppen sind 5-6 m, zweireihige 8-1o m tief. Garagenbreite je Traktor oder LKW 3 m, Tiefe für Autos und Traktoren 5 m, für LKW 6 m. Im Mittel rechnet man 15-18 m^2/Fahrzeug. Vf. fordert gedämmte Wände und Türen, betonierte Böden über Gelände, vielfach Gruben oder Hebevorrichtungen, ferner nicht selten Werkzeugräume und Werkstatträume. Rauhfutter lagert heute zweckmäßig ebenerdig. Vf. erwähnt Kartoffellagerhäuser (2-4 °C, 9o % rel. Luftfeuchtigkeit, stündliche Lufterneuerung das 7o fache des eingelagerten Gutes oder 11o m^3/t), Gemüselagerräume (1-5 °C, 75-95 % rel. Luftfeuchtigkeit) und Obstlagerräume (entweder belüftete Keller mit 1-4 °C und 9o % rel. Luftfeuchtigkeit oder Kühlraum). E.Mothes. 13915.

L. AUSSTELLUNGEN, TAGUNGEN, VORFÜHRUNGEN, REISEN, ÜBERSICHTEN

C a m p e, Klaus v. Ausstellungsschwerpunkte der Bausonderschau. - Mitt. dtsch. Landwirtsch.-Ges. 77 (1962) Nr.1o. S.688. 69o. 694. - 3 Zeichn.

Vf. betont, daß die Bausonderschauen auf den DLG-Ausstellungen in den letzten Jahren immer größere Bedeutung erlangt haben, weil im Zusammenhang mit der Verringerung der landw. Bevölkerung die Baumaßnahmen auf dem Lande immer dringender werden. Deswegen muß sich der Landwirt gründlich unterrichten und seine eigenen Baumaßnahmen auf lange Sicht planen. Das Baugeschehen auf dem Lande darf nicht mehr als Einzelmaßnahme gesehen werden. Nur aus übergeordneter und gemeinschaftlicher Sicht wird eine Gesundung der baulichen Verhältnisse in den ländlichen Gemeinden möglich sein. Die Bausonderschau auf der DLG-Ausstellung München 1962 umfaßt 3o ooo m^2. Auf dieser Ausstellung werden zwei Bauernhöfe gezeigt, wobei die Rolle des Gebäudes als Betriebsmittel klar zum Ausdruck kommt. Außerdem sind ein Offenstall für 7o bis 8o Milchkühe (Stahlskelettbauweise, automatische Fütterung, Fischgrätenmelkstand mit 12 Ständen), ein Intensivhühnerstall als Dunkelstall (12 Hennen/m^2) und neuartige, wandelbare Leichtbauhallen (Maschinenschuppen, Mähdrescherhalle, Weidemelkstand) zu sehen.

E.Mothes. 13955.

C a m p e, Klaus von; Frankfurt/M. Das landwirtschaftliche Bauen auf der DLG-Ausstellung 1962. - Bauen auf d. Lande 13 (1962) Nr.4. S.93-96.
Bedeutung und Umfang der Baulehrschau auf den DLG-Schauen nahm seit 1955 ständig zu. Auf der DLG-Schau München 1962 wurden die Forderungen für das Bauen auf dem Lande deutlich herausgestellt: Arbeit muß durch funktionsgerechte Gebäude ersetzt werden. Wie die Maschine, so verlangt auch das Gebäude Einschränkung der Betriebszweige, wenn Wirtschaftlichkeit erreicht werden soll. Einwandfrei funktionierende und wirtschaftliche Gebäude können infolge der Entwicklung der Bautechnik und des Baumarktes nur nach neuesten Konstruktions- und Bauverfahren errichtet werden. Wert und Wirtschaftlichkeit eines Gebäudes richten sich nicht allein nach den Baukosten, vielmehr bestimmt der im voraus zu berechnende Betriebserfolg die Höhe der vertretbaren Investionen. Es besteht ein Zwang zu kleinen, qualitativ guten Wohnhäusern in moderner Bauweise. Bauen auf dem Lande darf nicht als Einzelmaßnahme der Landwirtsch. betrachtet werden. Auf der Ausstellung wird gezeigt, daß für Industriebauten gebräuchliche Bauteile mit ihren Abmessungen durchaus auch im landw. Bauen anwendbar sind. Zu sehen sind Baustoffe und -ausstattungen für optimale Stalluftverhältnisse. Bemerkenswert ist ein Intensivhühnerstall (Dunkelstall, 12 Hennen/m^2). Ferner sind zu erwähnen vervollkommnete Siloanlagen, Rostbodenaufstallung mit Schwemmentmistung und eine mechanisierte Futterzubringung in einer Offenstallanlage.
E.Mothes. 13955.

P o h l m a n n, Horst; Frankfurt/M. Das moderne Dorf - der moderne Hof. - Bauen auf d. Lande 13 (1962) Nr.4. S.96-99.
Vorschau auf die DLG Schau 1962 (München). Ein Teil der Ausstellung (Dorf im Aufbruch) befaßt sich mit der Dorfsanierung, wobei die Neuordnung des Dorfes und die bauliche Umgestaltung seiner Betriebe im Vordergrund stehen: Aussiedlung, Frischwasserversorgung, Abwasserführung, Energieversorgung, Straßenbau, Gemeinschaftsanlagen. Weitere Teile der Ausstellung befassen sich mit den Fragen der Hauswirtschaft, die es zu rationalisieren gilt (Landfrau: 4o % Küchenarbeit, 2o % Reinigungsmaßnahmen), weil die Frau bei der Veredelungswirtschaft, in der Jungviehaufzucht, bei Spezialkulturen und bei der Buchführung mitwirken muß. Sehr bedeutsam ist der Ausstellungsteil, der sich mit Heizung und Warmwasserversorgung im Bauernhaus befaßt. Bei den ausgestellten Betriebsgebäuden (für Grünlandbetrieb und für Hackfrucht-Getreide-Betrieb) werden die verschiedensten Konstruktionen und Baustoffe gezeigt (vorgefertigte Stahlbetonkonstruktionen, großformatige Wandelemente aus gebranntem Ton, Dachkonstruktionen aus geleimten Holzgitterträgern, Hühnerstall in Holzkonstruktion mit 8 cm dicken Glasfaserplatten, Bims- bzw. Kalksandsteinmauerwerk mit einem wärmedämmenden Kern, Nagelbinder mit Aluminium-Eindeckung).
E.Mothes. 13955.

H u i s m a n, L.H.; Wageningen, Inst. voor Landbouwbedrijfsgebouwen. De boerderijbouw op de internationale landbouwen industrietentoonstelling te Jönköping in Zweden. (Landwirtschaftliche Gebäude auf der Internationalen Landwirtschafts- und Industrieausstellung in Jönköping, Schweden.) - Landbouwmechanisatie 13 (1962) Nr.1o. S.9o5-9o9. - 9 Abb., 3 Zeichn.
Auf der Ausstellung in Jönsköping vom 7.-17. Juni 1962 wurden als Entwürfe

des Inst. für Bauwesen in Lund ein komplett eingerichteter Anbindestall, ein geschlossener Laufstall, Ställe für Mast- und Zuchtschweine und eine Legehalle gezeigt. Ein Laufstall mit Liegeboxen soll zur Verringerung des Einstreubedarfes beitragen. Dieser Laufstall ist mit einer Anlage für Vorratsfütterung ausgestattet, das Melken erfolgt in einem Fischgrätenmelkstand mit automatischer Kraftfuttergabe je nach der Milchmenge. Im Anbindestall sind die Kälberboxen und der hintere Teil der Milchviehstände mit einem Lattenrostboden versehen. Der Schweinemaststall mit dänischer Aufstallung und Kratzerkettenentmistung war auf der einen Seite mit einer automatischen Fütterungseinrichtung von McMaster ausgerüstet, mit der die Trockenfuttermenge je Trog dosiert werden kann. Auf der anderen Seite wurde die automatische Breifütterung demonstriert. M.Lüpnitz. 13955.

Anonym. Tretij Vsesojuznyj s-ezd sovetskich architektorov. (Die dritte Unions-Tagung der sowjetischen Architekten.) - Architektura SSSR, Moskva 1961 Nr.7. S.2-15. - 8 Plakate.
Vom 18. bis 29. Mai 1961 fand im großen Kreml-Palast die dritte Unions-Tagung der sowjetischen Architekten statt. An ihr nahmen rund 500 Delegierte und zahlreiche Gäste teil. Der Aufsatz besteht aus einer Zusammenstellung von 43 Referaten, die dort gehalten wurden.
G.Hutschenreuther. 13960.

Anonym. Protokoll zum IV. Bundeskongreß des Bundes Deutscher Architekten 6. bis 8. April 1961. - Dtsch. Architektur 10 Nr.5. Sonderbeil. S.1-36.
Ein großes Aufgabengebiet des industriellen Bauens ist die Schaffung von Produktionsbauten und -anlagen für die Landwirtsch. Als neue Form des industriellen Bauens in der Landwirtsch. hat sich in den Jahren 1960/61 die Mastenbauweise für Kaltbauten durchgesetzt. Z.Z. arbeitet man an der Entwicklung von erdgeschossigen Warmbauten in Mastenbauweise. Dadurch wird es in den nächsten Jahren möglich sein, nicht nur Bauten für die tierische Produktion zu schaffen, sondern auch eingeschossige gesellschaftl. Einrichtungen, Ladenbauten, Lagerhallen usw. für die Bevölkerung auf dem Lande zu errichten. Der Entwicklung von Mehrzweckbauten schenkt man bes. Aufmerksamkeit, es sollen einheitliche Grundrißsysteme ausgearbeitet werden, die den unterschiedlichsten funktionellen Bedürfnissen entsprechen und in verschiedenen Bauweisen ausgeführt werden können. Die Anwendung der Mastenbauweise sichert die bessere Auslastung der vorhandenen Produktionskapazitäten und den kontinuierlichen Produktionsablauf. Große Bedeutung ist der internationalen techn.-wiss. Zusammenarbeit beizumessen, die sich auch beim landwirtsch. Bauen über den RGW vollzieht. Ch.Rudolph. 13960.

Fichtner, Wolfgang; Berlin. Baubrigaden mit eigenem Ziegelwerk. - Bauzeitung 15 (1961) Nr.21. S.566-569. - 4 Abb.
Vf. berichtet von einer Studienreise über das landwirtsch. Bauen in der Sowjetunion. In der SU werden Wohn-, Produktions- und gesellschaftliche Bauten für die Landwirtsch. konsequent nach bestätigten Typenprojekten gebaut. In immer größerem Umfang kommen auch im landwirtsch. Bauen Stahlbetonfertigteile und Blöcke zur Anwendung. Angestrebt wird eine Nutzung

einheitlicher Gebäude für unterschiedliche Zwecke. Die landwirtsch. Bauten werden von Baubrigaden in Kolchosen und Sowchosen sowie Kolchosbaubetr. ausgeführt. Staatliche Baubetriebe sind an der Errichtung landwirtsch. Bauten nur in sehr geringem Umfang beteiligt. W.Heinig. 1396o.

K o s e l, Gerhard; Berlin, Dtsch. Bauakad. Fortschrittliche Typenprojekte für moderne Stallbauten. - Bauzeitung 16 (1962) Nr.3. S.61-63.
Auf der 15. Tagung des RGW im Dez. 1961 wurde der von den Ständigen Kommissionen Bauwesen und Landwirtsch. ausgearbeitete Bericht "Über die Einführung fortschrittlicher Typenprojekte für Stallanlagen unter Zugrundelegung moderner Technologien der Tierhaltung, der Mech. der Bauarbeiten und der Anwendung effektiver und örtlicher Baustoffe in die Praxis des landwirtsch. Bauens" beraten und bestätigt. In allen Mitgliedsländern des RGW wird dem landwirtsch. Bauen große Aufmerksamkeit gewidmet. Der Anteil der für das ländliche Bauen aufgewendeten Mittel betrug 1960 in den Ländern des RGW 8 bis 21 % der gesamten Investitionen. Die Anwendung von Typenprojekten beträgt 40 bis 90 % des Neubaues landwirtsch. Produktionsbauten. Ein wichtiges Ergebnis der gemeinsamen Arbeit ist die Ausarbeitung des Schemas einer technol. Karte, in der die wichtigsten Angaben der neuen Technologien festgehalten werden und die Grundlagen für die Unifizierung der Gebäudeabmessungen. In allen sozialist. Ländern wird die Skelettbauweise als die beste und den Anforderungen der Landwirtsch. auf Variabilität der Nutzung entsprechende Form der konstruktiven Lösung betrachtet.
G.Klink. 1396o.

Redaktionsschluß: 10. 5. 1963

Herausgeber: Deutsche Demokratische Republik · Deutsche Akademie der Landwirtschaftswissenschaften zu Berlin, Institut für Landwirtschaftliche Information und Dokumentation, Berlin W 8, Krausenstraße 38/39; Fernsprecher: 22 51 61. Chefredakteur: Dr. Ursula Wittbrodt, stellvertretender Chefredakteur: Dr. Werner Kleeberg, Berlin W 8, Krausenstraße 38/39; Fernsprecher: 22 51 61. Redaktion der Abteilung I — Landtechnik: Dr. Joachim Güssefeldt. Verlag: Akademie-Verlag GmbH, Berlin W 8, Leipziger Straße 3—4; Fernsprecher: 22 04 41, Telex-Nr. 011773, Postscheckkonto Berlin 350 21. Bestellnummer dieses Heftes: 1030 I—IX/6. Das Landwirtschaftliche Zentralblatt, Abt. Landtechnik, erscheint jährlich in 9 Heften. Einzelheft DM 20,—; einseitig bedruckte Ausgabe DM 24,—. Jahresbezugspreis DM 180,—; einseitig bedruckte Ausgabe DM 216,— einschließl. Autoren- und Sachregister, zuzüglich Porto- und Versandkosten. Gesamtherstellung: VEB Druckerei „Thomas Müntzer" Bad Langensalza. Veröffentlicht unter der Lizenznummer 1289 des Presseamtes beim Vorsitzenden des Ministerrates der Deutschen Demokratischen Republik

32402

Umrechnung von brit. und amerik. Maßen in metrische Maße

(Stand 1. 1. 1960)

Längenmaße

1 in.	25,4	mm
1 ft.	30,5	cm
1 yd.	91,44	cm
1 mile (stat.)	1609,34	m

Geschwindigkeitsmaße

1 ft.p.m.	0,0051	m/s
1 m.p.h.	0,447	m/s
	1,609	km/h

Flächenmaße

1 sq.in.	6,452	cm^2
1 sq.ft.	929,03	cm^2
1 sq.yd.	0,836	m^2
1 acre	0,405	ha
1 sq.mile	2,59	km^2

Raummaße

1 cu.in.	16,39	cm^3
1 cu.ft.	28,32	l
1 cu.yd.	0,7646	m^3
1 acrefoot	1233,48	m^3
1 reg.ton	2,8317	m^3
1 Imp.gal.	4,5460	l
1 USA gal.	3,7854	l
1 bu. (Brit.)	36,368	l
1 bu. (USA)	35,242	l
1 qt.	0,291	l
1 pt.	0,568	l
1 liquid oz.	35,5	cm^3
1 liquid gal. (Brit.)	4,546	l
1 liquid gal. (USA)	3,785	l
1 petr. barrel	1,588	hl

Gewichtsmaße

1 oz.	(Brit.)	28,35	g
	(USA)		
1 lb.	(Brit.)	0,4536	kg
	(USA)		
1 qt.	(Brit.)	12,7	kg
	(USA)	11,34	kg
1 cwt.	(Brit.)	50,80	kg
	(USA)	45,36	kg

1 long ton (Brit.)	1,016	t
1 short ton (USA)	0,907	t

Gewichte/Längeneinheit

1 oz./in.	11,161	g/cm
/ft.	9,301	g/dm
1 lb./in.	0,17858	kg/cm
/ft.	1,4882	kg/m
/yd.	0,4961	kg/m
1 long ton/in.	40,002	t/m
/ft.	3,3335	t/m
/yd.	1,1112	t/m
1 short ton/in.	35,716	t/m
/ft.	2,976	t/m
/yd.	0,992	t/m

Gewichte/Flächeneinheit

1 oz./sq.in.	4,394	g/cm^2
/sq.ft.	0,305	kg/m^2
1 lb./sq.in.	0,070	kg/cm^2
	51,715	mmQS
1 lb./sq.in.	4,882	kg/m^2
/sq.yd.	0,5425	kg/m^2
1 long ton/sq.in.	157,488	kg/cm^2
/sq.ft.	10,937	t/m^2
/sq.yd.	1,215	t/m^2
1 short ton/sq.in.	140,614	kg/cm^2
/sq.ft.	9,765	t/m^2
/sq.yd.	1,085	t/m^2

Gewichte/Raumeinheit

1 oz./cu.in.	1,730	g/cm^3
/cu.ft.	1,001	kg/m^3
1 lb./cu.in.	27,68	g/cm^3
/cu.ft.	16,019	kg/m^3
/cu.yd.	0,593	kg/m^3
/Imp.gal.	0,0998	kg/dm^3
/USA gal.	0,1198	kg/dm^3
/pt.	0,7982	kg/dm^3
1 cwt./Imp.gal.	0,1766	kg/dm^3
1 long ton/cu.ft.	35,8815	t/m^3
/cu.yd.	1,3289	t/m^3
1 short ton/cu.ft.	32,071	t/m^3
/cu.yd.	1,187	t/m^3

Temperatur

1°F = 4/9° R = 5/9° C

Temp. °C = 5/9 × (Temp. °F − 32°)

Temp. °R = 4/9 × (Temp. °F − 32°)

Wärme

1 BTU	$1{,}076 \cdot 10^{2}$	kgm
	$7{,}783 \cdot 10^{2}$	ft.-lb.
	$2{,}9303 \cdot 10^{-4}$	int.kWh
	$2{,}5200 \cdot 10^{-1}$	ITkcal
	$3{,}9307 \cdot 10^{-4}$	HPh

Arbeit, Energie

1 ft.-lb.	0,1383	kgm
	$1{,}3826 \cdot 10^{-1}$	kgm
	$3{,}7650 \cdot 10^{-7}$	int.kWh
	$3{,}2379 \cdot 10^{-4}$	ITkcal
	$1{,}2849 \cdot 10^{-3}$	BTU
1 HPh	$1{,}980 \cdot 10^{6}$	ft.-lb.
	$2{,}7375 \cdot 10^{6}$	kgm
	1,0139	PSh
	$7{,}4548 \cdot 10^{-1}$	int.kWh
	$6{,}4110 \cdot 10^{2}$	ITkcal
	$2{,}5441 \cdot 10^{3}$	BTU

Leistung

1 ft.-lb./s	$1{,}3826 \cdot 10^{-1}$	kgm/s
	$3{,}2379 \cdot 10^{-4}$	ITkcal/s
	$1{,}8434 \cdot 10^{-3}$	PS
	$1{,}8182 \cdot 10^{-3}$	HP
	$1{,}3554 \cdot 10^{-3}$	int.kW
	$1{,}2849 \cdot 10^{-3}$	BTU/s
1 HP	76,04	kgm/s
	550,0	ft.-lb./s
	1,01387	PS
	$7{,}4548 \cdot 10^{-1}$	int.kW
	$1{,}7808 \cdot 10^{-1}$	ITkcal/s
	$1{,}0139 \cdot 1$	ITkcal/s
	$7{,}0670 \cdot 10^{-1}$	BTU/s
BTU/s	$1{,}076 \cdot 10^{2}$	kgm/s
	$7{,}783 \cdot 10^{3}$	ft.-lb./s
	1,0549	int.kW
	$2{,}520 \cdot 10^{-1}$	ITkcal/s
	1,435	PS
	1,415	HP

FSC
www.fsc.org
MIX
Papier | Fördert
gute Waldnutzung
FSC® C083411

Zeitfracht Medien GmbH
Ferdinand-Jühlke-Straße 7
99095 Erfurt, Deutschland
produktsicherheit@kolibri360.de